“十一五”国家科技支撑计划项目(2006BAB06B02)

三门峡水库水沙数学模型研究及应用

梁国亭　姜乃迁　余　欣　等著

黄河水利出版社

·郑州·

内 容 提 要

本书是有关三门峡水库水沙数学模型、水库运用方式、潼关高程演变规律以及库区河道泥沙问题的最新研究成果，主要内容包括：三门峡水库运用基本概况及水库河床演变特性；三门峡水库水沙数学模型研究及应用；潼关高程控制及三门峡水库运用方式的研究；潼关高程升降对渭河下游河道冲淤影响的研究；潼关河段清淤关键技术的研究；射流水力冲刷试验研究；北洛河改道入黄的效果分析；黄河小北干流放淤试验数学模型的研究与应用。

本书可供水利研究人员使用，也可供相关水利工作者参考。

图书在版编目（CIP）数据

三门峡水库水沙数学模型研究及应用/梁国亭等著.—郑州：黄河水利出版社，2008.12

"十一五"国家科技支撑计划项目（2006BAB06B02）

ISBN 978-7-80734-380-6

Ⅰ.三…　Ⅱ.梁…　Ⅲ.水库泥沙-数学模型-研究-三门峡市　Ⅳ.TV145

中国版本图书馆CIP数据核字（2008）第202912号

策划编辑：岳德军　电话：0371-66022217　E-mail：dejunyue@163.com

出 版 社：黄河水利出版社

地址：河南省郑州市金水路11号　　邮政编码：450003

发行单位：黄河水利出版社

发行部电话：0371-66026940、66020550、66022620（传真）

E-mail：hhslcbs@126.com

承印单位：河南省瑞光印务股份有限公司

开本：787 mm×1 092 mm　1/16

印张：14.5

字数：335千字　　印数：1—1 000

版次：2008年12月第1版　　印次：2008年12月第1次印刷

定价：39.00元

前　言

三门峡水利枢纽是黄河干流上修建的第一座大型水利枢纽，控制流域面积68.8万km^2，占黄河流域总面积的91.5%；控制了黄河干流三个洪水来源区中的两个和黄河来水量的89%。工程自1960年9月15日正式蓄水运用以来，由于水库泥沙淤积问题突出，引发了枢纽工程的增建和改建。与此同时，水库运用方式也逐步得到调整和改善，先后经历了蓄水拦沙、滞洪排沙、蓄清排浑三个时期。自水库采用蓄清排浑调水调沙控制运用方式以来，水库配合防洪、防凌、灌溉、供水、发电等综合利用进行水沙调节，不仅保持了335 m以下约58亿m^3的库容，而且潼关高程在一定变幅范围内基本上保持了稳定，控制了淤积上延，对于黄河下游河道淤积并没有产生不利影响。实际资料表明，工程改建达到了预期效果，充分发挥了水库的综合效益，这为我国在多泥沙河流上修建工程、控制水沙、除害兴利摸索了一条途径。

20世纪80年代末以来，随着枢纽工程泄流设施和泄流能力的变化以及流域降雨量的逐渐减少、黄河干流新建水库（如万家寨、小浪底等水库）的陆续投运、沿黄工农业用水量的增加和全河水量调度的实施，三门峡水库运用条件发生了很大变化。据对1919～1998年实测水沙资料分析，进入70年代以来水量、沙量都有较大幅度减少，尤其是进入90年代以来减少更大，水量较70年代减少近100亿m^3，目前在200亿m^3左右，沙量较30～60年代减少约50%，即8亿t左右，这主要是降雨量偏少、工农业耗水量不断增加、龙羊峡水库和刘家峡水库的调节以及水利水保工程拦减一定的水沙等多种因素作用的结果。由于汛期和洪水期水量减少，河道水流输沙能力大幅度下降，非汛期淤在主槽中的泥沙靠沿程冲刷和溯源冲刷已不能将潼关附近河段的淤积物全部冲刷出库，无法使潼关以下库区在年内达到冲淤平衡，出现累积性淤积。受淤积上延作用，潼关高程缓慢上升，并引发了许多新的问题。这不仅影响三门峡枢纽综合效益的发挥，而且直接影响三门峡库区的防洪安全。

作者长期从事三门峡水库库区河床演变和水库运用方式的研究工作，针对三门峡水库运用方式的调整、潼关高程抬升对渭河下游防洪的影响以及降低或控制潼关高程措施等水库泥沙问题，近十多年来系统开展了三门峡水库水沙数学模型、水库河床演变机理的研究。20世纪90年代初在清华大学水利系攻读硕士研究生期间，在张仁教授的悉心指导下，研发了黄河中游一维水沙数学模型，在此基础上承担和完成了"八五"国家重点科技攻关项目专题"拦减粗泥沙对黄河中下游河道的影响"的子专题"黄河中游一维水沙数学模型研究与应用"的研究工作；为了应对黄河水沙条件的变化，在90年代还开展了三门峡水库水电站汛期发电试验研究工作，对三门峡水库的运用指标进行调整，提出：在基本保持潼关以下库区冲淤平衡和潼关高程稳定的前提下，主要应根据汛期入库水沙特性，进行科学调度，避免高含沙量时期发电，在较低含沙量时实行适度提高水位发电与间歇性降低水位排沙相结合，利用近坝段槽库容作冲洗式沉沙池调节发电，尽量发挥水库的综合效益;1996 年以后潼关高程出现了累积性上升趋势,引起国内领导和专家的关注,1996 年作者开始进行潼关河段清淤工作,并对清淤关键技术,如清淤河段、清淤时机、射流水力冲刷试验以及清淤效果等方面进行了大量分析和研究工作,提出了利用清淤措施可以理顺河势、缩窄河槽、降低河床高程、增加河床比降、加大河流输沙能力,从而使渭河来水对潼关发生较大的冲刷作用;2003 年陕西渭河大水,进一步暴露出渭河下游河道的防洪问题,再度引发了人们对三门峡水库的议论和关注,为此开展了水利部重大项目"潼关高程控制及三门峡水库运用方式的研究"的研究工作,利用三门峡水库水沙数学模型对三门峡水库不同运用方式对潼关高程升降及库区冲淤影响进行分析计算,为调整三门峡水库运用方式提供科学依据,同时还开展不同潼关高程对渭河下游河道影响的数学模型计算,提出了合理控制潼关高程及渭河下游河道治理的措施;为了降低或控制潼关高程,许多专家提出了不同措施,其中北洛河改道入黄是措施之一,为此利用水沙数学模型对北洛河改道入黄对渭河及潼关高程的影响进行计算,分析结果表明,北洛河改道入黄对渭河具有明显的减淤作用,但对于潼关高程升降有利有弊;另外,还开展了黄河小北干流放淤试验的淤区数学模型的研究和应用工作等。

本书涉及的内容不仅总结了作者近十多年来的研究成果,同时还主要介绍了水沙数学模型的原理,以及水沙数学模型在生产实践中的应用。研究成果不仅丰富了水库泥沙、河床演变学、数学模型应用的理论研究,而且为充分发挥水利枢纽工程综合效益,解决水库泥沙淤积问题提供了生产实践经验和应用理论基础。

值得一提的是,本书的编写和出版还获得了"十一五"国家科技支撑计划项目"基于 GIS 的黄河水沙输移模拟系统研发"(2006BAB06B02)的资助。除本书三位主要作者外,张翠萍、王普庆、王国栋、张隆荣、侯素珍、林秀芝、田玉青、韩巧兰、杨明、王艳平、常温华、卢冬梅、张晓丽、赖瑞勋、张防修、王敏、王明、伊晓燕、王平、汪大鹏、韩英等也参与了本书相关专题研究、编写或提供了无私的帮助,对此作者向他们表示真挚的感谢。在开展专题项目研究期间,作者还得到了清华大学水利系王兴奎教授、黄河水利委员会原总工程师龙毓骞教授、黄河水利科学研究院钱意颖教授以及黄河水利委员会许多专家的帮助和指导,在此表示衷心的感谢。

最后,深深地感谢我的夫人卢冬梅给予我的理解、支持及生活照顾和帮助。

由于水平有限,书中可能出现错漏,敬请读者批评指正。

梁国亭

2008 年 11 月

目　录

第一章 三门峡水库基本情况及库区演变特点

第一节 三门峡水利枢纽基本情况

一、枢纽工程规划设计

黄河以其含沙量高、难以治理而闻名于世。1955 年第一届全国人民代表大会通过了《黄河综合利用规划技术经济报告》,确定三门峡水利枢纽为第一批重点工程,计划通过黄河中游水土保持和三门峡水库大库容拦洪作用,尽快解决黄河下游防洪、淤积问题。

三门峡水利枢纽是黄河干流上修建的第一座大型水利枢纽,控制流域面积 68.8 万 km^2,占黄河流域总面积的 91.5%;控制了黄河干流三个洪水来源区中的两个,占黄河总来水量的 89%。三门峡水利枢纽工程大坝和水电站委托苏联电站部水电设计院列宁格勒分院设计,其余项目由国内承担。原设计指标为:将 1 000 年一遇洪峰削减至黄河下游堤防安全泄量 6 000 m^3/s,电站装机 116 万 kW,设计正常高水位 360 m,总库容 647 亿 m^3,淹没耕地 325 万亩❶,移民 87 万人。

工程设计按“分期修筑、分期移民、分期抬高水位运用”进行。第一期工程按正常高水位 350 m 施工,运用水位 340 m,坝顶浇筑高程 353 m,相应库容 354 亿 m^3。三门峡水库遇 1 000 年一遇设计洪水时,设计洪水位为 335 m,相应库容 96.4 亿 m^3,同时决定按 335 m高程线移民。初期运用后为确保陕西省西安市的安全和减少库区淹没、淤积损失,不再进行枢纽工程大坝第二期工程。

二、枢纽工程建设及增建、改建

三门峡水利枢纽工程于 1957 年 4 月 13 日正式开工,1958 年 11 月 25 日实现截流,1961 年 4 月大坝全断面修建至第一期坝顶设计高程 353 m,主体工程基本竣工。

1960 年 9 月,三门峡水库开始进行蓄水拦沙运用,由于泥沙淤积严重,库容损失过快,淤积上延,支流渭河行洪不畅,严重威胁到渭河下游防洪和西安市的安全,1962 年 3 月决定将水库运用方式改为滞洪排沙运用。1964 年决定对枢纽工程进行第一次改建,也称增建“两洞四管”工程,即在大坝的左岸增建两条隧洞并改建四条原建的发电引水钢管为泄流排沙钢管。1966 年 7 月 ~1968 年 8 月“两洞四管”相继投运。

第一次改建阶段为 1965 年 1 月 ~1968 年 8 月,315 m 水位条件下,枢纽泄流规模由 3 084 m^3/s 增至 6 102 m^3/s。第一次改建工程完成后,水库排沙比由 6.8% 增至 82.5%,

---

❶1 亩 = 1/15 hm^2。

但仍有20%的来沙淤积在库内,潼关以下库区由淤积转变为冲刷,但冲刷范围尚未影响到潼关,潼关以上库区及渭河下游仍继续淤积。为进一步解决库区淤积问题,根据周恩来总理的指示,1969年6月13~18日在三门峡市召开了晋、陕、豫、鲁四省及原水电部、黄河水利委员会(简称黄委会)、三门峡工程局参加的会议,即所谓的"四省会议",会议着重讨论了三门峡水利枢纽改建和黄河近期治理问题,会后向国务院和周恩来总理呈报了这次会议通过的《关于三门峡水库工程改建及黄河近期治理问题的报告》,报告针对三门峡水利枢纽改建问题提出了进行第二次改建的意见,即打开原施工导流1#~8#导流底孔。改建原则是:"……在确保西安、确保下游的前提下,合理防洪,排沙放淤,低水头径流发电……"。改建规模为:"……在坝前315 m高程时,下泄流量达到10 000 m^3/s……"。

第二次改建工程于1969年12月开工,1971年10月1#~8#底孔全部具备运用条件。1971年1月开始将1#~5#发电引水钢管进水口底坎高程由300 m下卧至287 m,1971年10月基本完成,随后安装5台单机5万kW的低水头发电机组,至1979年1月5台机组全部投运。即第二次改建阶段为1969年12月~1979年1月,315 m水位条件下,枢纽泄流规模由6 102 m^3/s增至9 059 m^3/s。

1984年以后,为解决泄流排沙底孔磨蚀以及工程遗留问题,原水电部批准对三门峡水利枢纽泄流工程进行二期改建,包括打开9#底孔、10#底孔、两对双层孔增设一门一机、底孔抗磨蚀处理、底孔出口压缩、门槽改建等。该项工程自1984年10月17日特种深水围堰试验成功标志着正式开工,至1990年基本完成,1990年7月9#底孔、10#底孔相继投运。

进入20世纪90年代后,为提高三门峡水库非汛期水量利用率,于1991年开始将6#、7#泄流排沙钢管扩装为单机容量7.5万kW的发电机组,6#、7#机组分别于1994年、1997年正式投运。为进一步增加枢纽的泄洪排沙能力和启闭设施的灵活性,1998年黄委会批准打开枢纽11#、12#导流底孔,1999~2000年11#、12#底孔相继投运,2000年对1#机组进行了技术改造使其装机容量由5万kW增至6万kW。

至2001年4月,枢纽工程共有27个泄流孔洞(其中12个底孔、12个深孔、2条隧洞、1条排沙钢管),7台总装机容量为41万kW的水轮发电机组(1#机6万kW、2#~5#单机5万kW、6#、7#单机7.5万kW),各泄流孔、洞、管和机组所处立体位置如图1-1所示。

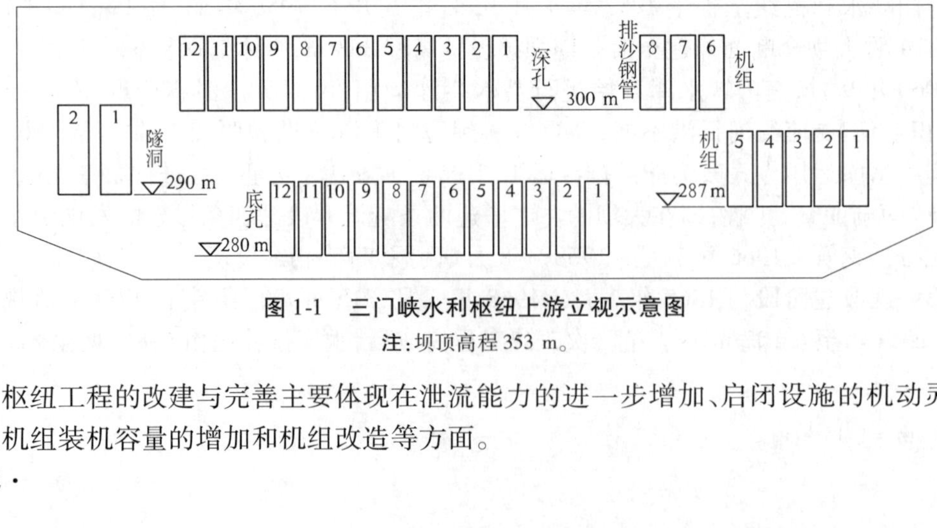

图1-1 三门峡水利枢纽上游立视示意图

注:坝顶高程353 m。

枢纽工程的改建与完善主要体现在泄流能力的进一步增加、启闭设施的机动灵活及发电机组装机容量的增加和机组改造等方面。

通过改建，尤其是$11^{\#}$、$12^{\#}$底孔的投运，使315 m水位的泄流能力已达9 701 m^3/s(不含机组)，与十几年前相比，泄流排沙条件大大改善，泄流重心也大大下移(见表1-1)。总泄流能力5 000 m^3/s时对应水位：改建前(1964年)为327 m，改建后(2000年)为304.15 m。若含$1^{\#}$ ~ $5^{\#}$机组的泄流能力，目前305 m水位条件下，总泄流能力已达6 000 m^3/s。闸门启闭总历时控制在8 h以内，能够做到快速启闭、机动灵活，使入库、出库洪水过程相适应，实现一般洪水不滞洪。目前正在进行闸门集控改造，使部分具备条件的孔洞由人工操作改为自动控制将会进一步缩短启闭时间；两台350 t门机经过40年的超负荷运行，已经接近报废边缘，正在规划设计新的门机，一旦批准，预计在2 ~ 3年内完成，闸门启闭历时还将缩短(启闭一个底孔历时减少20 min)。此外，发电机组方面扩装了2台，$1^{\#}$机组整容改造后不仅容量增加而且抗高含沙水流磨蚀能力也有大幅度提高。枢纽工程各方面的改进与完善为运行方式的调整创造了条件。

表1-1　不同时期三门峡水库各级水位泄流能力(不含机组)　　(单位：m^3/s)

年份	各级水位泄流量						
	285 m	290 m	295 m	300 m	305 m	310 m	315 m
1964	0	0	0	0	612	1 728	3 084
1984	440	880	1 894	2 872	4 529	7 227	9 059
2000	565	1 188	2 265	3 633	5 455	7 830	9 701
1964 ~ 1984年增加	440	880	1 894	2 872	3 917	5 499	5 975
1984 ~ 2000年增加	125	308	371	761	926	603	642

三、水库运用方式变化

由于水库泥沙淤积问题突出，引发了枢纽工程的增建和改建过程。与此同时，水库运用方式也逐步得到调整和改善，即经历了蓄水拦沙、滞洪排沙、蓄清排浑3个时期。

蓄水拦沙运用期(1960年9月 ~ 1962年3月)：1960年9月水库开始蓄水，1961年2月9日最高蓄水位达332.58 m，至1962年3月累计入库水量为717亿m^3，沙量17.36亿t，仅有13%的泥沙以异重流形式排至库外。由于回水超过潼关，库内淤积严重，潼关高程(1 000 m^3/s水位)上升4.5 m，335 m以下库容损失约17亿m^3。

滞洪排沙运用期(1962年3月 ~ 1973年10月)：初期，泄流建筑物只有原建的12个深孔，虽然敞开闸门泄流排沙，水库排沙比由原来的6.8%增加到58%，库区淤积有所缓解，但因泄流排沙设施不足，泄水建筑物进水口底坎位置较高，遇到1964年丰水丰沙，水库滞洪淤积严重。在此期间，水库淤积25.7亿m^3，库区淤积不断向上游发展，两岸地下水位抬高，沿岸浸没、盐碱化面积增大。为减缓水库淤积，枢纽工程先后进行了两次增改建后，低水位泄洪排沙能力加大，潼关以下库区冲刷4亿m^3，槽库容得到了较好恢复，形成高滩深槽，潼关高程下降1.9 m，潼关以上库区淤积上延也大为减轻。

蓄清排浑控制运用期(1973年11月至今)：1973年11月以后，在成功改建和改进水库运用方式的基础上，根据黄河汛期、非汛期水沙特点和汛期洪水在库区河段具有富余冲刷能力的特性，对水库运用方式做了进一步改进，水库开始采用蓄清排浑控制运用方式，即在来沙少的非汛期蓄水防凌、春灌、发电，汛期特别是洪水期降低水位泄洪排沙，把非汛期淤积在库内的泥沙调节到汛期洪水过程排至库外。蓄清排浑控制运用方式使三门峡水库做到了水量和沙量的双重调节，较好地处理了兴利与除害之间的关系。

第二节　水库来水来沙特点

一、水沙特征

三门峡水库1973年年底开始采用蓄清排浑运用方式，潼关以下库区呈汛期冲刷、非汛期淤积的基本特性。其中，1974～1986年，库区冲淤基本平衡，潼关高程保持相对稳定；1986年以后，由于上游龙羊峡水库与刘家峡水库联合运用、工农业用水持续增加、降水量减少和水土保持的减水减沙作用等，水库的来水来沙条件发生了很大的变化，库区累积淤积，潼关高程持续抬升，给三门峡水库运用和渭河下游防洪均带来不良影响。水沙条件的变化主要表现在来水来沙数量、水沙年内分配、洪峰大小和频率上，而发展趋势则取决于上游水库运用、工农业用水量变化和气候因素等。

潼关水文站1950～2000年（指运用年，即上年度11月到本年度10月，下同）长系列平均水量367亿m^3，沙量11.8亿t，其中汛期水量204亿m^3，沙量9.8亿t，分别占年水量、沙量的56%和83%。

1974～2000年潼关站年均水量322亿m^3，沙量8.9亿t，其中汛期水量170亿m^3，沙量7.1亿t，分别占年水量、沙量的53%和80%；年平均含沙量28 kg/m^3，汛期平均含沙量42 kg/m^3，非汛期平均含沙量12 kg/m^3，见表1-2。

表1-2　不同时段潼关站水沙量

时段	水量（亿m^3）			沙量（亿t）			含沙量（kg/m^3）		
	非汛期	汛期	运用年	非汛期	汛期	运用年	非汛期	汛期	运用年
1950～2000年	163	204	367	2.0	9.8	11.8	12	48	32
1974～1985年	165	236	401	1.6	8.9	10.5	10	38	26
1986～2000年	141	117	258	1.9	5.6	7.5	13	48	29
1974～2000年	152	170	322	1.8	7.1	8.9	12	42	28

图1-2为蓄清排浑运用以来潼关站历年水沙过程，以1985年为界，来水量表现出明显的不同特征。1974～1985年总体为丰水系列，12年中除1974年和1980年来水量偏枯（少于280亿m^3）外，其他年份或平或偏丰，其中1975年、1976年、1981年、1983～1985年6年的来水量均超过了400亿m^3，最丰的1976年达539亿m^3。而1986～2000年为连续枯水系列，15年中来水最多的1989年为377亿m^3，1987年、1991～2000年11年的来水量均少于300亿m^3，1997年的来水量最少，只有161亿m^3。

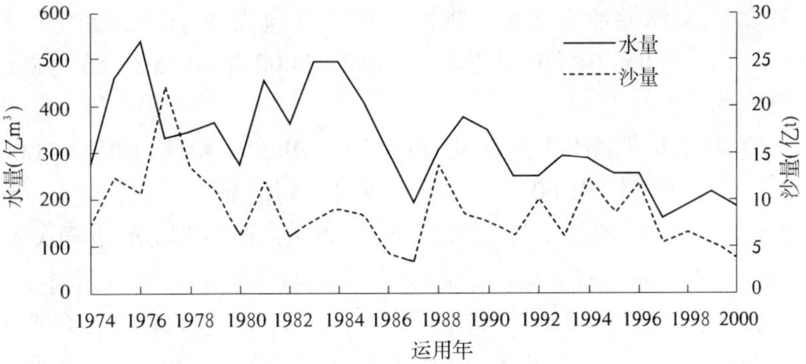

图 1-2 潼关站历年水沙过程

两个时段的来沙量与长系列相比均偏少，后一时段偏少更甚，但不像来水量那样表现出明显的系统差异。1974～2000 年 27 年中来沙量较多（超过 10 亿 t）的年份有 1975～1979 年、1981 年、1988 年、1994 年和 1996 年 9 年，其中 1977 年为特大沙年，来沙量达 22 亿 t；来沙量较少（6 亿 t 以下）的年份有 1982 年、1986 年、1987 年、1993 年、1997 年、1999 年和 2000 年 7 年，其中 1987 年来沙量最少，只有 3.2 亿 t。

表 1-3 给出了潼关站不同时期的水沙量变化特征值。1974～1985 年平均来水量 401 亿 m^3，与长系列相比偏丰 9%，其中汛期 236 亿 m^3，与长系列相比偏丰 16%；年平均来沙量 10.5 亿 t，与长系列相比偏少 11%，其中汛期 8.9 亿 t，与长系列相比偏少 9%。1986～2000 年平均来水量 258 亿 m^3，与长系列相比偏枯 30%，其中汛期 117 亿 m^3，与长系列相比偏枯 43%；年平均来沙量 7.5 亿 t，与长系列相比偏少 36%，其中汛期 5.6 亿 t，与长系列相比偏少 43%。

1986～2000 年与 1974～1985 年相比，潼关站年来水量减少 36%，汛期减少 50%，非汛期减少 15%，可见来水量减少主要发生于汛期；年来沙量减少 29%，汛期减少 37%，非汛期增多 19%。由于来水量减少的比例远大于来沙量，所以年均含沙量由 1974～1985 年的 26 kg/m^3 提高到 1986～2000 年的 29 kg/m^3，汛期平均含沙量由 38 kg/m^3 增加到 48 kg/m^3，非汛期平均含沙量由 10 kg/m^3 增加到 13 kg/m^3。

表 1-3 潼关站不同时期的水沙量变化特征值

项目	系列年	非汛期	汛期	运用年	汛期占全年的比例（%）
水量距平（%）	1974～1985	1	16	9	59
	1986～2000	-13	-43	-30	45
沙量距平（%）	1974～1985	-20	-9	-11	85
	1986～2000	-5	-43	-36	75
水量的系列变化（%）		-15	-50	-36	
沙量的系列变化（%）		19	-37	-29	

注：距平是与 1950～2000 年相比较；系列变化为 1986～2000 年与 1974～1985 年相比较。

二、水沙年内分配

潼关站 1986～2000 年不仅来水来沙量比 1974～1985 年大大减少，而且由于上游龙羊峡水库汛期蓄水、非汛期泄水导致水沙的年内分配也发生了较大变化。汛期来水量占全年的比例由 1974 ~ 1985 年的 59% 下降为 1986 ~ 2000 年的 45%，汛期来沙量占全年的比例由 85% 下降为 75%。

由表 1-4 潼关站逐月水沙变化可见，与 1974 ~ 1985 年相比，1986 ~ 2000 年时段汛期减水量最大的月份是 10 月，由 60.1 亿 m^3 减为 18.7 亿 m^3，减水幅度达 69%，其次是 9 月，由 68.4 亿 m^3 减为 30.8 亿 m^3，减水幅度达 55%；非汛期减水主要发生在 11 月，由 28.2亿 m^3 减为 16.3 亿 m^3，减水幅度达 42%。汛期减沙量最大的月份是 9 月，由1.866亿 t 减为 0.843 亿 t，减沙幅度达 55%；其次是 8 月，由 3.550 亿 t 减为 2.604 亿 t，减沙幅度达 27%；非汛期 6 月的沙量增加最多，由 0.176 亿 t 增为 0.390 亿 t，增沙幅度达 122%。汛期减沙幅度最大的月份为 10 月，达 76%。1986 年以后，汛期来水主要集中在 7 ~ 9 月，来沙则主要集中在 7 ~ 8 月，10 月的来水来沙不再具备汛期的特征。

表 1-4　潼关站逐月水沙变化

月份	水量（亿 m^3）				沙量（亿 t）			
	1974 ~ 1985 年	1986 ~ 2000 年	变化量	变化率（%）	1974 ~ 1985 年	1986 ~ 2000 年	变化量	变化率（%）
1	16.1	14.4	-1.7	-11	0.159	0.165	0.006	4
2	19.3	16.6	-2.7	-14	0.185	0.191	0.006	3
3	26.1	27.2	1.1	4	0.249	0.361	0.112	45
4	25.5	24.5	-1.0	-4	0.199	0.232	0.033	17
5	18.3	12.6	-5.7	-31	0.155	0.170	0.015	10
6	13.9	14.6	0.7	5	0.176	0.390	0.214	122
7	44.4	27.8	-16.6	-37	2.469	1.908	-0.561	-23
8	63.3	39.9	-23.4	-37	3.550	2.604	-0.946	-27
9	68.4	30.8	-37.6	-55	1.866	0.843	-1.023	-55
10	60.1	18.7	-41.4	-69	0.962	0.230	-0.732	-76
11	28.2	16.3	-11.9	-42	0.309	0.184	-0.125	-40
12	17.3	15.4	-1.9	-11	0.177	0.218	0.041	23

三、水沙来源组成

潼关站的水沙量主要来自黄河龙门以上和渭河华县以上。1974 ~ 2000 年龙门站年平均水量 251 亿 m^3，占潼关水量的 78%，沙量 5.6 亿 t；华县站年均来水量 60 亿 m^3，占潼关水量的 19%，沙量 2.9 亿 t。由表 1-5 龙门站、华县站水沙变化统计可见，龙门站1986 ~ 2000 年多年平均水量比 1974 ~ 1985 年减少 104.8 亿 m^3，华县站 1986 ~ 2000 年多年平均水量比 1974 ~ 1985 年多年平均水量减少 28 亿 m^3，两站汛期、非汛期的减水幅度与潼关站同期相当。龙门站和华县站的沙量变幅与潼关站有较大差异，汛期两站的减沙幅度均小于潼关站，反映了汛期河道的淤积作用，非汛期两站的来沙量均有所提高，以华县站的提高更为显著。

表 1-5　龙门站、华县站水沙变化统计

站名	项目	系列年	非汛期	汛期	运用年	汛期占全年的比例(%)
龙门	水量(亿 m^3)	1974～1985	135.8	173.5	309.2	56
		1986～2000	118.0	86.4	204.4	42
		1986～2000 年系列与 1974～1985 年系列相比的变化比例	-13	-50	-34	
	沙量(亿 t)	1974～1985	0.83	5.64	6.48	87
		1986～2000	0.89	4.01	4.90	82
		1986～2000 年系列与 1974～1985 年系列相比的变化比例	7	-29	-24	
华县	水量(亿 m^3)	1974～1985	24.0	51.7	75.7	68
		1986～2000	21.2	26.8	48.0	56
		1986～2000 年系列与 1974～1985 年系列相比的变化比例	-12	-48	-37	
	沙量(亿 t)	1974～1985	0.22	2.93	3.15	93
		1986～2000	0.40	2.22	2.62	85
		1986～2000 年系列与 1974～1985 年系列相比的变化比例	82	-24	-17	

第三节　库区冲淤分布及不同运用水位对库区淤积的影响

一、非汛期运用水位变化及不同水位影响分析

(一)非汛期运用水位变化

三门峡水库自蓄清排浑运用以来,每年 11 月～次年 6 月进行防凌、春灌、发电运用。从史家滩非汛期日均水位过程线(见图 1-3)可知,史家滩水位从 11 月初的 308 m 左右起,一直保持上升,到 12 月 10 日左右达到 315 m;12 月 10 日～次年 1 月上旬,史家滩水位从 315 m 下降至 312 m 左右;1 月上旬～6 月上旬,三门峡水库进行防凌、春灌蓄水,水位较高。非汛期最高水位一般在 4 月出现,4 月的水位一般在 320 m 以上。

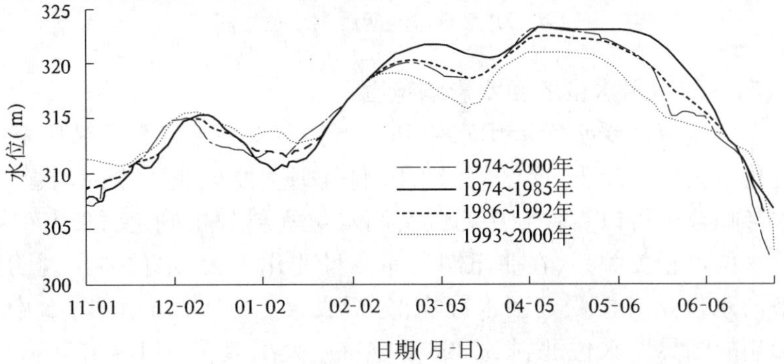

图 1-3　史家滩非汛期日均水位过程线

表 1-6 为不同时期史家滩各月平均水位,1974 ~ 2000 年 4 月为 322.24 m,2 月、3 月和 5 月,也都在 319 m 以上,11 月、12 月和 1 月在 312 m 左右。1986 ~ 1992 年和 1993 ~ 2000 年各月平均水位与 1974 ~ 1985 年相比,除 11 月和 1 月平均水位略有上升外,其他月份都有下降,3 ~ 5 月下降最为明显,其中 5 月水位下降最多,从 1974 ~ 1985 年的 321.88 m,下降到 319.08 m 和 316.64 m。

表 1-6　史家滩各月平均水位统计　　(单位:m)

月份	1974 ~ 2000 年	1974 ~ 1985 年	1986 ~ 1992 年	1993 ~ 2000 年
11	310.40	309.76	310.34	311.39
12	313.96	314.04	313.22	314.49
1	313.00	312.28	313.48	313.68
2	319.16	319.80	319.04	318.28
3	319.56	321.06	319.43	317.43
4	322.24	322.94	322.84	320.66
5	319.60	321.88	319.08	316.64
6	311.63	312.39	310.47	311.49

从图 1-4 可以看出,1974 ~ 2000 年史家滩最高水位为 1977 年 3 月 1 日的 325.95 m,1999 年非汛期最高水位为 320.74 m。1974 ~ 1985 年有 7 年最高水位超过 324 m,3 年接近 324 m,另外两年的最高水位也在 323.50 m 以上;1986 ~ 1992 年,除 1986 年非汛期最高运用水位为 322.62 m 以外,另外 6 年最高水位都接近 324 m;1993 ~ 2000 年,除 1998 年 6 月因特殊原因水库运用水位达 323.73 m 和 1994 年达到 322.64 m 外,其他年份都在 322 m 以下,在此阶段非汛期最高水位明显下降。

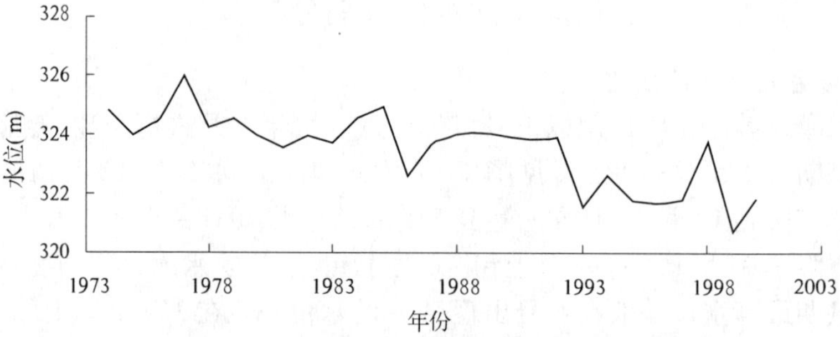

图 1-4　史家滩非汛期最高水位过程线

(二)非汛期不同运用水位的回水影响范围

库区的回水影响范围受水库运用水位和库区边界条件(主要是纵比降)的影响。在库区纵比降变化不大的情况下,库区的回水影响范围主要取决于水库的运用水位。三门峡库区的回水影响范围可以直接利用库区实测水位资料分析确定,即用库区两水位站的水位差与坝前水位点相关关系,在非汛期入库流量变化不大,水位差出现明显变小时,表明两站中的下游水位站直接受到回水影响,分析成果见图 1-5。由图 1-5 中可以看出,直接受到回水影响的临界库水位北村为 308 m 左右、大禹渡为 314 ~ 315 m、坫埼约为 320 m。潼关站受回水影响的临界库水位由于潼关以上河段河道情况不同,需用另外的方法,如据桃汛冲刷资料分析，潼关受回水影响的库水位为 323.50 m。

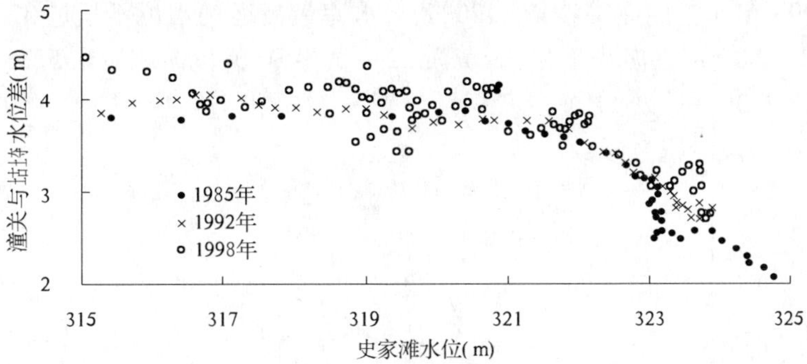

(a) 潼关与坩埚水位差和史家滩水位关系

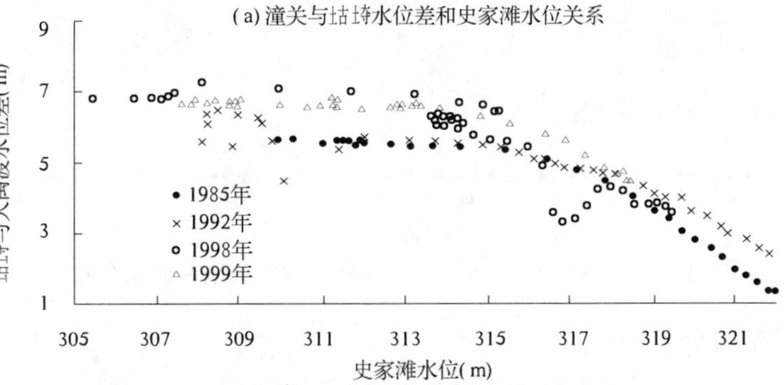

(b) 坩埚与大禹渡水位差和史家滩水位关系

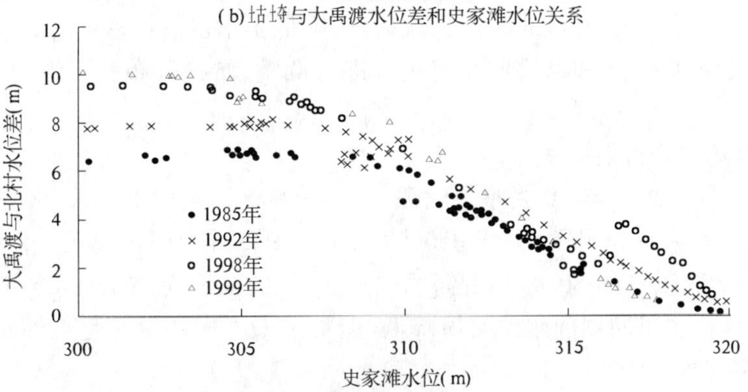

(c) 大禹渡与北村水位差和史家滩水位关系

图 1-5　水位差与史家滩水位关系

(三)非汛期各级运用水位对潼关河段的影响

非汛期各运用阶段的回水情况及其相对应时段的水沙过程决定了库区的淤积分布。例如，1976～1977 年非汛期潼关沙量 1.40 亿 t，高水位运用天数最多，超过 324 m 的 77 d，超过 320 m 的达 105 d。黄淤 30—黄淤 36 河段和黄淤 36—黄淤 41 河段淤积量占全河段淤积量的 33% 和 34%，即大部分泥沙淤积在黄淤 30 断面以上。从图 1-6 沿程淤积分布可以看出，淤积重心在黄淤 33—黄淤 39 河段。

1989～1990 年非汛期潼关沙量 2.11 亿 t，水库最高运用水位没有超过 324 m 的，水位为 320～324 m 的有 81 d。与全河段淤积量相比，黄淤 22—黄淤 30 河段淤积量占 43%，黄淤 30—黄淤 36 河段淤积量占 29%，黄淤 36—黄淤 41 河段淤积量只占 5%。与

1976 ~ 1977 年非汛期相比，淤积重心明显下移。

1998 ~ 1999 年非汛期潼关沙量 1.20 亿 t，水库最高运用水位不超过 322 m，大于 320 m 的只有 20 d。与全河段淤积量相比，黄淤 22—黄淤 30 河段淤积量占 52%，黄淤 30—黄淤 36 河段和黄淤 36—黄淤 41 河段淤积量分别占 24% 和 5%。与 1989 ~ 1990 年相比，黄淤 30—黄淤 41 河段淤积量减少。

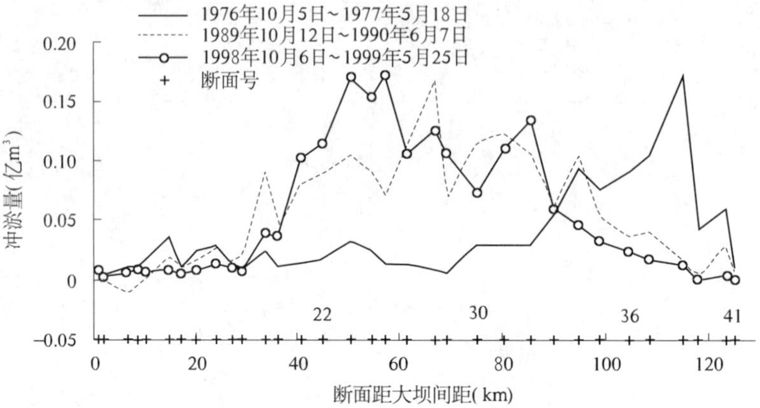

图 1-6　黄淤 1—黄淤 41 河段典型年非汛期冲淤量分布

二、纵向淤积分布特点

水库蓄水运用改变了河道的天然水流条件，降低了水流的挟沙能力，使库区河床发生淤积，河床组成、河床比降和河槽形态将相应进行调整，淤积分布状况取决于来水条件和运用水位。

（一）沿程淤积分布规律

1973 年 11 月 ~2000 年 10 月整个时段，三门峡库区潼关以下河段共淤积 2.99 亿 m^3，其中 1973 年 11 月 ~ 1985 年 10 月淤积 0.59 亿 m^3，1985 年 10 月 ~2000 年 10 月淤积 2.40 亿 m^3，后者占总淤积量的 80%，可见潼关以下库区的淤积基本为 1986 年以后造成的。1986 年以后，尽管非汛期坝前水位有所降低，但由于来水来沙量的趋势性减少，使得库区年内冲淤仍不能达到平衡。

1974 ~2000 年(运用年)非汛期，坝址—黄淤 41 河段共淤积泥沙 36.45 亿 m^3。其中 1985 年 6 月以前淤积 15.86 亿 m^3，占 44%；1985 年 10 月 ~ 1992 年 6 月淤积 7.83 亿 m^3，占 21%；1992 年 9 月 ~2000 年 6 月淤积 12.76 亿 m^3，占 35%。各阶段年均淤积量的差别不是很大，1992 年 9 月 ~2000 年 6 月最多，约为 1.59 亿 m^3，1973 年 11 月 ~ 1985 年 6 月次之，为1.32亿 m^3，1985 年 10 月 ~ 1992 年 6 月为 1.12 亿 m^3。

受水库蓄水位高低的影响，不同时期泥沙淤积的部位也有变化。1973 年 11 月 ~ 2000 年 6 月非汛期泥沙主要淤积在黄淤 22—黄淤 36 河段，淤积量为 24.35 亿 m^3，占淤积总量的 67%。黄淤 22—黄淤 30 河段和黄淤 30—黄淤 36 河段分别淤积 12.97 亿 m^3 和 11.38 亿 m^3。其中 1973 年 11 月 ~ 1985 年 6 月非汛期泥沙主要淤积在黄淤 30—黄淤 36 河段，淤积量占全河段淤积量的 38%；1985 年 10 月 ~ 1992 年 6 月非汛期泥沙主要淤积在黄淤 22—黄淤 30 河段，淤积量占全河段淤积量的 39%；1992 年 9 月 ~2000 年 6 月，泥沙仍主要淤积在黄淤22—黄淤30河段,淤积量占全河段淤积量的45%(见表1-7)。

表1-7　非汛期分段淤积量及百分比

项目	河段	1973年11月～1985年6月	1985年10月～1992年6月	1992年9月～2000年6月	1973年11月～2000年6月
淤积量（亿 m^3）	坝址—黄淤12	1.27	0.04	0.72	2.03
	黄淤12—黄淤22	2.98	1.94	3.02	7.94
	黄淤22—黄淤30	4.08	3.12	5.77	12.97
	黄淤30—黄淤36	6.12	2.26	3.00	11.38
	黄淤36—黄淤41	1.41	0.47	0.25	2.13
	坝址—黄淤41	15.86	7.83	12.76	36.45
分段淤积量占总淤积量的百分比(%)	坝址—黄淤12	8	1	6	5
	黄淤12—黄淤22	19	25	24	22
	黄淤22—黄淤30	26	39	45	36
	黄淤30—黄淤36	38	29	23	31
	黄淤36—黄淤41	9	6	2	6
	坝址—黄淤41	100	100	100	100

(二)纵剖面变化

三门峡水库的淤积形态主要与坝前运用水位有关,坝前水位高,其淤积重心偏上,淤积形态基本为三角洲;坝前水位低,其淤积重心偏下,当坝前水位低于310 m时,淤积纵剖面基本呈锥体分布,从库区各断面历年汛前河槽平均河底高程来看,库区淤积三角洲顶点与坝前运用水位关系密切。1974～1985年,三角洲顶点基本在黄淤30—黄淤36河段变动。这期间,1977年坝前运用水位最高,非汛期平均水位318.35 m,最高日均水位达325.95 m,坝前水位大于324 m的为77 d,库区淤积重心在黄淤30—黄淤41河段,三角洲顶点达到黄淤36断面附近;其他年份淤积重心均在黄淤30—黄淤36河段,三角洲顶点多在黄淤30断面附近。1986年以后,三角洲顶点基本在黄淤22—黄淤30河段变动,1993年坝前水位最低,非汛期平均水位314.49 m,最高日均水位321.6 m,坝前水位大于322 m的只有9 d,大于320 m的有43 d。因此,库区淤积重心在黄淤12—黄淤30河段,三角洲顶点在黄淤22断面附近。1994年以后多在黄淤24—黄淤26河段内。

图1-7显示了潼关以下库区1974年、1986年、1999年的纵剖面。由图可见,1999年汛前库区平均河底高程较1974年、1986年汛前均有明显抬升,其三角洲顶点也向坝前推移。1974年三角洲顶点在黄淤33断面附近,1986年在黄淤30断面附近,而到1999年下移到黄淤23断面附近。1999年非汛期平均水位尽管较1986年偏高0.59 m,但日均水位大于320 m的只有20 d,大于322 m的天数为0;而1986年非汛期平均水位大于320 m的为25 d,大于322 m的为8 d。虽然1986年、1999年库区淤积重心均在黄淤22—黄淤30河段,但1999年黄淤22—黄淤30河段淤积量占全河段总淤积量的52.4%,而1986年黄淤22—黄淤30河段淤积量占全河段淤积量的46.9%;1999年非汛期黄淤30—黄淤36河段淤积量占全河段总淤积量的23.6%,1986年非汛期黄淤30—黄淤36河段淤积量占全河段总淤积量的35.97%。可见,1999年三角洲顶点较1986年更趋近于坝前。

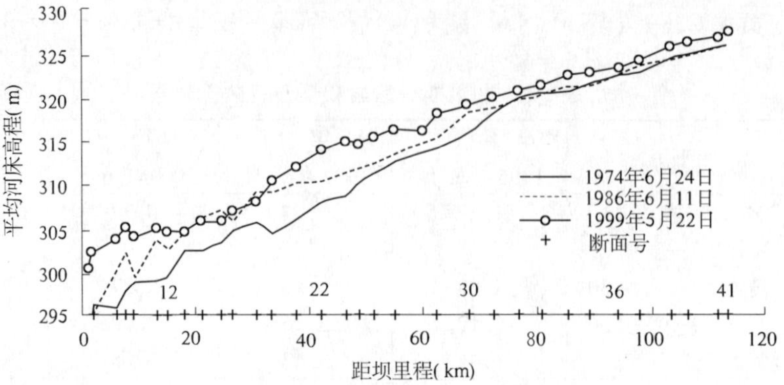

图 1-7　三门峡潼关以下库区的纵剖面

三、横向冲淤分布及调整

(一)横向冲淤分布

潼关以下库区经过 1970 ~ 1973 年敞泄冲刷后,形成了高滩深槽。一般洪水很少漫滩,大洪水时也只有部分河段漫滩,其冲淤主要发生在主槽内。对于一些相对较宽的断面,如黄淤 33 断面、黄淤 37 断面、黄淤 38 断面等,由于河道不稳定,其河槽宽度往往发生很大的变化,使主槽、滩地难以划分。因此,根据 1974 ~ 2000 年各断面的变化范围,确定河槽平均变化宽度,计算 1974 年 6 月 ~ 1986 年 6 月、1986 年 6 月 ~ 2000 年 6 月两个时段的主河槽冲淤量,见表 1-8。

由表 1-8 可见,1974 年 6 月 ~ 1986 年 6 月主槽淤积量为 0.016 亿 m^3,占全断面淤积量的 90%;1986 年 6 月 ~ 2000 年 6 月主槽淤积量为 1.768 1 亿 m^3,占全断面淤积量的 85%。由于有些断面如黄淤 25 断面、黄淤 28 断面、黄淤 37 断面、黄淤 38 断面等变化较大,有时主流大范围摆动,使原有的滩地大量坍塌或重新形成新的滩面,因此有些河段滩地反而冲刷。

表 1-8　各河段主槽、全断面冲淤量　　(单位:亿 m^3)

河段	1974 年 6 月 ~ 1986 年 6 月		1986 年 6 月 ~ 2000 年 6 月	
	主槽	全断面	主槽	全断面
黄淤 1—黄淤 12	0.112	0.15	0.325 6	0.334 5
黄淤 12—黄淤 22	0.572 4	0.627	0.048 5	0.251 3
黄淤 22—黄淤 30	0.227	0.156 9	0.311 6	0.375 2
黄淤 30—黄淤 36	-0.491 6	-0.605 7	0.572 5	0.641 8
黄淤 36—黄淤 41	-0.403 8	-0.310 4	0.509 9	0.478 4
黄淤 1—黄淤 41	0.016	0.017 8	1.768 1	2.081 2

(二)断面形态调整

1. 汛期及洪水期断面形态调整

黄淤 30—黄淤 41 河段汛期冲刷主要发生在洪水期,因而洪水期(特别是高含沙洪水期）河床断面调整十分剧烈。如1977年7月上旬，潼关发生了洪峰流量为13 600 m^3/s、含沙量为616 kg/m^3 的高含沙洪水，黄淤33—黄淤41河段均发生了强烈冲刷，洪水过后河槽面积增加2 523 m^2，其中黄淤34断面河槽面积由4 162 m^2 增加到8 289 m^2；黄淤36断面河槽面积增加3 264 m^2，增加了3倍；黄淤32断面尽管河槽面积减少750 m^2，但其河槽中深槽面积却增加了975 m^2，深槽宽度由1 477 m缩窄到772 m，深槽河相系数由19.2减为5.5，河型变得更加窄深。该场洪水过后，黄淤30—黄淤41河段河槽平均宽度由1 433 m减为1 371 m，河相系数由11.3减为7.0。1992年8月潼关出现洪峰流量为4 040 m^3/s、最大含沙量为297 kg/m^3 的洪水，该河段所有断面都发生了冲刷，且冲刷强度自上而下有逐渐增大的趋势。如黄淤36—黄淤41河段河槽平均面积增大780 m^2，黄淤30—黄淤36河段增大1 770 m^2，全河段河槽平均面积由3 127 m^2 增大到4 403 m^2，河相系数由18.6减小到11.4。同样，1996年潼关发生了流量为4 230 m^3/s、7 400 m^3/s 及含沙量为280 kg/m^3、263 kg/m^3 的两场洪水后，汛后实测大断面反映出全河段普遍冲刷，且冲刷强度依然自上而下增加。以黄淤36断面为分界（面积增加54 m^2），黄淤36—黄淤41河段各断面平均冲刷1 410 m^2，黄淤30—黄淤35河段平均冲刷2 161 m^2；河相系数上段由17.3减小为12.5，下段由14.5减小为9.4。除1977年8月洪水外，其他场次洪水对该河段河床塑造的结果均表现为河槽冲刷、淤嫩滩成深槽、河相系数减小，河床形态趋于窄深。

2. 非汛期断面调整

非汛期的断面调整主要有三种形式：其一为河槽淤积，河床高程不断抬升，这种情况多发生在河槽较窄且比较稳定的断面，如黄淤30、黄淤36等断面。其二为塌滩（或嫩滩）淤槽，河床变宽浅，这类变化调整有时十分剧烈，如黄淤35断面，1991年9月～1992年6月左岸坍塌近200 m，河槽淤积290 m^2，河相系数由8.7增加到10.3；又如黄淤37断面，1975年10月～1976年3月河槽展宽1 060 m，河槽面积增大8 200 m^2，河底高程抬升0.48 m，河相系数由3.6增加到5.5。其三，由于河势变动引起河槽中深槽摆动，如黄淤41断面，1991年9月～1992年6月河槽深泓线向右岸方向摆动约150 m；又如黄淤38断面，1992年洪水过后河槽中形成了宽1 000 m，面积1 570 m^2 的深槽，至1993年5月深槽深泓线向右岸移动800 m左右。总之，各种形式的变化总是河槽向面积减小、河型向宽浅的方向发展。

第四节　潼关以下库区汛期排沙规律分析

三门峡水库蓄清排浑运用以来，潼关以下库区非汛期淤积、汛期冲刷排沙。库区冲刷形式主要有溯源冲刷和沿程冲刷，其排沙过程主要分为：汛初6月、7月降低水位排沙，洪水期敞开闸门泄流排沙，平水期控制库水位300～305 m，即低水位控制运用排沙。

一、汛期排沙分析

有关水库的排沙问题，前人曾做过许多研究工作，对于不同的排沙方式和冲刷方式给出了多种计算公式。对于一个汛期或一场洪水，实际的排沙方式可能是滞洪排沙、壅水排沙和敞泄排沙、沿程冲刷和溯源冲刷等的相互交叉、相互混合、共同作用的结果。以下以实测资料为基础,将排沙过程分为汛初小水排沙、洪水期排沙和平水期排沙,分析不同水沙条件下的排沙特点,以及坝前水位对排沙的作用。

(一)排沙总量

1974～1999 年三门峡水库年均入库沙量 9.001 亿 t,出库沙量 9.289 亿 t,由此得出库区年均冲刷 0.281 亿 t,而采用断面法则淤积 0.091 亿 m^3(干容重取 1.4t/m^3,即 0.127 亿 t),二者有较大差异。造成这种现象的主要原因有:临底含沙量和河道异重流的漏测问题,库区河道塌岸的影响,各年间淤积物容重的差异对冲淤量换算产生的影响等。为了分析三门峡水库排沙特点,在下面章节中将出库沙量与入库沙量的差值称为净排沙量。

表 1-9 为不同时期排沙特征统计,1974～1985 年出库沙量大于入库沙量;1986～1995 年入出库沙量基本相当;1996～1999 年出库沙量小于入库沙量,库区呈累积性淤积。

1974～1999 年三门峡水库汛期平均入库沙量 7.226 亿 t,占全年的 80.2%,出库沙量 8.904 亿 t,占全年的 96%,是入库沙量的 1.23 倍,多排出泥沙 1.678 亿 t。图 1-8 是历年汛期排沙变化过程,1977 年为典型的多沙年份,黄河干流和渭河均出现高含沙洪水,汛期来沙量达 20.6 亿 t,因高含沙洪水淤积浅滩、嫩滩,冲刷主槽,而滩地淤积及非汛期淤积物难以冲刷,排至库外,排沙比小于 1.0;1986 年为少沙年份,但坝前水位从 7 月 13 日到 10 月 7 日控制在 300 m 左右的低水位状态,排沙比达 1.79,为历年最高值。

表 1-9　不同时期三门峡水库排沙特征统计

项目	时段	7 月	8 月	9 月	10 月	7 月、8 月	汛期	运用年	7 月、8 月占汛期的百分比(%)
出库沙量(亿 t)	1974～1985 年	3.231	4.099	2.331	1.213	7.330	10.874	11.21	67.4
	1986～1995 年	2.535	3.586	1.196	0.220	6.121	7.537	8.085	81.2
	1996～1999 年	3.481	2.724	0.167	0.037	6.205	6.409	6.537	96.8
	1974～1999 年	3.002	3.690	1.562	0.650	6.692	8.904	9.289	75.2
出库含沙量(kg/m^3)	1974～1985 年	73.8	65.1	34.5	19.9	68.7	46.3		
	1986～1995 年	82.7	79.8	33.0	11.7	81.0	57.7		
	1996～1999 年	157.8	87.7	8.9	3.2	116.8	76.7		
	1974～1999 年	84.8	72.2	32.5	17.5	77.4	51.9		
净排沙量(亿 t)	1974～1985 年	0.762	0.549	0.465	0.251	1.311	2.027	0.755	64.7
	1986～1995 年	0.726	0.738	0.094	-0.018	1.464	1.540	0.085	95.1
	1996～1999 年	0.997	0.240	-0.153	-0.107	1.237	0.977	-0.653	126.6
	1974～1999 年	0.784	0.574	0.227	0.092	1.358	1.678	0.281	80.9
排沙比	1974～1985 年	1.31	1.15	1.25	1.26	1.22	1.23	1.072	
	1986～1995 年	1.40	1.26	1.09	0.92	1.31	1.26	1.010	
	1996～1999 年	1.40	1.10	0.52	0.26	1.25	1.18	0.91	
	1974～1999 年	1.35	1.18	1.17	1.16	1.25	1.23	1.03	

由于坝前水位和来水来沙条件变化,汛期各月具有不同的排沙特点。1974～1985 年汛期平均净排沙量 2.027 亿 t,7 月、8 月净排沙量共占汛期的 64.7%,各月排沙比 7 月较大,8

月较小。1986～1995 年汛期净排沙量 1.540 亿 t,7 月、8 月净排沙量共占 95.1%,汛期排沙比为 1.26,7 月的排沙比最大为 1.40,9 月、10 月排沙比为 1.0 左右。1996～1999 年 7 月、8 月水沙量相对集中,入库沙量占汛期的 91.5%,水库冲刷和排沙也集中在 7 月、8 月,相应排沙量占汛期的 96.8%;9 月、10 月入库水沙量大幅度减小,库水位抬高,排沙比小于 1.0。

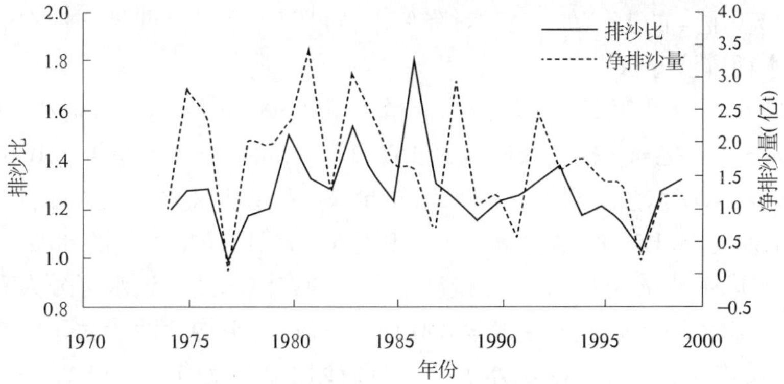

图 1-8　历年汛期排沙变化过程

从入库、出库含沙量的变化来看,1986～1995 年 7 月、8 月入库含沙量为 60 kg/m³ 左右,出库含沙量在 80 kg/m³ 以上,9 月、10 月入出库相差不大;1996～1999 年 7 月入库含沙量为 104 kg/m³,出库达 157.8 kg/m³,而 9 月、10 月出库小于 10 kg/m³,也小于入库含沙量。可见,排沙主要集中在 7 月、8 月,1996 年之后更加显著。

(二)汛初小水期排沙

在每年的 6 月末至 7 月初,三门峡水库坝前水位一般都要下降到 305 m 上下或更低,使汛初出现较大的排沙比。汛初排沙统计以出库输沙率大于入库输沙率为前提,分两种情况:①降低水位排沙,因坝前水位降低造成溯源冲刷而产生的排沙;②小洪水排沙,潼关有洪水但洪峰流量小于 2 500 m³/s,这时沿程冲刷和溯源冲刷相结合,增加出库沙量。

统计 1974～1999 年 6 月、7 月降低水位冲刷和小洪水冲刷资料,其特征值见表 1-10。

表 1-10　汛初小水期排沙特征值(1974～1999 年累计值)

站名	项目	次数	天数	平均流量(m³/s)	水量(亿 m³)	沙量(亿 t)	含沙量(kg/m³)	净排沙量(亿 t)	排沙比
潼关	降低水位排沙	18	197	605	103.0	1.054	10.2	3.361	
	小洪水排沙	16	169	1 108	161.8	4.653	28.8	3.392	
	总计	34	366	837	264.8	5.707	21.6	6.753	
三门峡	降低水位排沙	18	197	693	118.0	4.415	37.4		4.19
	小洪水排沙	16	169	1 091	159.4	8.045	50.5		1.73
	总计	34	366	877	277.4	12.460	44.9		2.18

(1)降低水位排沙:累计 197 d,入库含沙量为 10.2 kg/m³,同期出库含沙量为 37.4 kg/m³,是入库含沙量的 3.67 倍;入库总沙量为 1.054 亿 t,相应出库总沙量 4.415 亿 t,净排沙量 3.361 亿 t,排沙比达到 4.19。

(2)小洪水排沙:共计 169 d,入出库流量接近,入库含沙量为 28.8 kg/m³,出库含沙量为50.5 kg/m³,是入库含沙量的1.75倍;入库总沙量为4.653亿t,相应出库总沙量为8.045亿t,排沙比为1.73。

汛初小洪水期累计入库沙量为5.707亿t,占汛期总来沙量188.3亿t的3.03%;累计排沙量12.460亿t,占汛期总排沙量230.7亿t的5.4%;净排沙量6.753亿t,占汛期净排沙总量43.0亿t的15.7%。显然,降低水位过程和小洪水期具有较高的排沙效率。

(三)洪水期排沙分析

根据对1974~1999年100余场洪峰流量大于2 500 m³/s的洪水资料分析,洪水期累计入库水量为3 064亿m³,相应入库沙量157.2亿t,同期出库沙量195.0亿t,平均排沙比1.24。洪水期入库水量占汛期入库水量的68%,入库沙量占汛期入库沙量的83%,持续时间仅占汛期的43.1%,净排沙量为37.79亿t,为汛期净排沙量的88%。即洪水期来水来沙量大,水库排沙量也大,汛期的排沙主要集中在洪水期。洪水可分为高含沙洪水和一般含沙洪水(洪水期潼关最大含沙量250 kg/m³以上,平均含沙量大于100 kg/m³作为高含沙洪水;反之,为一般含沙洪水),平均排沙比分别为1.19和1.29,各特征值见表1-11。单从排沙比看,一般含沙洪水排沙比高于高含沙洪水。实际上,高含沙洪水具有更大的冲刷排沙能力,如果以排沙效率(单位入库水量的净排沙量)来表示,高含沙洪水的排沙效率为0.028 4 t/m³,是一般含沙洪水0.009 2的3倍。

表1-11　洪水排沙特征值

类型	时段	坝前水位(m)	累计天数(场次)	潼关水量(亿m³)	沙量(亿t)		净排沙量(亿t)	排沙比	排沙效率(t/m³)
					潼关	三门峡			
高含沙洪水	1974~1999年	<300 m	37(4)	53.4	7.81	10.81	3.00	1.38	0.056 2
		300~305 m	173(16)	337.9	42.79	52.72	9.93	1.23	0.029 4
		>305 m	55(7)	111.1	24.94	26.26	1.32	1.05	0.011 9
		总量	265(27)	502.4	75.54	89.79	14.25	1.19	0.028 4
	1974~1985年	总量	84(9)	170.1	31.29	33.73	2.44	1.08	0.014
	1986~1999年	总量	181(18)	332.3	44.25	56.06	11.81	1.27	0.036
一般含沙洪水	1974~1999年	<300 m	92(9)	136.6	6.455	9.46	3.005	1.47	0.022 0
		300~305 m	634(47)	1 300	43.12	57.5	14.38	1.33	0.011 1
		>305 m	386(18)	1 125	32.06	38.21	6.15	1.19	0.005 5
		总量	1 112(74)	2 561.6	81.635	105.17	23.535	1.29	0.009 2
	1974~1985年	总量	834(51)	2 091.3	63.095	79.98	16.885	1.27	0.008
	1986~1999年	总量	278(23)	470.3	18.54	25.19	6.65	1.36	0.014

(四)不同流量级排沙特点

前面的分析表明,1974~1999年水库冲刷主要在7月、8月,年均净排沙量为1.358亿t,占汛期1.678亿t的80.9%,但是不同流量级的排沙效果又有不同(见表1-12):①7月流量小于4 000 m³/s时,各流量级排沙比均大于1.0,平均约为1.5,水库净排沙量95%集中在1 000~3 000 m³/s流量,相应的水量占全月水量的64%;②8月流量小于

4 000 m^3/s 的各流量级排沙比均大于 1.0，平均约为 1.30；③9 月、10 月入库沙量少，水库冲刷主要依靠 2 000 m^3/s 以上的大流量，但冲刷量小，流量在 1 000 m^3/s 以下时库区多为淤积，流量在 1 000 ~ 2 000 m^3/s 时入出库沙量基本相当。

表 1-12　1974 ~ 1999 年汛期不同流量级排沙情况（年均值）

月份	流量级（m^3/s）	天数	潼关水量（亿 m^3）	潼关沙量（亿 t）	三门峡沙量（亿 t）	排沙比	净排沙量（亿 t）
7	<1 000	13.5	6.04	0.175	0.250	1.43	0.075
	1 000 ~ 2 000	11.0	13.77	0.744	1.075	1.44	0.331
	2 000 ~ 3 000	4.4	9.13	0.682	1.083	1.59	0.401
	3 000 ~ 4 000	1.5	4.53	0.185	0.279	1.51	0.094
	≥4 000	0.6	2.45	0.432	0.298	0.69	-0.134
8	<1 000	7.1	4.23	0.119	0.148	1.24	0.029
	1 000 ~ 2 000	11.8	14.92	0.687	0.889	1.29	0.202
	2 000 ~ 3 000	7.1	14.97	0.902	1.165	1.29	0.263
	3 000 ~ 4 000	3.3	9.85	0.652	0.877	1.35	0.225
	≥4 000	1.7	7.66	0.756	0.590	0.78	-0.166
9	<1 000	8.0	4.763	0.068	0.056	0.82	-0.012
	1 000 ~ 2 000	12.0	14.71	0.362	0.371	1.02	0.009
	2 000 ~ 3 000	4.0	8.60	0.298	0.378	1.27	0.080
	3 000 ~ 4 000	3.1	9.16	0.290	0.336	1.16	0.046
	≥4 000	2.9	11.51	0.316	0.412	1.30	0.096
10	<1 000	15.2	7.62	0.074	0.041	0.55	-0.033
	1 000 ~ 2 000	8.2	9.78	0.132	0.152	1.15	0.020
	2 000 ~ 3 000	4.3	8.68	0.139	0.190	1.37	0.051
	3 000 ~ 4 000	2.2	6.69	0.114	0.149	1.31	0.035
	≥4 000	1.15	4.73	0.099	0.111	1.12	0.012

注：本表由日流量过程统计，前文月水沙量统计中 1990 年以前为水文局整编值，二者略有出入。

水库排沙在时间上和不同流量级之间存在的差异与水库水位和库区的冲刷形式分不开。7 月、8 月经常发生较大洪水，坝前水位较低，在前期淤积的基础上发生溯源冲刷和沿程冲刷，其冲刷强度大。随着冲刷发展，河床比降变缓、床沙粗化，要继续冲刷需要更大的水流能量，只有在较大的流量下才能实现。这也说明，7 月、8 月中等流量洪水冲刷是水库库容恢复和排沙量增加的主要形式。

但是，当流量达到某一级以上时，水库会壅水抬高水位，水面比降变缓，相应输沙能力降低，同时会发生漫滩淤积，影响排沙量。根据蓄清排浑运用以来的洪水资料，当潼关流量大于 4 000 m^3/s 时库区有不同程度的壅水削峰作用，这也是流量在 4 000 m^3/s 以上时排沙比多小于 1.0 的主要原因。

（五）平水期排沙

在汛期，除洪水期外的非洪水期称为平水期。平水期流量小、来沙量少，水流输沙能力低，水库排沙量除受来沙直接影响外，与水流所处的过程、前期冲淤情况、库水位等有关，致使汛期不同阶段平水时期的冲淤和排沙特点有很大差异。

根据流量级的划分，以流量小于1 000 m^3/s的情况作为平水考虑。1974～1999年汛期平水期年均43.8 d，占汛期总天数123.05 d的35.6%，年均入库沙量为0.436亿t，仅占汛期入库总沙量7.226亿t的6%，净排沙量占汛期净排沙量的3.6%，排沙比为1.14。其中，7月平水持续时间超过13 d，排沙比为1.43，净排沙量为0.075亿t；8月平水持续时间为7.1 d，净排沙量为0.029亿t，排沙比为1.24；9月、10月水库略有淤积，排沙比小于1，见表1-12。

一般情况下，由于非汛期河床淤积抬高，汛初库水位降低后将发生溯源冲刷，加上小水时期的来沙量少，致使7月排沙比较高；8月继续发生溯源冲刷，但强度减弱，排沙比减小；库区河床经过7月、8月洪水的冲刷调整，到9月、10月河床组成已经粗化，阻力增大，流速减小，小流量水流挟带的泥沙在库区落淤，平水期的排沙比小于1.0。同时，9月、10月平水时期水库的冲刷排沙与汛期发电控制运用有关：1974～1979年汛期发电，9月、10月排沙比均为0.64；1980～1988年汛期7～9月不发电，9月排沙比为1.9，10月排沙比为0.64；1994年开始为汛期发电调度运用试验，一般在8月下旬水库开始按305 m低水位控制运用，只有在入库流量大于2 500 m^3/s时再敞泄，在1994～1999年连续枯水年份，9月、10月流量小于1 000 m^3/s的持续时间年均达到15.2 d和29.3 d，排沙比只有0.49和0.19。由此可见，平水期入库泥沙和净排沙量均很少，7月、8月排沙比均大于1.0；9月、10月控制运用发电时期水库排沙比均小于1.0。

二、溯源冲刷和沿程冲刷

（一）溯源冲刷

1. 溯源冲刷的特点和判别方法

当库水位降低到淤积三角洲顶点以下时，淤积面产生跌水冲刷，且向上游发展的冲刷过程即为溯源冲刷。溯源冲刷自下而上发展，随着冲刷向上游发展，其冲刷量逐渐减少；各河段的比降也随之调整，三角洲前坡段比降由陡变缓，同时顶坡段比降由缓变陡，逐渐调匀，趋于一致；溯源冲刷所及河段，河床组成逐渐粗化。

判别溯源冲刷的方法主要从以下几方面考虑：①沿程冲淤量的变化；②水面比降的变化；③同流量水位的变化；④入出库沙量的差值。

在溯源冲刷所及的范围内，冲刷量自下而上逐渐减少；反过来讲，冲淤量的沿程变化是判断溯源冲刷的基本条件，它能很好地反映溯源冲刷的程度及范围。由于库区断面测量每年只有汛前和汛后两次，只能对汛期总体冲刷加以判断。对于短时段溯源冲刷的判别，结合入出库输沙率的变化，主要采取同流量水位法，即在水库降低水位的过程中，用沿程同流量水位下降值代表沿程冲刷厚度。北村水位受坝前水位的影响，其变幅并不都能代表河床的冲淤厚度，因此主要考虑大禹渡以上河段的冲刷情况。

2. 溯源冲刷范围分析

溯源冲刷范围一般从淤积三角洲顶点下游附近开始，向上发展到与沿程冲刷或淤积相衔接为止。受资料和库区水位站较少的限制，在此根据汛期冲淤量的沿程变化，对溯源冲刷范围进行定性分析。

表1-13为1974年以来汛期溯源冲刷的发展范围。可以看出，1974～1985年溯源冲

刷发展到黄淤36—黄淤38河段，1986年以后发展范围有所缩小，有的年份仅发展到黄淤31断面，有的年份（像1988～1990年、1992～1994年）也发展到黄淤36断面以上。

表1-13　汛期溯源冲刷的发展范围

年份	最远断面	平均流量（m^3/s）	$H_史<300$ m的天数	年份	最远断面	平均流量（m^3/s）	$H_史<300$ m的天数
1974	黄淤38	1 146	5	1988	黄淤36	1 760	9
1975	黄淤38	2 844	7	1989	黄淤37(2)	1 929	12
1976	黄淤36	3 004	3	1990	黄淤37(2)	1 314	24
1978	黄淤36	2 097	0	1991	黄淤33	575	31
1979	黄淤37(2)	2 043	0	1992	黄淤37(2)	1 232	26
1980	黄淤38	1 261	27	1993	黄淤36	1 314	27
1981	黄淤38	3 183	5	1994	黄淤36	1 254	10
1982	黄淤37(2)	1 729	6	1995	黄淤33	1 071	33
1983	黄淤37(2)	2 954	0	1996	黄淤35(2)	1 204	29
1984	黄淤36	2 653	8	1997	黄淤31	523	0
1985	黄淤36	2 194	10	1998	黄淤33	808	7
1986	黄淤34	1 263	14	1999	黄淤35(2)	896	6
1987	黄淤31	710	10	2000	黄淤34	688	4

注：$H_史$ 指史家滩（坝前）的水位；表中1977年未统计，因为1977年产生高含沙洪水，发生“揭河底”现象。

1974年为蓄清排浑运用的第一年，非汛期蓄水位较高，淤积重心靠上，黄淤31断面以上淤积量占潼关以下库区的60%，虽然入库平均流量只有1 146 m^3/s，但溯源冲刷发展到黄淤38断面；1980年，坝前水位低于300 m的有27 d，汛期平均水位301.87 m，整个汛期均为敞泄运用，溯源冲刷也发展到黄淤38断面；1990年坝前水位低于300 m的有24 d，由于低水位历时长，平均流量大，溯源冲刷发展到黄淤37(2)断面。1987年、1991年、1998年等汛期平均流量小，为575～808 m^3/s，溯源冲刷只发展到黄淤33断面；1997年为特枯水年，汛期平均流量只有523 m^3/s，库水位在300 m以下，溯源冲刷仅发展到黄淤31断面。因此，溯源冲刷的发展与入库流量和坝前水位等因素密切相关，入库流量大或坝前低水位持续时间长时，冲刷发展距离较远。

3. 溯源冲刷发展过程分析

1）溯源冲刷厚度

以同流量水位下降值代表河床的冲淤厚度，统计1974年以来以溯源冲刷为主的资料（见表1-14）。总体来看，水库溯源冲刷大部分能够发展到坫埼以上河段，平均冲刷厚度坫埼为0.44 m，大禹渡为0.91 m，潼关断面受溯源和沿程冲刷的共同影响平均冲刷下降0.13 m。由于受各种因素的影响，不同冲刷时段的冲刷范围和冲刷厚度有很大差别。

表 1-14 溯源冲刷统计

时段 （年-月-日）	潼关流量 （m^3/s）	冲刷厚度（m）				平均流量（m^3/s）	
		潼关	坫垮	大禹渡	北村	潼关	三门峡
1974-07-08～12	1 000	-0.1	-0.3	-0.9	-0.14	1 219	1 250
1975-06-30～07-10	1 000	-0.1	-0.43	-0.55	0.08	767	818
1975-07-22～08-04	1 000	-0.18	-0.65	-1.25	-1.2	2 947	3 006
1975-07-01～08-05	1 000	-0.54	-1.5	-2.63	-3.83	2 003	2 013
1976-07-05～08-07	1 350～1 390	0.04	-0.42	-1	-1.13	1 906	1 895
1977-07-18～24	1 000	-0.07	-0.54	-0.9	-0.55	865	888
1978-07-07～11	1 000	-0.03	-0.26	-0.53	-0.37	759	842
1978-07-11～08-04	1 000	-0.49	-0.87	-1.1	-1.05	1 673	1 650
1979-07-04～22	730～713	-0.07	-0.59	-1.16	-1.12	813	809
1981-06-25～07-01	500	-0.05	-0.07	-0.4	-0.5	357	385
1982-07-12～08-29	1 060～1 080	-0.23	-0.88	-1.49	-1.16	1 757	1 716
1982-07-15～29	1 120～1 140	0.01	-0.07	-0.22	-0.25	1 249	1 202
1982-07-30～08-22	1 280～1 270	-0.28	-0.55	-0.8	-0.34	2 398	2 344
1983-06-28～07-14	1 660～1 600	-0.09	-0.35	-0.5	-0.63	1 481	1 506
1984-06-10～23	1 000	0	-0.14	-0.4		699	850
1985-06-23～07-10	1 000	-0.16	-0.24	-0.48		541	633
1990-06-19～30	897～848	-0.07	-0.13	-0.46	-0.94	1 004	1 112
1991-07-24～08-07	1 000	-0.2	-0.22	-0.75	-2.67	996	1 027
1993-07-31～08-12	1 000	0.49	-0.2	-0.5	-0.2	2 109	2 222
1994-08-05～20	1 000	-0.25	-0.55	-1.3	-3.55	2 423	2 341
1995-07-25～08-10	1 470～1 420	-0.23	-0.35	-0.93	-3.35	1 588	1 595
1996-07-16～25	1 260	0.04	-0.2	-0.76	-2.76	1 280	1 245
1996-07-27～08-22	1 190～1 180	-0.41	-0.63	-1.98	-2.06	2 115	2 004

2）溯源冲刷过程分析

溯源冲刷主要有两种类型：库水位下降过程中产生的冲刷和库水位保持在低水位状态下产生的冲刷。一般情况下，汛初降低水位的过程中，入库流量往往比较小，当发生溯源冲刷时，其影响范围小，有的根本发展不到大禹渡，有的虽然发展到大禹渡以上河段，但冲刷厚度很小。

如 1981 年 6 月 17～24 日为降低水位过程，只有大禹渡水位明显降低，之后水库为低水位控制运用，6 月 24 日～7 月 1 日坝前平均水位 305 m，入库平均流量只有 357 m^3/s，同流量(潼关流量500 m^3/s)时大禹渡水位下降0.4 m,坫垮仅下降0.07 m。

1992年6月24日坝前水位314.4 m,6月28日下降到294.61 m,在6月24~25日水位降低过程中入库流量为400~600 m^3/s,出库流量达1 000~1 200 m^3/s,库区产生溯源冲刷;6月28日~7月16日坝前水位均在300 m以下,但潼关流量多在300 m^3/s以下,最小为84 m^3/s,出库流量也在300 m^3/s以下,尽管水位很低,由于入库流量小,库区冲刷量也小。此后,在大流量作用下,溯源冲刷继续发展,从7月17日~9月7日坝前平均水位301.33 m,库区各站水位均有大幅度的下降,如表1-15所示,其中也包括了洪水的沿程冲刷和之后的回淤。

表1-15 1992年冲刷过程中特征值

日期(月-日)	潼关流量(m^3/s)	水位下降值(m)				史家滩平均水位(m)	冲淤类别
		潼关	坫垮	大禹渡	北村		
06-24~07-16	574~550	0.01	-0.34	-0.47	-1.92	298.40	溯源
08-09~08-17	2 000	-1.76	-1.40	-1.50	-1.57	300.60	沿程
08-17~08-28	1 730	0.32	0.26	0.30	-0.30	299.70	淤积
07-17~09-07	960	-1.29	-1.63	-2.47	-4.20	301.33	溯源

由此可见,在库水位降落过程中,当流量在500 m^3/s以下时,溯源冲刷发展距离很短,一般在大禹渡以下河段,库区淤积的三角洲形态依然存在;当流量大于500 m^3/s时,发展距离较远,尤其是在洪峰过程,可以发展到坫垮以上河段,有时以溯源为主也伴随有沿程冲刷;如果在降低水位过程中为小流量,溯源冲刷只发生在近坝河段,在坝前处于低水位状态,其冲刷发展也很慢,甚至只局限于某一断面附近,这时如果流量增大或出现洪峰,这种冲刷形式会继续发展。

(二)沿程冲刷

1.沿程冲刷的特点

冲积性河流的河床形态及其组成情况是来水来沙条件和河床相互作用与调整的结果,如果水沙条件发生改变,河床就随之发生冲淤变化,且沿程向下发展。黄河水沙来源极其复杂,不同来源的水沙在干流常常形成超饱和、饱和、次饱和的挟沙水流。当来水为次饱和水流时,沿程从床面补给一部分泥沙,使水流逐渐恢复到饱和,含沙量沿程恢复过程中,河床发生冲刷并从上向下发展,即沿程冲刷。冲刷的数量和部位取决于水流输沙能力及沿程床沙的补给情况。

三门峡水库蓄清排浑运用以来,潼关以下河段在洪水期间多发生沿程冲刷。在适宜的水流条件下,潼关附近河床冲刷下降,含沙量沿程增加并与河床泥沙不断进行交换,这种冲刷调整逐渐向下游发展,含沙水流也随之趋于饱和,河床冲刷幅度逐渐减小。

沿程冲刷过程中,冲刷厚度变化不大,或者逐渐减小,因此河床纵向的调整很微弱。由于在冲刷过程中与床面泥沙的交换,使悬沙沿程粗化,同一站的床沙中值粒径有粗化的趋势,但变化不大。

2.沿程冲刷与水沙条件的关系

潼关以下河道的沿程冲刷,以潼关断面冲刷为首要条件,以沿程冲刷厚度相近或减少为判别标准。1974 年以来以沿程冲刷为主的资料统计结果见表 1-16。

表 1-16　沿程冲刷特征值

时段 (年-月-日)	平均流量 (m^3/s)	平均含沙量 (kg/m^3)	潼关流量 (m^3/s)	水位差(m)			
				潼关	坫垮	大禹渡	北村
1974-07-28 ~ 08-04	1 563	193.2	1 000	-0.71	-0.64	-1.28	0.33
1974-10-01 ~ 10	1 991	28.9	1 000	-0.29	-0.08	-0.11	-0.06
1976-08-08 ~ 10-19	3 855	27.2	1 000	-0.5	-0.45	-0.3	—
1977-07-01 ~ 21	2 255	200.0	1 000	-2.29	-2.46	-0.82	0.52
1978-07-11 ~ 18	1 524	173.3	1 000	-0.31	-0.72	-0.5	-0.28
1980-08-07 ~ 31	1 105	40.4	881 ~ 833	-0.5	-0.47	-0.19	-0.58
1981-07-03 ~ 14	2 577	46.6	1 000	-0.45	-0.48	-0.6	-0.29
1981-08-17 ~ 10-19	4 154	28.6	1 000	-0.51	-1.08	-0.56	0
1984-09-22 ~ 10-18	2 320	16.0	1 500	-0.4	-0.3	0.1	-0.5
1985-09-09 ~ 10-24	3 448	24.2	1 500	-0.25	-0.33	-0.14	-0.15
1988-08-04 ~ 25	3 300	109.6	1 110	-0.58	-0.48	-0.93	-0.46
1989-08-12 ~ 10-10	2 707	20.8	1 000	-0.61	-0.16	-0.07	-0.07
1993-07-22 ~ 30	1 810	35.6	1 000	-0.23	0.2	-0.2	-0.85
1994-07-08 ~ 14	1 916	162.8	1 000	-0.5	-0.2	-0.89	-2.05
1997-07-30 ~ 08-05	1 712	275.5	1 000	-1.77	-0.9	-0.64	-2.82

一般来说,沿程冲刷可以发展到坫垮以下甚至大禹渡附近,与溯源冲刷相衔接。潼关断面的冲刷与来水来沙和河床条件相关,而冲刷的沿程发展又与潼关冲刷厚度密切关系。大禹渡附近的冲刷变化往往受溯源冲刷与沿程冲刷的共同作用,其冲刷厚度会比较大,有时甚至大于上游两站,如表 1-16 中的 1988 年和 1994 年。

(三)其他冲刷形式

溯源冲刷和沿程冲刷并不是孤立的,有时是同时或交叉进行的。当坝前水位降低,发生溯源冲刷时,由三角洲顶点向上游发展,若遇适当的水流条件,潼关河床发生沿程冲刷,其不饱和输沙水流含沙量沿程恢复,并向下发展。两种冲刷过程向中间发展,有时发展距离很短,有时相互叠加,使库区河床普遍有所降低。溯源冲刷是库容恢复的有效方式,可以增大库区比降促使沿程冲刷的发展,而沿程冲刷对冲刷淤积末端有重要作用。

分析表明,潼关至坫垮河段以沿程冲刷为主,大禹渡上、下库段以溯源冲刷为主。坫垮附近受它们的共同作用而冲刷下降。

1999 年汛初溯源冲刷过程中,6 月 23 ~ 30 日坝前水位从 312.02 m 降到 295.35 m,潼关最大流量 450 m^3/s,以大禹渡冲刷下降最多;7 月 1 ~ 12 日入库流量增大,同流量条件下北村水位继续下降;在 7 月 12 ~ 18 日间华县出现高含沙洪水,潼关最大日均流量 1 950 m^3/s,库区沿程冲刷和溯源冲刷同时发展,潼关、坫垮、大禹渡、北村 1 000 m^3/s 水位分别下降 1.08 m、0.60 m、1.13 m 和 1.74 m。

冲积性河流调整过程本身就是水流与河床相互作用、河床质与悬移质不断交换的过程，由于断面形态或河势的变化，会产生局部冲刷。如果入库流量小，坝前保持低水位状态敞泄运用时，在三角洲顶点附近和坝前段容易发生冲刷；水库按305 m控制运用时坝前段容易淤积；当潼关发生大水或华县发生高含沙洪水时，潼关河床易发生冲刷；对于河湾段或水流顶冲滩岸的位置也容易发生淘刷或塌滩等局部冲刷现象。

第五节　水库不同运用期潼关高程演变特点

一、三门峡水库建库前潼关高程变化特点

潼关高程在历史时期是上升的。秦汉时期曾派过数十万大军和移民到北部边疆垦荒；北宋时期，为巩固边防，在泾河、渭河、洛河及无定河上中游大量屯兵开垦，大量泥沙流入黄河，河势开始不稳定；明清时期军垦、商垦剧增，侵蚀加剧，河道淤积向下延伸引起潼关高程上升。叶青超根据地质沉积结构估算出公元220年至1960年小北干流（禹门口—潼关河段）河床年均淤积厚度为0.019 m，其中夹马口—潼关河段年均淤积0.021 m。1972年山西省永济县农民在蒲州旧城城西打井时，挖到明万历年间修建的城西防洪石堤堤顶，以此估算出1573～1960年禹门口—潼关河段河床年均淤积厚度0.034 6 m，其中夹马口—潼关河段年均淤积0.04 m。潘贤娣等根据地形图、焦恩泽根据输沙率差和野外调查计算得出，1950～1960年年均淤积厚度为0.036 9～0.050 4 m。不同的估算方法表明，潼关河段在自然状态下是淤积抬高的。

潼关水文站于1929年开始观测，由于战事频繁，时测时停。1929～1960年汛期有19年完整资料，年平均水量为274亿m^3，年平均沙量为14.9亿t，汛期多数年份冲刷下降，下降幅度每年为0.1～1.51 m，潼关河床高程平均下降0.28 m，个别年份如1930年、1957年和1959年的汛期是上升的，上升幅度为0.12～0.33 m，而1933年冲刷下降1.51 m。非汛期有17年完整资料，平均水量182亿m^3，潼关河床上升的幅度每年为0～0.99 m，河床平均上升0.35 m。由此可以计算出三门峡水库在建库前，年均上升值为0.07 m。根据对1959年以前观测资料的分析，潼关高程的变化与时段来水来沙条件有关。潼关河床在汛期和洪水期冲刷下降；在非汛期和小流量时则为淤积上升。在自然条件下，潼关高程全年是缓慢上升的。

值得注意的是，由于水文资料不连续、战事频繁、观测工作不规范、精度不高等，还不能用此数值来计算潼关高程在天然条件下年均上升值。采用0.035 m（1950～1960年）作为天然条件下潼关高程多年平均上升值比较接近实际。

二、三门峡水库建库后潼关高程变化特点

（一）蓄水拦沙期和滞洪排沙期潼关高程演变特点

1960年9月15日～1962年3月19日是三门峡水库的蓄水拦沙运用期，最高蓄水位为332.58 m。库水位在330 m以上的时间长达200 d，在一年半的时间内库区330 m高程以下淤积泥沙15.4亿m^3，占入库沙量的93%，水库的淤积速度和淤积部位超过预计，淤

积末端不断向上游延伸，渭河河口形成拦门沙。潼关高程受水库的泥沙淤积影响迅速上升，从 1960 年 9 月中旬的 323.40 m 上升到 1961 年汛前的 326.56 m，再到 1962 年 3 月的 328.07 m，共上升 4.67 m(见图 1-9)。

1962 年 3 月水库改为滞洪排沙运用。1962 年 4 ~ 6 月，水库降低运用水位至 305 m 左右，到 1962 年 6 月底，潼关高程下降到 325.93 m。

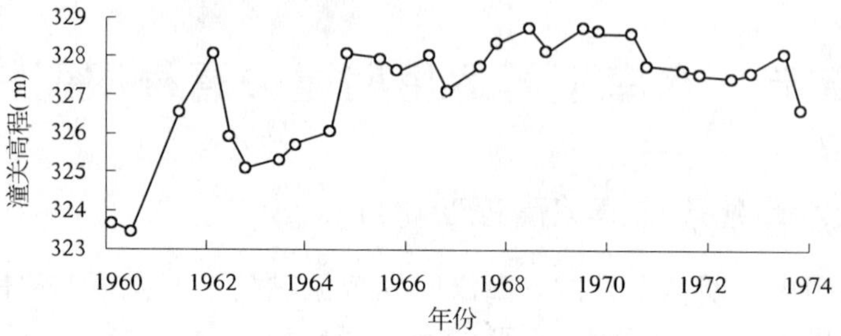

图 1-9　1960 ~ 1973 年潼关高程变化

1964 年为丰水丰沙年，由于水库泄流规模不足，汛期平均库水位 320.24 m，最高日均水位 325.86 m，产生滞洪滞沙，使潼关以下库区在一个汛期就淤积泥沙 11.6 亿 m^3。汛初潼关高程为 326.05 m，到 10 月底，潼关高程上升到 328.09 m，上升 2.04 m。第一次改建工程投入运用后，潼关以下库区淤积得到缓解，但 1967 年又遇到丰沙年，潼关以下库区汛期淤积 2.1 亿 m^3，潼关以上汇流区严重滞洪，河道大量淤积，汛初潼关高程为 327.74 m，汛期潼关高程上升 0.60 m，当年汛末潼关高程上升到 328.34 m。

随着二次改建工程投入运用，水库滞洪水位下降，1970 ~ 1973 年汛期各月平均库水位均低于 300 m，潼关至坝前发生持续冲刷，仅 1973 年汛期潼关高程就下降 1.43 m。在此期间潼关以下库区共冲刷 3.95 亿 m^3，潼关高程亦由 1970 年汛初的 328.45 m 降至 1973 年汛末的 326.64 m。

1962 年 6 月至 1973 年 11 月，潼关高程上升 0.71 m，其中非汛期上升 2.63 m，汛期下降 1.92 m。受非汛期大部分年份水库蓄水运用和回淤影响，潼关高程上升。汛期除 1964 年、1967 年滞洪滞沙产生泥沙严重淤积使潼关高程大幅度上升外，潼关高程基本上是冲刷下降的。

(二)蓄清排浑运用以来潼关高程演变特点

1973 年年底三门峡水库蓄清排浑运用以来，潼关高程呈现非汛期上升、汛期下降的变化规律。由于受汛期水沙条件和水库运用的影响，潼关高程在各时段又有不同的演变特点。

1. 1974 ~ 1985 年

1973 年 11 月 ~ 1979 年 10 月，潼关高程为上升阶段，共上升 0.98 m，年均上升 0.16 m(见表 1-17)，其中非汛期年均上升 0.70 m，汛期年均下降 0.53 m。1979 年 11 月 ~ 1985 年 11 月为下降阶段，共下降 0.98 m，年均下降约 0.16 m，其中非汛期年均上升 0.40 m，汛期年均下降 0.57 m。从总体来看，潼关高程从 1973 年汛末的 326.64 m 上升到 1979 年汛末的 327.62 m，至 1985 年汛末又下降到水库蓄清排浑开始运用时的 326.64 m。

2. 1986 ~ 2000 年

1985 年 11 月 ~ 2000 年 10 月，潼关高程总体上呈上升趋势，1985 年汛末为 326.64

m,2000 年汛末为 328.33 m,上升 1.69 m,年均上升 0.11 m。从图 1-10 潼关高程的变化过程来看,从 1985 年汛末到 1991 年年内基本为持续上升,到 1992 年汛初上升 1.76 m,达到 328.40 m,经过 1992 年 8 月高含沙洪水的冲刷,到汛末潼关高程降为 327.30 m,与初期相比下降 1.1 m。1992 年汛末至 1996 年汛末为上升时期,潼关高程由 327.30 m 上升到 328.07 m,上升了 0.77 m。1996~2000 年潼关高程在年内和年际的变化幅度均不大。此期间潼关高程非汛期变化为 328.40~328.48 m,汛期变化为 328.05 m~328.33 m。

表 1-17　不同时段潼关高程升降 (单位:m)

时段(年-月)	非汛期		汛期		全年	
	时段平均	年均	时段平均	年均	时段平均	年均
1973-11~1979-10	4.18	0.70	-3.20	-0.53	0.98	0.16
1979-11~1985-10	2.42	0.40	-3.40	-0.57	-0.98	-0.16
1985-11~1992-10	2.62	0.37	-1.96	-0.28	0.66	0.09
1992-11~2000-10	2.41	0.30	-1.38	-0.17	1.03	0.13
1973-11~2000-10	11.63	0.43	-9.94	-0.37	1.69	0.06

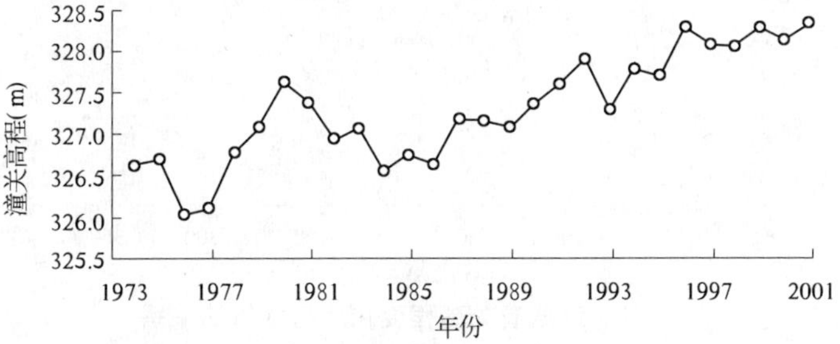

图 1-10　1973~2000 年汛后潼关高程变化过程

总之,自三门峡水库蓄清排浑运用以来,潼关高程经历了一个上升—下降—上升—下降—上升—缓慢上升的过程。

三、影响潼关河床冲淤变化的原因分析

潼关高程的影响因素十分复杂,有来水来沙、水库运用、河道冲淤、库岸边界、河势变化、河道工程等,各因素之间不仅相互关联,影响程度还因时不同。其中,最主要的是水沙条件和三门峡水库运用方式两个方面。

(一)水沙条件对潼关高程的影响

一般情况下,潼关河床汛期冲刷、非汛期淤积,汛期冲刷下降幅度主要取决于水沙条件。表 1-18 对潼关站不同时段水沙量统计表明,汛期水量的丰枯与潼关高程的冲刷下降值基本呈对应关系。1979~1985 年水量最丰,大流量的持续时间最长,汛期潼关高程年均下降值达 0.57 m;1992~2000 年水量最枯,大于 3 000 m^3/s 流量年均只有 1.9 d,汛期潼关高程年均下降值仅 0.17 m。

图 1-11 为各年汛期潼关高程变化与水量关系。可见,水量的大小对潼关高程变化的影响较大,汛期水量越大,潼关高程下降的幅度就越大。

表 1-18　潼关站不同时段水沙量统计

时段（年-月）	年平均		汛期平均		>3 000 m^3/s 流量		汛期潼关高程下降值(m)
	水量（亿 m^3）	沙量（亿 t）	水量（亿 m^3）	沙量（亿 t）	水量（亿 m^3）	天数	
多年平均(1960～1985)	406.5	12.40	234.1	10.45	108.7	31.3	—
1973-11～1979-10	386.8	12.89	224.9	11.19	93.8	26.3	-0.53
1979-11～1985-10	415.0	8.07	247.5	6.55	118.8	34.8	-0.57
1985-11～1992-10	290.7	7.60	133.3	5.54	20.9	6.6	-0.28
1992-11～2000-10	231.0	7.38	103.3	5.61	6.1	1.9	-0.17

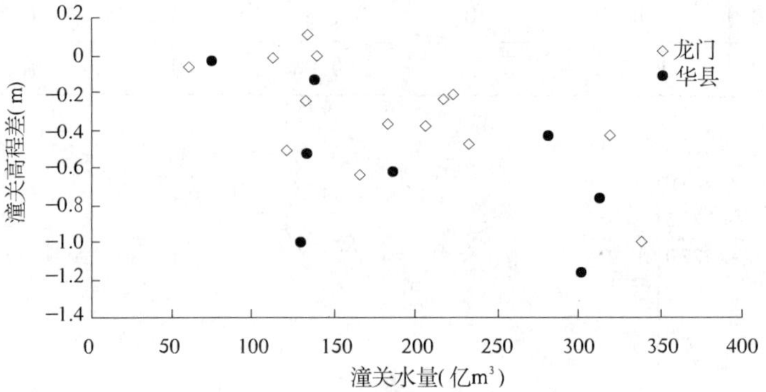

图 1-11　汛期潼关高程变化值与水量的关系

汛期潼关河床的冲刷主要与来水来沙量有关,而汛期水沙主要集中在洪水期,因此潼关高程的变化与场次洪水具有十分紧密的关系。统计分析 1974～2000 年以来 100 余场洪水,其中以渭河来水为主的洪水 45 场,以黄河来水为主的洪水 63 场。在所有的场次洪水中潼关高程冲刷下降占 55%,淤积抬高占 30%,15% 的场次洪水潼关河床变化不大。历年洪水期潼关高程的变化表明,每年洪水期潼关高程的冲刷下降值多大于或接近于汛期的下降值,洪水期潼关高程的变化基本决定了汛期的最大冲刷厚度。各年洪峰期潼关高程变化值见表 1-19。

从时段平均来看,1974～1985 年洪水期平均下降 0.61 m,汛期下降 0.55 m。个别年份洪水期下降值较大,如 1977 年为 1.77 m,1974 年、1981 年均超过 1.0 m。1986～1995 年洪峰次数减少,历时短,峰值低,洪水期平均下降值减为 0.369 m,平水期回淤,汛期下降值只有 0.206 m,但 1992 年 8 月渭河高含沙洪水使潼关河床剧烈冲刷下降,冲刷之后形成窄深河槽,水流集中,洪水期下降值为 1.18 m,汛期下降 1.10 m。1996 年后洪峰次数更少,洪峰流量减小,但高含沙洪水增多,洪水期平均下降值高达 0.62 m,在持续时间很长的平水期回淤量大,汛期潼关高程仅下降 0.256 m。

潼关高程的变化极其复杂，洪水条件不同对潼关河床的影响存在极大差异。如黄河干流来水和渭河来水、一般含沙洪水和高含沙洪水等对潼关高程的作用均具有不同的特点。

当渭河发生高含沙洪水时，潼关河床容易发生剧烈冲刷调整。渭河发生一般含沙洪水潼关高程的下降值与潼关流量有明确的趋势关系：流量越大，潼关高程冲刷下降值也越大。

表 1-19　潼关汛期洪峰特征及潼关高程变化值

年份	历时(d)	洪峰流量(m^3/s)	平均流量(m^3/s)	含沙量(kg/m^3)	潼关高程升降值(m)		
					洪水期	平水期	汛期
1974	30	7 040	1 854	79.0	-1.13	0.64	-0.49
1975	112	5 910	3 127	34.4	-0.73	-0.46	-1.19
1976	72	9 220	3 862	31.2	-0.75	0.16	-0.59
1977	30	15 400	2 768	242.7	-1.77	1.19	-0.58
1978	88	7 300	2 501	59.7	-0.11	-0.10	-0.21
1979	55	11 100	2 828	57.5	0.11	-0.25	-0.14
1980	65	3 180	1 574	41.9	-0.52	0.08	-0.44
1981	98	6 540	3 545	32.6	-1.01	0	-1.01
1982	83	4 760	2 041	26.9	-0.23	-0.15	-0.38
1983	97	6 200	3 295	19.6	-0.76	-0.06	-0.82
1984	94	6 430	3 002	27.3	-0.27	-0.16	-0.43
1985	87	4 990	2 665	32.0	-0.14	-0.18	-0.32
1986	23	3 940	2 469	24.5	-0.65	0.75	0.10
1987	11	5 450	1 585	63.4	-0.04	-0.10	-0.14
1988	42	8 260	2 725	106.9	-0.17	-0.12	-0.29
1989	69	7 280	2 660	35.6	-0.77	0.51	-0.26
1990	33	4 430	1 811	49.0	-0.08	-0.07	-0.15
1991	11	3 310	1 283	68.1	0.16	-0.28	-0.12
1992	53	4 040	1 938	82.3	-1.18	0.08	-1.10
1993	48	4 440	1 967	37.4	-0.19	0.19	0
1994	29	7 360	2 166	146.7	-0.55	0.29	-0.26
1995	34	4 160	1 546	99.4	-0.22	0.38	0.16
1996	28	7 400	2 048	135.3	-0.33	-0.02	-0.35
1997	7	4 700	1 712	275.4	-1.76	1.41	-0.35
1998	24	6 500	1 898	85.2	-0.39	0.27	-0.12
1999	23	2 950	1 504	95.8	-0.47	0.16	-0.31
2000	9	2 270	1 413	27.4	-0.15	0	-0.15
1974~1979年平均	64.5		2 953	58.9	-0.73	0.20	-0.53
1980~1985年平均	87.3		2 773	28.6	-0.49	-0.08	-0.57
1986~1992年平均	34.6		2 268	61.2	-0.39	0.11	-0.28
1993~2000年平均	25.3		1 841	98.3	-0.51	0.34	-0.17

桃汛期洪水对潼关河床的升降有一定影响。桃汛洪峰入库时，只要潼关以下河段处于畅流状态，潼关河床均能发生冲刷下降，并能减缓后期春灌蓄水淤积上升的程度；同时，由于桃峰的冲刷作用，可以使潼关以下河段前期淤积物向坝前搬移，有利于汛期将泥沙冲刷出库，保持年内冲淤平衡。分析表明，潼关高程升降与桃汛洪水的冲刷范围和水库运用水位有关。当水库起调水位为315 m左右时，冲刷范围从潼关到大禹渡上下；当起调水位较高，但不超过320 m时，冲刷范围从潼关到坫埼上下；当起调水位在322～323 m时，回水影响超过坫埼，潼关高程不下降或有所上升。

（二）水库运用对潼关高程的影响

三门峡水库蓄清排浑运用以来，非汛期蓄水运用，汛期基本为敞泄排沙，对潼关高程的影响主要在非汛期。从表1-20可以看出，不同时段非汛期潼关高程的上升值与来水来沙没有明确的趋势关系，而与坝前高水位的持续时间关系密切。

表1-20　非汛期特征值统计

时段（年-月）	非汛期		史家滩大于某级水位平均天数			非汛期潼关高程上升值（m）
	水量（亿 m^3）	沙量（亿 t）	≥324 m	≥322 m	≥320 m	
多年平均（1960～1985）	172.5	1.98				
1973-11～1979-10	161.7	1.71	28	74	104	0.70
1979-11～1985-10	167.5	1.51	4.5	58	87	0.40
1985-11～1992-10	157.4	2.06	1	39	64	0.37
1992-11～2000-10	127.7	1.77	0	4	44	0.30

1.1973年11月～1979年10月

在此时段内水库运用水位、淤积部位主要表现为：

（1）凌前蓄水位较高。时段内防凌蓄水位为320～321 m，平均为316.07 m，造成淤积部位靠上，淤积上延达黄淤34断面附近，使防凌和春灌蓄水淤积部位相叠加，给汛期冲刷、非汛期淤积泥沙增加了困难。

（2）防凌和春灌蓄水位高，淤积部位偏上，潼关河床上升。此阶段最高水位为325.99 m，最高库水位平均值为324.70 m，6个运用年的非汛期平均库水位为316.97 m，超过324 m的时间达166 d，超过325 m的时间为30余d，显然潼关断面也直接受水库回水影响。水库淤积重心在黄淤31—黄淤36河段，与潼关高程升降有密切关系的黄淤36—黄淤41（即坫埼—潼关）河段6年淤积量达1.026亿 m^3，年平均淤积0.171亿 m^3，是控制运用以来的最大值。

从各运用年的变化来看，亦反映出各运用年非汛期运用水位的高低、历时及来沙的组合，不仅影响非汛期库区的淤积分布，而且也影响潼关河床高程上升的幅度。如1974年、1977年和1979年相比，库水位超过320 m的时间分别为121 d、118 d和132 d，但最高水位和超过324 m的运用历时各不相同，超过324 m的历时：1974年为14 d，1979年为

44 d,而1977年高水位最高,历时最长,高于324 m的历时达77 d,高于325 m的历时达30余d。从库区淤积重心来看,1974年和1979年淤积重心在黄淤30—黄淤36河段;1977年由于回水超过潼关,淤积重心在黄淤36—黄淤41河段,该河段淤积量为0.389亿m^3,为历年最大值。相应潼关高程上升幅度有较大差异,1974年上升0.55 m,1979年为0.67 m,而1977年达1.25 m。

(3)桃汛起调水位高。1973~1976年桃峰入库的起调水位为319.44~320.61 m,回水影响在坫垮附近,潼关河床有所下降;1977~1979年的起调水位为322.3~323.4 m,回水超过坫垮,潼关高程没有下降,1977年还上升了0.19 m。表明后三年非汛期的运用,增加了潼关高程上升幅度,对年内冲淤平衡不利。

1973~1979年潼关高程上升,主要是直接回水淤积的结果,上升的幅度取决于最高蓄水位及高水位历时、水库回水影响潼关时期的来沙量等。

2.1979年11月~1985年10月

1979年11月~1985年10月,水库的调度运用在总结前一时段运用的基础上,对水库运用水位做了调整。防凌前最高蓄水位为318.14 m(1985年),最低蓄水位为312.46 m(1983年),时段平均为315.53 m,比前时段的317.92 m降低2.39 m。防凌运用根据黄河下游凌情变化也有所调整,超过324 m的历时由前时段的164 d下降为27 d。春灌蓄水期,考虑到对潼关高程冲淤变化的影响,最高蓄水位一般不超过324 m,桃峰入库前,库水位下降到317~318 m,使潼关以下河段保持畅流状态,为潼关河床冲刷和非汛期泥沙淤积部位下移创造有利条件。由于非汛期水库运用水位降低和高水位历时减少,黄淤36—黄淤41河段6年非汛期淤积总量为0.386亿m^3,年平均为0.064亿m^3,与前6年相比减少的幅度较大。6年非汛期潼关高程上升2.42 m,年平均上升0.40 m,小于前6年的上升幅度。

3.1985年11月~2000年10月

在此时段,水库运用水位进一步下降,而且高水位运用历时不断减少。由于运用水位的变化,非汛期库区的淤积重心下移至黄淤22—黄淤30河段,淤积量占库区非汛期总淤积量的40%~45%。黄淤36—黄淤41河段非汛期淤积量占总淤积量的比例减小,在1985年11月~1986年6月和1994年11月~1995年6月两个运用年,非汛期还出现冲刷现象。特别是1992年11月~2000年10月非汛期超过320 m水位历时总计为318 d,超过322 m的水位历时只有32 d,与1973年11月~1979年10月的6年相比分别减少61%和95%,最高运用水位没有超过324 m。这种情况表明,在1992年11月~2000年10月的8年中,坫垮至潼关库段基本不受水库回水影响,其潼关高程的升降主要受来水来沙条件(包括龙羊峡水库调蓄)的影响。

非汛期潼关高程上升的幅度与各蓄水运用阶段(防凌前蓄水、防凌蓄水和春灌蓄水等)的运用最高水位、某级水位历时、前期河床冲淤条件、地形条件和入库沙量等有关,而且潼关高程升降也与坫垮至潼关河段的冲淤变化息息相关。水库最高蓄水位阶段持续时间越长,库区淤积部位越偏上,对潼关高程显然也越不利。非汛期的重要问题是控制泥沙的淤积部位,通过采用合理的运用方式,尽可能减少坫垮至潼关河段的淤积和避免潼关直接受回水的影响。

汛期洪峰排沙与水库运用和来水来沙条件存在相互依赖的关系。要使洪水期保持一定的冲刷能力,必须根据来水来沙条件灵活控制运用水位,尤其是对大洪水或较大洪水,应力求少淤多排,尽可能使水库实现年内冲淤平衡,在沿程冲刷和溯源冲刷的联合作用下,控制潼关高程的变化。

潼关河床长系列的冲淤调整是来水来沙条件、水库运用水位、库区淤积分布等共同作用的结果。如 1973 ~ 1979 年为丰水时段,但运用水位高,非汛期淤积量多,年内难以达到冲淤平衡;1993 年以后运用水位降低,非汛期淤积量少,但汛期水量极枯,年内仍达不到冲淤平衡。图 1-12 为三门峡库区历年汛后同流量水位的变化,北村水位 1986 年以后有明显的下降趋势,而大禹渡以上则呈淤积上升的趋势,这说明在小水的作用下,坝前水位降低造成的溯源冲刷范围有限,同时沿程冲刷的调整作用也极其微弱,汛期的冲刷量小于非汛期的淤积量,对潼关工程极为不利。

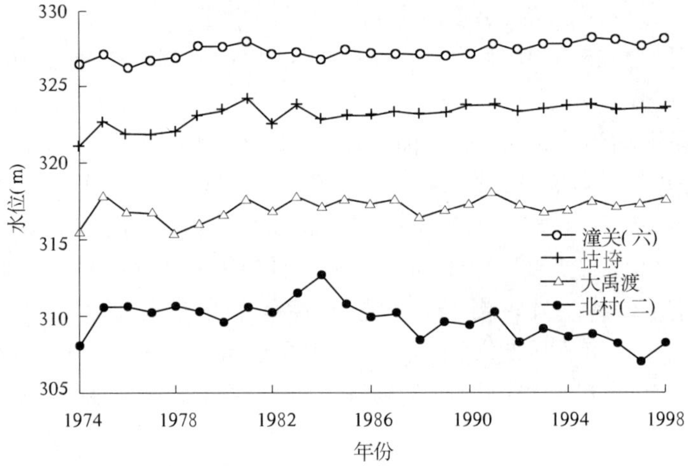

图 1-12　三门峡水库库区汛后同流量(1 000 m^3/s)水位变化过程

第六节　主要结论

1986 年以来,潼关的来水来沙条件发生了极大变化。汛期来水量大幅度减少,洪水和大流量频率降低。

随着水沙条件的变化,水库的运用方式也发生了变化。1986 年以来,尤其是 1993 年以后,水位在 322 m 以上的天数进一步减少,310 ~ 322 m 水位天数增加。北村直接受回水影响的临界库水位为 308 m 左右;大禹渡直接受回水影响的临界库水位为 315 m;坩埼直接受回水影响的临界库水位为 320 m;潼关直接受回水影响的临界库水位为 323.5 m。

非汛期水库的淤积重心部位与水库最高运用水位及各级运用水位持续时间长短有关。坝前水位越高,淤积重心部位越靠上,对潼关影响越大。黄淤 12—黄淤 36 河段在非汛期主要是滞沙区,在汛期又主要是冲刷区,年内呈大冲大淤的特点。

三门峡水库蓄清排浑运用以来,非汛期蓄水、汛期降低水位排沙,排沙量与水沙条件和坝前水位等有关。汛期排沙量由两部分组成:入库水流挟带的泥沙和非汛期淤积在库内的泥沙,后者通过溯源冲刷和沿程冲刷等形式排至库外。汛初小水期排沙比较高,但总量少。洪水期平均净排沙量为汛期平均净排沙量的88%,是水库排沙的主要方式。平水期排沙受前期河床条件和水库控制运用水位等的影响,不同时段的排沙效果也有较大差别。

坝前水位降低是产生溯源冲刷的前提条件,入库流量大小和前期河床淤积形态是溯源冲刷发展的关键因素。溯源冲刷一般发展到大禹渡以上;沿程冲刷主要发生在洪水期,一般发展到坫埼以下。

三门峡水库蓄清排浑运用以来,潼关高程变化的基本规律是非汛期升高,汛期降低。1973年11月~1979年10月,非汛期运用水位高,高水位运用时间长,特别是水库回水直接影响潼关,淤积部位偏上,潼关高程上升。1979年11月~1985年10月,来水来沙条件较好,并且水库运用改善,潼关高程降低。1985年10月以后为典型的枯水系列,虽然水库运用水位进一步降低,非汛期上升值减小,而汛期的冲刷作用更小,潼关高程上升。

第二章 三门峡水库一维水沙模型研究及其率定与验证

第一节 黄河水沙数学模型发展概况

水沙数学模型发展的历史并不长,但其发展的速度很快,特别是随着近年来大型计算机、超级计算机以及计算机网络技术的应用,人们能够同时使用多个 CPU 和远程计算机中心的共享资源,这样也就使得人们所希望了解的自然情况下泥沙输移的非恒定性、非均匀性、非平衡性及多维性特点能够逐步变为现实。水沙数学模型是研究泥沙问题的重要手段之一,它具有周期短、投资少的巨大优势。目前,许多泥沙数学模型已经大量地被应用到国内外许多重要的水利建设工程实践中,并且经过检验具有一定的精度,几乎所有重大工程项目的建设都同时用物理模型试验和数学模型计算对其进行评估和关键因素的研究,在决策支持系统(DSS)中,数学模型也占有十分重要的地位,它是 DSS 的核心,管理者使用 DSS 不是依靠数据库中的数据进行决策,而是依赖数学模型进行决策,因此可以认为 DSS 是由"数学模型驱动"的,数学模型为决策者提供了一套分析判断、信息处理及模型决策的基本工具。一维水沙数学模型一般用于长河段、长时期和不同水沙组合及河床边界条件的泥沙冲淤变形研究和预报;二维水沙数学模型主要用于研究短河段、短时期的河床变形。

黄河水沙数学模型的发展不仅离不开泥沙运动基本理论的研究,而且还与黄河的流域规划、工程建设和管理运用等生产问题紧密结合。20 世纪 50 年代初期,在编制黄河综合利用规划技术报告中,采用水流连续方程和泥沙连续方程联解对三门峡水库和下游河道的河床冲刷变形进行了计算(麦乔威等,1955;杨洪润等,1956;刘善建等,1958),挟沙力公式采用经黄河资料验证的扎马林公式,使用平衡输沙模式计算断面含沙量。在水库计算中,假定库区水面是平的,粗泥沙先淤,细泥沙后淤,横断面淤积为平行抬高;库水位下降时,脱离回水的河段不进行冲刷计算。

三门峡水利枢纽施工时期,黄河水利科学研究院采用罗辛斯基的计算方法,即采用有限差分法联解水流连续方程、水流运动方程和泥沙连续方程,对水库和下游河道的泥沙冲淤进行计算。计算结果说明,库区淤积和下游冲刷都集中在上端。但是,三门峡水库投入运用后,库区发生严重淤积,并迅速向上淤积延伸,下游河道冲刷幅度和速度远较计算值小,迫使三门峡水库不得不改建。为了研究三门峡水库改建对水库和下游河道冲淤的影响,在充分考虑了黄河水沙及冲淤特点的基础上,提出了下游河道冲淤的计算方法(钱宁等,1995;麦乔威等,1965)。实践证明,泥沙冲淤计算的结果是可靠的。

在 1975 ~ 1977 年进行治黄规划的过程中,为研究各种规划方案对黄河下游的减淤作用,提出了龙门至河口的粗、中、细三套泥沙冲淤计算方法(麦乔威等,1995)。20 世纪 80

年代，在此基础上进一步深入分析，建立了一套具有黄河特色的数学模型，在黄河规划中发挥了很大作用。

20 世纪 80 年代后期，黄河水利科学研究院对国内外一些水沙数学模型进行验算，发现了不少问题，说明其他河流上使用较好的模型直接应用于黄河还需要做很多工作。1987 ~ 1989 年黄河水利科学研究院和武汉水利电力大学合作进行了黄河下游河道变动河床洪水预报的研究；90 年代初期与美国垦务局杨志达先生合作，用黄河位山河段资料对 GSTARS 模型进行了验证和改进，在原模型中增加不平衡输沙方程及水流含沙量对挟沙力的影响。“七五”期间，国家自然科学基金重大研究项目和水利部黄河水沙变化研究基金等均对一维水沙数学模型进行了研究。特别是在“八五”国家重点科技攻关项目中，由黄河水利科学研究院主持，组织了国内大专院校和科研单位对黄河水沙数学模型研究进行了联合攻关，取得了很大进展，研制和开发了许多适合于黄河中下游不同河段和水库的一维水沙数学模型，并在生产中得到应用。

第二节　三门峡水库一维水沙数学模型

黄河三门峡水库一维水沙数学模型包括水流模型和非耦合的泥沙输移模型两部分。水流模型主要有两种形式：一是恒定流模型，二是非恒定流的圣维南方程，两者的主要区别在于前者不考虑随时间变化的导数项，后者保留了随时间变化的不恒定项。由于泥沙输移计算的大部分理论还是以恒定流输沙为主，在非恒定流输移上还没有重大突破，因此采用以上两种计算方法对水沙模型来说没有什么本质差异。

一、水流模型基本方程

水流连续方程

$$\frac{\partial Z}{\partial t}+\frac{1}{B}\frac{\partial Q}{\partial x}=0 \tag{2-1}$$

水流运动方程

$$\frac{\partial Q}{\partial t}+\frac{\partial}{\partial x}\left(\frac{Q^2}{A}\right)+gA\left(\frac{\partial Z}{\partial x}+\frac{Q|Q|}{K^2}\right)=0 \tag{2-2}$$

式(2-1)、式(2-2)中：Z 为水位；B 为过水断面宽度；Q 为水流流量；A 为过水断面面积；g 为重力加速度；K 为流量模数。

二、泥沙输移模型基本方程

泥沙连续方程

$$\frac{\partial(QS)}{\partial x}+\frac{\partial(AS)}{\partial t}+\alpha\omega B(S_*-S)=0 \tag{2-3}$$

河床变形方程

$$\gamma'\frac{\partial Z_b}{\partial t}=\alpha\omega(S-S_*) \tag{2-4}$$

水流挟沙力公式

$$S_*=S_*(Q,h,\omega,\cdots) \tag{2-5}$$

式(2-3)~式(2-5)中:S 为断面平均含沙量;α 为泥沙恢复饱和系数;ω 为泥沙沉降速度;B 为河宽;S_* 为断面平均挟沙力;γ'为泥沙干容重;Z_b 为断面平均河床高程;x、t 为距离及时间。

三、计算方法概述

(一)恒定流模型水流计算

在恒定流模型水流计算中,方程(2-1)、方程(2-2)中随时间变化项消去,将水流连续方程和水流运动方程简化为

$$Q_i = Q_{i+1} \tag{2-6}$$

$$Z_{i+1} + h_{i+1} + \frac{\alpha_{i+1} v_{i+1}^2}{2g} = Z_i + h_i + \frac{\alpha_i v_i^2}{2g} + H_L \tag{2-7}$$

$$H_L = h_f + h_0 ,h_f = \left(\frac{Q}{K_i}\right)^2 L,h_0 = C_l\left(\frac{\alpha_i v_i^2}{2g} - \frac{\alpha_{i+1} v_{i+1}^2}{2g}\right)$$

式(2-6)、式(2-7)中:Q_i 和 Q_{i+1}分别为下断面和上断面的平均流量;Z_i 和 Z_{i+1}分别为下断面和上断面的河底平均高程;h_i 和 h_{i+1}分别为下断面和上断面的平均水深;v_i 和 v_{i+1}分别为下断面和上断面的平均流速;H_L 为水流能量损失水头;h_f 为水流沿程损失水头;h_0 为水流局部损失水头;C_l 为局部水头损失系数,当河段为突然放大时,C_l 取小于零的数,当河段为收缩时,C_l 取大于零的数;α_{i+1}、α_i 分别为上、下游动量非均匀修正系数,每一个断面均按式(2-8)计算,即

$$\alpha_i = \frac{\sum_{j=1}^{m}\left(\frac{K_{ij}}{A_{ij}}\right)^2 K_{ij}}{\left(\frac{K_i}{A_i}\right)^2 K_i} \qquad \left(K_i = \sum_{j=1}^{m} K_{ij}\right) \tag{2-8}$$

式中:m 为划分子断面的个数;K_{ij}和 A_{ij}分别为第 i 断面第 j 子断面的流量模数和面积;K_i 和 A_i 分别为第 i 断面的总流量模数和总面积。求解方程(2-6)、方程(2-7)可从下游向上游逐段进行,各个断面的水力要素可用水位表示,因此需要用试算法求解,一般采用标准分步推算法。

(二)非恒定流模型水流计算

求解一维非恒定流方程(2-1)、方程(2-2)的数值方法很多,一般采用 Preissmann 四点偏心隐式差分格式,这种方法的数值稳定性较好,其精度能够满足水利工程的需要。Preissmann四点偏心隐式差分格式如图 2-1 所示,对于任意连续函数 f 按以下格式逼近,即

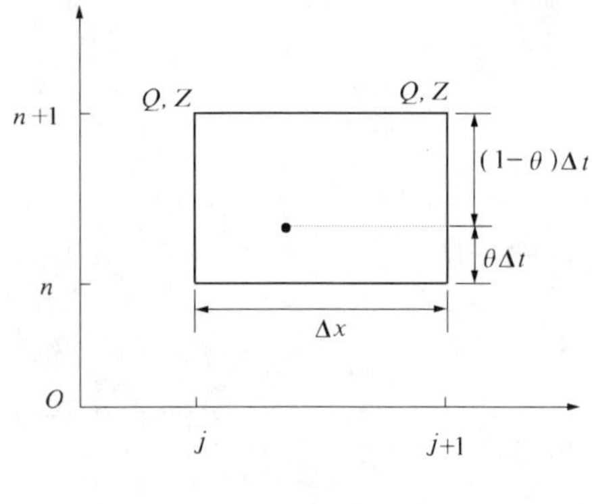

图 2-1 Preissmann 格式网格布置

$$f(x,t) = \frac{\theta}{2}(f_{j+1}^{n+1} + f_j^{n+1}) + \frac{1-\theta}{2}(f_{j+1}^{n} + f_j^{n})$$

$$\frac{\partial f}{\partial x} \approx \theta \frac{f_{j+1}^{n+1} - f_j^{n+1}}{\Delta x} + (1-\theta)\frac{f_{j+1}^{n} - f_j^{n}}{\Delta x}$$

$$\frac{\partial f}{\partial t} \approx \frac{f_{j+1}^{n+1} - f_{j+1}^{n} + f_j^{n+1} - f_j^{n}}{2\Delta t}$$

式中:θ 为时空加权因子;n 为时层序号;j 为断面序号。

如果用$f^{n+1} = f^n + \Delta f$ 来表示,上述表达式可以

写成

$$f(x,t)=\frac{\theta}{2}(\Delta f_{j+1}+\Delta f_j)+\frac{1}{2}(f_{j+1}^n+f_j^n)$$

$$\frac{\partial f}{\partial x}\approx\theta\frac{\Delta f_{j+1}-\Delta f_j}{\Delta x}+\frac{f_{j+1}^n-f_j^n}{\Delta x}$$

$$\frac{\partial f}{\partial t}\approx\frac{\Delta f_{j+1}+\Delta f_j}{2\Delta t}$$

利用上述表达式可得到方程(2-1)和方程(2-2)的差分形式。

连续方程的差分形式为

$$\frac{\Delta Z_{j+1}+\Delta Z_j}{2\Delta t}+\frac{2}{\theta(\Delta B_j+\Delta B_{j+1})+(B_j+B_{j+1})}\left[\theta\frac{\Delta Q_{j+1}-\Delta Q_j}{\Delta x}+\frac{\Delta Q_{j+1}-\Delta Q_j}{\Delta x}\right]=0$$

运动方程的差分形式为

$$\frac{\Delta Q_{j+1}+\Delta Q_j}{2\Delta t}+\frac{\theta}{\Delta x}\left[\frac{(Q_{j+1}^n+Q_{j+1})^2}{A_{j+1}^n+\Delta A_{j+1}}-\frac{(Q_j^n+Q_j)^2}{A_j^n+\Delta A_j}\right]+\frac{(1-\theta)}{\Delta x}\left[\frac{(Q_{j+1}^n)^2}{A_{j+1}^n}-\frac{(Q_j^n)^2}{A_j^n}\right]+$$

$$\left[\frac{g\theta}{2}(\Delta A_{j+1}+\Delta A_j)+\frac{g}{2}(A_{j+1}^n+A_j^n)\right]\left[\frac{\theta}{\Delta x}(\Delta Z_{j+1}-\Delta Z_j)+\frac{1}{\Delta x}(Z_{j+1}^n-Z_j^n)\right]+$$

$$\frac{g}{2}\left[\frac{(A_{j+1}^n+\Delta A_j^n)(Q_{j+1}^n+\Delta Q_{j+1})|Q_{j+1}^n+\Delta Q_{j+1}|}{(K_{j+1}^n+\Delta K_{j+1})^2}+\frac{(A_{j+1}^n+\Delta A_j^n)(Q_j^n+\Delta Q_j)|Q_j^n+\Delta Q_j|}{(K_j^n+\Delta K_j)^2}\right]+$$

$$\frac{g(1-\theta)}{2}\left[\frac{A_{j+1}^nQ_{j+1}^n|Q_{j+1}^n|}{(K_{j+1}^n)^2}+\frac{A_j^nQ_j^n|Q_j^n|}{(K_j^n)^2}\right]=0$$

利用下面的关系式将上述两式线性化

$$\frac{1}{A_j^n+\Delta A_j}=\frac{1}{A_j^n\left(1+\frac{\Delta A_j}{A_j^n}\right)}\approx\frac{1}{A_j^n}\left(1-\frac{\Delta A_j}{A_j^n}\right)$$

$$\frac{1}{(K_j^n+\Delta K_j)^2}=\frac{1}{(K_j^n)^2\left(1+\frac{\Delta K_j}{K_j^n}\right)^2}\approx\frac{1}{(K_j^n)^2}\left(1-2\frac{\Delta K_j}{K_j^n}\right)$$

$$(Q_j^n+\Delta Q_j)^2\approx(Q_j^n)^2+2Q_j^n\Delta Q_j$$

$$(Q_j^n+\Delta Q_j)|Q_j^n+\Delta Q_j|\approx Q_j^n|Q_j^n|+2|Q_j^n|\Delta Q_j$$

$$\Delta A_j=\frac{\mathrm{d}A_j^n}{\mathrm{d}Z_j^n}\Delta Z_j=B_j^n\Delta Z_j$$

$$\Delta K_j=\frac{\mathrm{d}K_j^n}{\mathrm{d}Z_j^n}\Delta Z_j$$

$$\Delta B_j=\frac{\mathrm{d}B_j^n}{\mathrm{d}Z_j^n}\Delta Z_j$$

在线性化的过程中,略去增量的乘积项,例如 $\Delta A\Delta Q$,…,线性化后可以写成

$$A_{1j}\Delta Q_j+B_{1j}\Delta Z_j+C_{1j}\Delta Q_{j+1}+D_{1j}\Delta Z_{j+1}=E_{1j} \tag{2-9}$$

$$A_{2j}\Delta Q_j+B_{2j}\Delta Z_j+C_{2j}\Delta Q_{j+1}+D_{2j}\Delta Z_{j+1}=E_{2j} \tag{2-10}$$

其中

$$A_{1j}=-\frac{4\theta\Delta t}{\Delta x(B_j^n+B_{j+1}^n)}$$

$$B_{1j}=1-\frac{4\theta\Delta t(Q_{j+1}^n-Q_j^n)}{\Delta x(B_{j+1}^n+B_j^n)^2}\cdot\frac{\mathrm{d}B_j^n}{\mathrm{d}Z_j^n}$$

$$C_{1j}=\frac{4\theta\Delta t}{\Delta x(B_j^n+B_{j+1}^n)}$$

$$D_{1j}=1-\frac{4\theta\Delta t(Q_{j+1}^n-Q_j^n)}{\Delta x(B_{j+1}^n+B_j^n)^2}\cdot\frac{\mathrm{d}B_{j+1}^n}{\mathrm{d}Z_{j+1}^n}$$

$$E_{1j}=-\frac{4\Delta t(Q_{j+1}^n-Q_j^n)}{\Delta x(B_j^n+B_{j+1}^n)}$$

$$A_{2j}=1-\frac{4\theta\Delta t}{\Delta x}\left(\frac{Q_j^n}{A_j^n}\right)+2g\theta\Delta t\frac{A_j^n|Q_j^n|}{(K_j^n)^2}$$

$$B_{2j}=\frac{\theta\Delta t}{\Delta x}\left[\frac{2(Q_j^n)^2B_j^n}{(A_j^n)^2}-g(A_{j+1}^n+A_j^n)+g(Z_{j+1}^n-Z_j^n)B_j^n\right]+g\theta\Delta t\frac{Q_j^n|Q_j^n|}{(K_j^n)^2}\left[B_j^n-\frac{2A_j^n}{K_j^n}\frac{\mathrm{d}K_j^n}{\mathrm{d}Z_j^n}\right]$$

$$C_{2j}=1+\frac{4\theta\Delta tQ_{j+1}^n}{\Delta xA_{j+1}^n}+2g\theta\Delta t\frac{A_{j+1}^n|Q_{j+1}^n|}{(K_{j+1}^n)^2}$$

$$D_{2j}=\frac{\theta\Delta t}{\Delta x}\left[-\frac{2(Q_{j+1}^n)^2B_{j+1}^n}{(A_{j+1}^n)^2}+g(A_{j+1}^n+A_j^n)+g(Z_{j+1}^n-Z_j^n)B_{j+1}^n\right]+g\theta\Delta t\frac{Q_{j+1}^n|Q_{j+1}^n|}{(K_{j+1}^n)^2}\cdot$$
$$\left[B_{j+1}^n-\frac{2A_{j+1}^n}{K_{j+1}^n}\cdot\frac{\mathrm{d}K_{j+1}^n}{\mathrm{d}Z_{j+1}^n}\right]$$

$$E_{2j}=\frac{\Delta t}{\Delta x}\left[-\frac{2(Q_{j+1}^n)^2}{A_{j+1}^n}+\frac{2(Q_j^n)^2}{A_j^n}-g(A_{j+1}^n+A_j^n)(Z_{j+1}^n-Z_j^n)\right]-$$
$$g\Delta t\left[\frac{A_{j+1}^nQ_{j+1}^n|Q_{j+1}^n|}{(K_{j+1}^n)^2}+\frac{A_j^nQ_j^n|Q_j^n|}{(K_j^n)^2}\right]$$

上述式中:上角标为时间序列,下角标为断面序号,A_{ij}、B_{ij}、C_{ij}、D_{ij}、$E_{ij}(i=1,2)$为第j单元河段差分方程的系数($j=1,2,\cdots,N-1$,其中N为断面个数)。

给定边界条件

$$\Delta Q_1=Q_1^{n+1}-Q_1^n=Q_1(t_{n+1})-Q_1^n \tag{2-11}$$

$$\Delta Z_N=Z_N^{n+1}-Z_N^n=Z_N(t_{n+1})-Z_N^n \tag{2-12}$$

方程(2-9)、方程(2-10)及边界条件方程(2-11)、方程(2-12)共有$2N$个未知数,$2N$个方程,可以求解。由于差分方程中的系数包含有未知数,方程求解不能直接求出未知变量,因此在方程求解时必须进行迭代处理,下面给出用追赶法求解的步骤。

假设如下的两个线性关系

$$\Delta Q_j=F_j\Delta Z_j+G_j \tag{2-13}$$

$$\Delta Z_j=H_j\Delta Q_{j+1}+I_j\Delta Z_{j+1}+J_j \tag{2-14}$$

将式(2-13)代入式(2-9),得

$$(A_{1j}F_j+B_{1j})\Delta Z_j=-C_{1j}\Delta Q_{j+1}-D_{1j}\Delta Z_{j+1}+(E_{1j}-A_{1j}G_j) \tag{2-15}$$

比较式(2-15)和式(2-14),可以求得

$$H_j=-\frac{C_{1j}}{A_{1j}F_j+B_{1j}} \tag{2-16}$$

$$I_j = -\frac{D_{1j}}{A_{1j}F_j + B_{1j}} \tag{2-17}$$

$$J_j = \frac{E_{1j} - A_{1j}G_j}{A_{1j}F_j + B_{1j}} \tag{2-18}$$

将式(2-13)、式(2-14)代入式(2-10),整理后得

$$\Delta Q_{j+1} = -\frac{A_{2j}F_jI_j + B_{2j}I_j + D_{2j}}{A_{2j}F_jH_j + B_{2j}H_j + C_{2j}}\Delta Z_{j+1} + \frac{E_{2j} - A_{2j}F_jJ_j - B_{2j}J_j - A_{2j}G_j}{A_{2j}F_jH_j + B_{2j}H_j + C_{2j}} \tag{2-19}$$

比较式(2-19)和式(2-13),则得

$$F_{j+1} = -\frac{(A_{2j}F_j + B_{2j})J_j + D_{2j}}{(A_{2j}F_j + B_{2j})H_j + C_{2j}} \tag{2-20}$$

$$G_{j+1} = \frac{E_{2j} - (A_{2j}F_j + B_{2j})J_j - A_{2j}G_j}{(A_{2j}F_j + B_{2j})H_j + C_{2j}} \tag{2-21}$$

有了循环计算式(2-16)~式(2-18)、式(2-20)和式(2-21),在"追"的过程中可以求得系数 H_j、I_j、F_j、G_j,而后在"赶"的过程中求出 ΔQ_j 和 ΔZ_j。

(三)泥沙连续方程求解

泥沙连续方程(2-3)的求解采用迎风格式,将方程(2-3)离散为差分方程,整理后得

$$S_j^{n+1} = \begin{cases} \dfrac{\alpha B_j^{n+1}\omega_j^{n+1}S_{*j}^{n+1}\Delta t + A_j^nS_j^n + \dfrac{\Delta t}{\Delta x_{j-1}}Q_{j-1}^{n+1}S_{j-1}^{n+1}}{A_j^{n+1} + \Delta t\alpha B_j^{n+1}\omega_j^{n+1} + \dfrac{\Delta t}{\Delta x_j}Q_j^{n+1}} & (Q \geqslant 0) \\ \dfrac{\alpha B_j^{n+1}\omega_j^{n+1}S_{*j}^{n+1}\Delta t + A_j^nS_j^n + \dfrac{\Delta t}{\Delta x_j}Q_{j+1}^{n+1}S_{j+1}^{n+1}}{A_j^{n+1} + \Delta t\alpha B_j^{n+1}\omega_j^{n+1} - \dfrac{\Delta t}{\Delta x_j}Q_j^{n+1}} & (Q < 0) \end{cases} \tag{2-22}$$

当 $Q \geqslant 0$ 时,利用上边界条件,自上而下计算各断面含沙量;当 $Q < 0$ 时,利用下边界条件自下而上计算各断面含沙量。

(四)内边界水流及泥沙计算

水流内边界指河道的几何形状的不连续或水力特性的不连续点。例如,河流的汇合点、河流分流、局部河段内生产堤决口等。在这些内部边界处,圣维南方程组和单一河道泥沙不平衡输沙方程等都不再适用,必须根据其水力特性作特殊处理。内边界条件通常包含两个相容条件:即流量的连续条件和能量守恒条件(或动量守恒条件)。水沙数学模型一般考虑以下几个类型的内边界处理。

1. 水沙的汇入或汇出

如图 2-2 所示,假设汇入点或汇出点上下断面满足以下条件

$$Z_{j+1}^{n+1} = Z_j^{n+1}$$

$$Q_{j+1}^{n+1} = Q_j^{n+1} - Q_t$$

$$Q_{j+1}^{n+1}S_{j+1}^{n+1} = Q_j^{n+1}S_j^{n+1} - Q_tS_t$$

2. 支流从干流分流

如图 2-3 所示,干流和支流上断面之间应满足连续方程和能量方程

$$Q_1^{n+1} = Q_2^{n+1} + Q_3^{n+1}$$

$$Z_1^{n+1}+\frac{1}{2g}\left(\frac{Q_1^{n+1}}{A_1^{n+1}}\right)^2=Z_2^{n+1}+\frac{1}{2g}\left(\frac{Q_2^{n+1}}{A_2^{n+1}}\right)^2$$

$$Z_1^{n+1}+\frac{1}{2g}\left(\frac{Q_1^{n+1}}{A_1^{n+1}}\right)^2=Z_3^{n+1}+\frac{1}{2g}\left(\frac{Q_3^{n+1}}{A_3^{n+1}}\right)^2$$

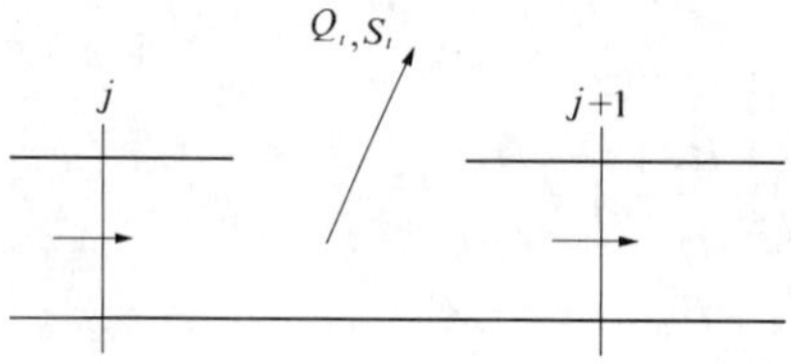

图 2-2　水沙的汇入或汇出示意

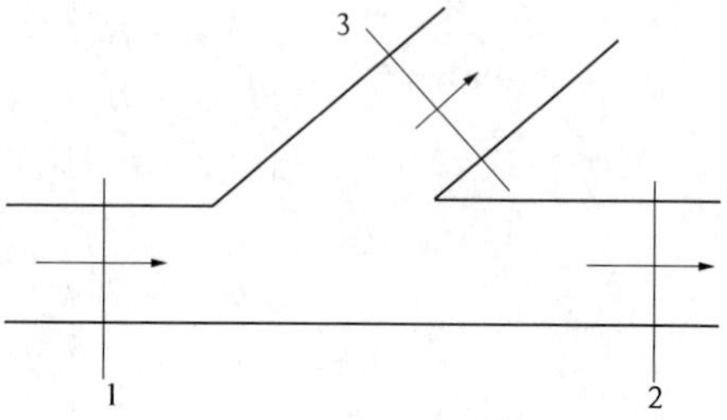

图 2-3　支流从干流分流示意

支流从干流分流时,将干流分流断面按干支流流量比分为两部分,忽略时变项,将方程(2-3)直接写成差分形式,求得干流和支流下游断面的含沙量为

$$S_2^{n+1}=\frac{2Q_1^{n+1}S_1^{n+1}-\alpha\Delta X_{12}[\varphi\omega_1^{n+1}B_1^{n+1}(S_1^{n+1}-S_{*1}^{n+1})-\omega_2^{n+1}B_2^{n+1}S_{*2}^{n+1}]}{2Q_2^{n+1}+\alpha\varphi\Delta X_{12}B_1^{n+1}}$$

$$S_3^{n+1}=\frac{2Q_1^{n+1}S_1^{n+1}-\alpha\Delta X_{13}[(1-\varphi)\omega_1^{n+1}B_1^{n+1}(S_1^{n+1}-S_{*1}^{n+1})-\omega_3^{n+1}B_3^{n+1}S_{*3}^{n+1}]}{2Q_3^{n+1}+\alpha\Delta X_{13}(1-\varphi)B_1^{n+1}}$$

式中:φ 为分流系数,由实测资料确定。

3. 支流汇入干流

如图 2-4 所示,当支流汇入干流时,与支流从干流分流类似,干流和支流上断面之间也满足连续方程和能量方程

$$Q_3^{n+1}=Q_2^{n+1}+Q_1^{n+1}$$

$$Z_3^{n+1}+\frac{1}{2g}\left(\frac{Q_3^{n+1}}{A_3^{n+1}}\right)^2=Z_1^{n+1}+\frac{1}{2g}\left(\frac{Q_1^{n+1}}{A_1^{n+1}}\right)^2$$

$$Z_3^{n+1}+\frac{1}{2g}\left(\frac{Q_3^{n+1}}{A_3^{n+1}}\right)^2=Z_2^{n+1}+\frac{1}{2g}\left(\frac{Q_2^{n+1}}{A_2^{n+1}}\right)^2$$

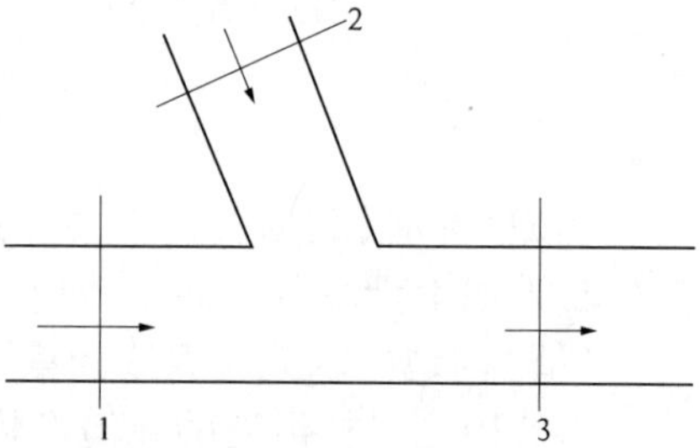

图 2-4　支流汇入干流示意

将汇流断面按干支流流量比分为两部分,忽略时变项,将方程(2-3)直接写成差分形式,求得汇流断面的含沙量为

$$S_{13}^{n+1}=\frac{2Q_1^{n+1}S_1^{n+1}-\alpha\Delta X_{13}[\omega_1^{n+1}B_1^{n+1}(S_1^{n+1}-S_{*1}^{n+1})-\varphi\omega_3^{n+1}B_3^{n+1}S_{*3}^{n+1}]}{2Q_1^{n+1}+\alpha\varphi\Delta X_{13}B_3^{n+1}}$$

$$S_{23}^{n+1}=\frac{2Q_2^{n+1}S_2^{n+1}-\alpha\Delta X_{23}[\omega_2^{n+1}B_2^{n+1}(S_2^{n+1}-S_{*2}^{n+1})-(1-\varphi)\omega_3^{n+1}B_3^{n+1}S_{*3}^{n+1}]}{2Q_2^{n+1}+\alpha(1-\varphi)\Delta X_{23}B_3^{n+1}}$$

$$S_3^{n+1}=\frac{Q_1^{n+1}S_{13}^{n+1}+Q_2^{n+1}S_{23}^{n+1}}{Q_3^{n+1}}$$

式中:φ 为分流系数,由实测资料确定。

第三节　关键技术问题处理

黄河水沙数学模型一般都考虑了黄河的特点，基本原理都是一致的，其主要区别在于使基本方程构成封闭方程组所建立的一些补充关系式和考虑黄河特点采取的处理措施，其主要关键技术问题的处理包括以下几个方面。

一、断面概化

实测大断面概化的方法一般为两种：一种是将断面划分为主槽和滩地两部分，分别计算它们的河床变形；一种是将断面划分为若干子断面，每个子断面的宽度在河床淤积和冲刷时均保持不变，高程随着河床冲淤不断发生变化。

根据黄河小北干流、渭河、北洛河断面形态的特点，将河道实测大断面概化为由主槽、滩地两部分组成的断面。断面概化示意如图2-5所示。

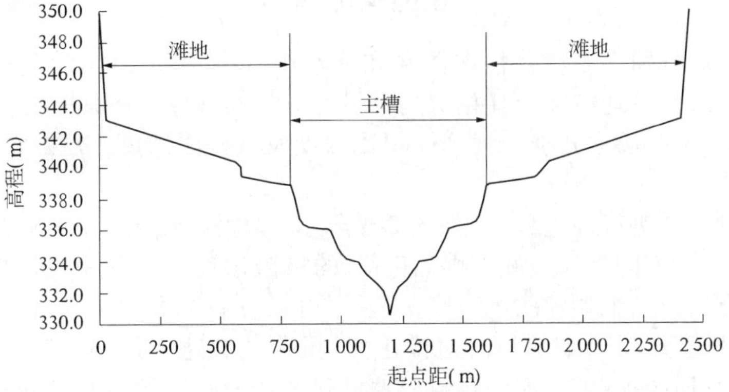

图2-5　断面概化示意

二、三门峡水库挟沙力

本章收集了黄河三门峡水库龙门、朝邑、华阴、华县、潼关5个站从20世纪60年代以来的实测输沙资料，其主要因子的范围如表2-1所示。

表2-1　各站实测输沙资料主要因子的范围

站名	流量(m^3/s)		宽度(m)		水深(m)		比降(‰)		含沙量(kg/m^3)	
	最大	最小	最大	最小	最大	最小	最大	最小	最大	最小
龙门	8 930	107	376	74	6.10	0.84	22.30	0.42	630	1.21
朝邑	859	2	350	12	7.80	0.42	5.60	0.70	894	0.23
华阴	3 420	27	8 380	61	6.00	0.67	3.40	0.09	755	0.15
华县	5 300	17	2 580	48	5.90	0.63	3.90	0.32	719	0.45
潼关	6 880	120	960	184	4.50	0.65	9.03	0.17	565	1.13
五站	8 930	2	8 380	12	7.80	0.42	22.30	0.09	894	0.15

注：五站指龙门、朝邑、华阴、华县、潼关5个站。

（一）含沙水流对泥沙颗粒沉速的修正

由于黄河含沙量变幅大，特别是高含沙水流对泥沙颗粒沉速的影响很大，一般在水流挟沙力计算中对沉速计算进行修正。目前常用的沉速修正计算方法有两种：

第一种为里查森和扎基公式

$$\frac{\omega}{\omega_0} = (1 - S_V)^m \tag{2-23}$$

式中：m 为待定指数，经王兆印、钱宁根据实测资料求得 $m = 7$。

第二种为清华大学水利系费祥俊公式

$$\omega = \frac{\sqrt{10.99d^3 + 36\left(\frac{\mu}{\rho_m}\right)^2} - 6\frac{\mu}{\rho_m}}{d} \tag{2-24}$$

$$\mu = \mu_0\left\{1 - \left[1 + 2.0\left(\frac{S_V}{S_{Vm}}\right)^{0.3}\left(1 - \frac{S_V}{S_{Vm}}\right)^4\right]\frac{S_V}{S_{Vm}}\right\}^{-2.5} \tag{2-25}$$

$$S_{Vm} = 0.92 - 0.2\ln\sum_{i=1}^{n}\frac{P_i}{d_i} \tag{2-26}$$

上述式中：ω 和 ω_0 分别为泥沙颗粒在浑水和清水中的沉速；d 为泥沙颗粒粒径；d_i 和 P_i 分别为某一粒径级的平均粒径及其相应的重量百分比；μ 和 μ_0 分别是泥沙悬液及同温度清水的黏滞系数；S_V 和 S_{Vm} 分别为固体体积比浓度及其极限浓度；ρ_m 为浑水容重；n 为泥沙分组个数。

对上述两种方法进行理论分析，如图 2-6 所示。图中，$S_{Vm} = 0.54$、$S_{Vm} = 0.45$ 分别相当于黄河粗、细两种不同悬沙级配（泥沙组成）的极限浓度。从图中可以看出：方法Ⅰ仅仅与含沙浓度有关，粗、细颗粒的沉速修正是一样的，并且与悬移质级配无关；方法Ⅱ粗、细颗粒的沉速修正不一样，细颗粒沉速修正大，粗颗粒沉速修正小，与悬移质级配有关。同一含沙量，悬移质级配越粗，泥沙颗粒沉速修正越小；反之，悬移质级配越细，泥沙颗粒沉速修正越大。

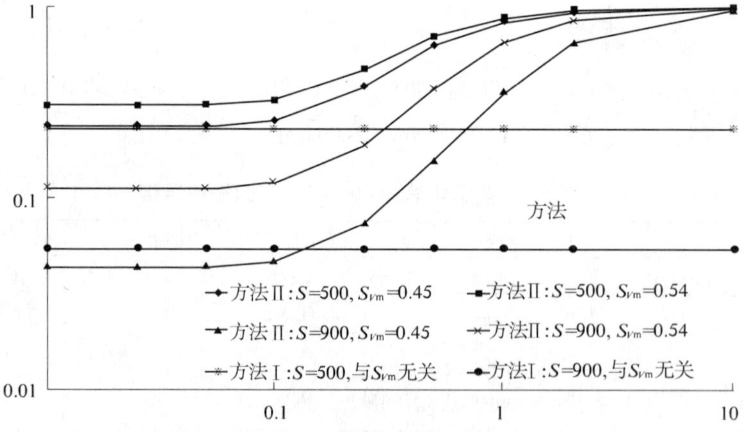

图 2-6　泥沙颗粒沉速不同修正方法的比较

一方面从理论上讲，泥沙颗粒在不同流区的沉速规律是不一样的，在层流区和过渡区与黏性有关；在紊流区与黏性无关。当含沙量增加时，浑水的黏滞系数提高，仅对处于层流区和过渡区的泥沙颗粒的沉速有影响,而对处于紊流区泥沙颗粒的沉速没有影响,也就是对于较粗泥沙颗粒的沉速影响较小,甚至没有影响,这就说明不同粒径泥沙沉速的修正应该有差异。另一方面,随着含沙量的增加,悬移质级配逐渐变粗,细颗粒泥沙含量增加较慢,甚至不增加,由于细颗粒泥沙含量对浑水黏滞系数影响是主要的,因此浑水黏滞系数并不仅仅和含沙量成正比,而且还与悬移质级配有关,在修正沉速的公式中只考虑含沙浓度一个因素显然是不全面的。

通过分析,很明显可以发现方法Ⅰ存在一些问题,方法Ⅱ才符合泥沙运动的基本理论,也符合黄河的实际情况。因此,本模型采用方法Ⅱ计算含沙水流对泥沙颗粒沉速的影响。

(二)床沙质和冲泻质粒径划分

床沙质和冲泻质粒径划分可根据下式计算

$$\frac{\omega_c}{\kappa U_*} = 0.06 \tag{2-27}$$

式中:ω_c 为分界粒径的沉速,大于 ω_c 的粒径组为床沙质部分,小于 ω_c 的粒径组为冲泻质部分;κ 为卡门常数;U_* 为摩阻流速。

(三)水流挟沙力公式

水流挟沙力公式用下式表达

$$S_* = K\left(\frac{v^3}{gh\omega}\right)^m \tag{2-28}$$

式中:K,m 为经验系数;v 为平均流速;ω 为非均匀沙平均沉速。平均沉速 ω 可根据下式计算,即

$$\frac{1}{\omega} = \left(\sum_{i=1}^{n} \frac{PIB_i}{\omega_i^m}\right)^{\frac{1}{m}} \tag{2-29}$$

式中:ω_i 和 PIB_i 分别为某一粒径级的平均沉速和相应的床沙重量百分比;n 为泥沙分组个数。

利用三门峡水库挟沙力基本资料,用全沙床沙质进行线性拟合,其回归系数 K 和 m 分别为 0.52,0.81,相关系数为 0.91。图 2-7 为计算含沙量同实测含沙量的比较,由图 2-7可见,含沙量接近 900 kg/m^3 的点据可以统一成一个挟沙力公式,在高含沙量范围内没有坡度变缓的现象。由于在天然河流运动过程中泥沙处于不冲不淤的平衡状态是相对的,不平衡状态是绝对的,挟沙水流刚好处于饱和状态是少有的。多数遇到的情况是挟沙水流从超饱和状态通过淤积的方式向饱和状态发展,或者从次饱和状态通过冲刷方式向饱和状态发展。因此,用天然挟沙力资料建立的公式仅代表一种河道的平均情况,从图 2-7可以看出,全沙计算含沙量同实测含沙量分布在45°线两边。

(四)悬移质级配沿程变化

悬移质级配沿程变化可从 3 个方面加以分析:①淤积过程中悬移质级配的分选;②冲刷过程中从河床补给的悬移质级配;③冲刷过程中悬移质级配的变化。本模型采用韩其为提出的非平衡输沙悬移质级配沿程变化的计算方法。

1. 淤积过程中悬移质级配的分选

悬移质在淤积时,总是粗颗粒沉得快,细颗粒沉得慢,结果使其级配沿程变细,显出分

选现象。令淤积比(%)为

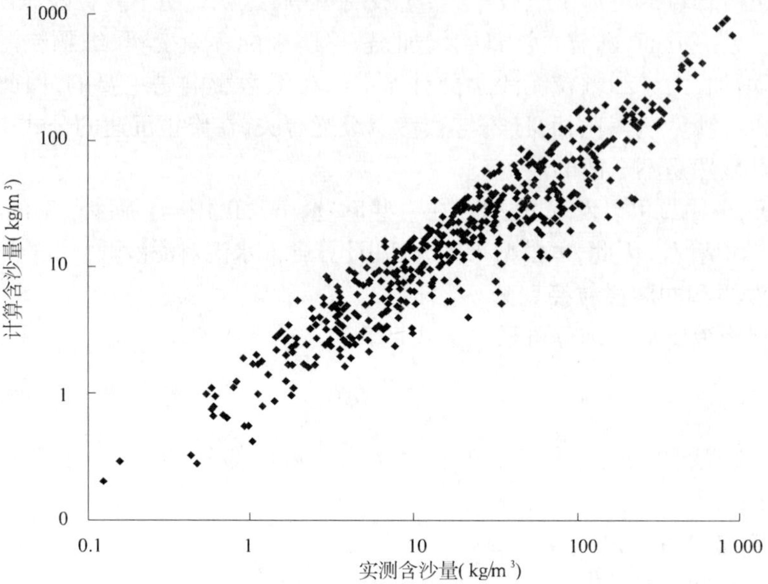

图 2-7　三门峡水库实测含沙量与计算含沙量比较

$$\lambda = \frac{Q_{s0} - Q_s}{Q_{s0}} = \frac{S_0 - S}{S_0} \tag{2-30}$$

则淤积过程的悬移质级配变化过程可用下式表示,即

$$P_i = P_{0i}\frac{(1-\lambda)^{\frac{\omega_i}{\omega_{中}}}}{1-\lambda} \quad (i=1,2,\cdots,n) \tag{2-31}$$

式中:P_i 和 P_{0i}分别为出口和进口的悬移质级配;ω_i 为分组泥沙颗粒沉速。

为了求 $\omega_{中}$,可按 $\sum_{i=1}^{n} P_i = 1$ 的条件,由式(2-31)求和而得到其所应满足的条件

$$\frac{\sum_{i=1}^{n} P_{0i}(1-\lambda)^{\frac{\omega_i}{\omega_{中}}}}{1-\lambda} = 1 \tag{2-32}$$

用已知的 λ 值从式(2-32)中求出 $\omega_{中}$,然后即可求出出口悬移质级配。

在实际计算过程中,由于实际水流情况甚为复杂,特别是在岸边常有滞流区,只有细沙才能进入,为了近似地考虑这种情况,将式(2-31)及式(2-32)修改成

$$P_i = P_{0i}\frac{(1-\lambda)^{(\frac{\omega_i}{\omega_{中}})^{\theta}}}{1-\lambda} \tag{2-33}$$

$$\frac{\sum_{i=1}^{n} P_{0i}(1-\lambda)^{(\frac{\omega_i}{\omega_{中}})^{\theta}}}{1-\lambda} = 1 \tag{2-34}$$

2. 冲刷过程中悬移质级配变化

由于冲刷时细沙冲起多,粗沙冲起少,而使床沙级配逐渐发生变化,相应地补给含沙量级配变粗。由河床净冲起的含沙量为

$$P_{*i}=R_{0i}\frac{1-(1-\lambda_*)^{(\frac{\omega_中}{\omega_i})^\theta}}{\lambda_*} \tag{2-35}$$

冲刷百分数 λ_* 可理解为冲刷厚度 Δh 与参与冲刷的厚度 h 之比，根据黄河下游冲刷资料的分析，一般可取 $h=\Delta h+1$。因而，$\lambda_*=\frac{\Delta h}{\Delta h+1}$。

式(2-35)中的 $\omega_中$，由 $\sum_{i=1}^{n}P_{i*}=1$ 的条件决定，即有

$$\sum_{i=1}^{n}R_{0i}\frac{1-(1-\lambda_*)^{(\frac{\omega_中}{\omega_i})^\theta}}{\lambda_*}=1 \tag{2-36}$$

由此通过水量平衡方程和沙量平衡方程可以得到冲刷时悬移质级配变化计算公式为

$$P_i=\frac{1}{1-\lambda}P_{0i}-\frac{\lambda}{\lambda_*}R_{0i}[1-(1-\lambda_*)^{\frac{\omega_中}{\omega_i}}] \tag{2-37}$$

式中：R_{0i} 为河床质级配。

三、动床阻力变化的模拟

三门峡水库库区河床为动床，床面阻力主要由沙粒阻力组成，随着河道冲淤不断变化，当河道发生淤积时，床沙细化，床面阻力减小；反之，当河道发生冲刷时，床沙粗化，床面阻力增大。因此，本模型计算对河床阻力随河道冲淤不断变化这一特点进行了模拟。

$n_0\sim Q$ 为初始河段糙率与流量的关系，假设河段在 t 时刻的糙率与流量关系为 $n_t\sim Q$，经过 Δt 时间，河段的冲淤量为 ΔW_s，则河段在 $t+\Delta t$ 时刻的糙率与流量关系为

$$n_{t+\Delta t}=n_t-C_n\frac{\Delta W_s}{\Delta t} \tag{2-38}$$

式中：C_n 为一个经验常数，取 $C_n=0.1$；ΔW_s 为冲淤量，亿 m^3，冲刷时取负值，淤积时取正值；Δt 为时间，d。在实际计算时，对 $t+\Delta t$ 变化范围限制为 $0.5n_0\sim1.5n_0$，即

$$n_{t+\Delta t}=\begin{cases}0.5n_0 & (n_{t+\Delta t}<0.5n_0)\\ 1.5n_0 & (n_{t+\Delta t}>1.5n_0)\end{cases} \tag{2-39}$$

四、河宽变化的模拟

（一）稳定河宽

河相关系有两种不同的类型：一种是反映不同河流，或者同一条河流上下游之间，由于水流、泥沙和边界条件的不同所引起的河床形态的变化，称为沿程河相关系，它是通过平滩流量或某一个频率的流量把不同断面的资料统一起来的；另一种是研究某一个短河段或某一个断面在不同流量下断面尺寸和坡降的变化，称为断面河相关系。由图 2-8 可以看出，渭河渭淤 7 断面经历丰水期 20 世纪 70 年代和 80 年代初期，主槽断面河宽增大，排洪能力增大，表现为河宽展宽，主槽面积增加；然后经历了 1986～1996 年的枯水期，河宽减少，河道排洪能力减少，河道急剧萎缩。同样，在北洛河、黄河也出现类似演变过程。因此，为了使三门峡水库水沙数学模型能够比较好地模拟河宽随来水来沙条件的变化，对黄河干流、渭河、北洛河沿程河相关系历年变化过程进行分析研究。通过以往大量沿程河

相关系经验公式可以知道，沿程河相关系主要与河道的平滩流量和来沙量有直接关系，来沙量的影响主要反映在河流的比降上，因此通过分析研究用下式来反映河宽的变化，即

$$B = \alpha Q^{\beta} J^{\gamma} \tag{2-40}$$

式中：B 为主槽的宽度；α 和 β、γ 分别为待定系数和指数。

根据黄河、渭河、北洛河 1974 ~ 1995 年汛前、汛后实测大断面资料，利用每年汛期、非汛期平均流量和主要水位站的水位—流量关系，对每年汛期、非汛期黄河、渭河、北洛河的河宽、流量和比降进行统计、分析和计算。然后点绘河宽与流量、比降的关系，通过回归分析法分别求出黄河小北干流、渭河、北洛河及潼关—大禹渡河段河宽随流量和比降变化的系数和指数，如表 2-2 所示。图 2-9 ~ 图 2-12 分别为黄河小北干流、渭河、北洛河及潼关—大禹渡河段河相关系图。

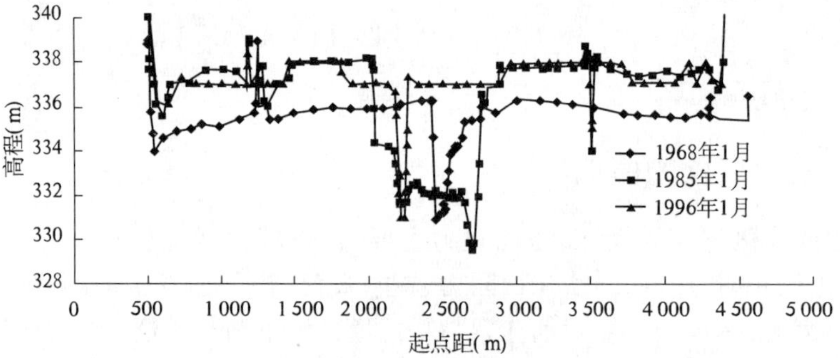

图 2-8　渭河渭淤 7 断面形态变化过程

表 2-2　河相关系系数和指数

河段	α	β	γ	相关系数 R
黄河小北干流	3.5	0.59	-0.26	0.87
渭河	0.35	0.50	-0.26	0.87
洛河	4.6	0.32	-0.12	0.95
潼关—大禹渡	0.012 5	0.99	-0.51	0.94

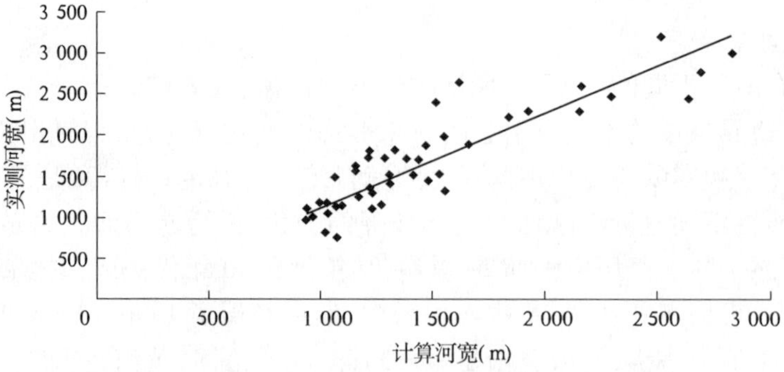

图 2-9　黄河小北干流河相关系

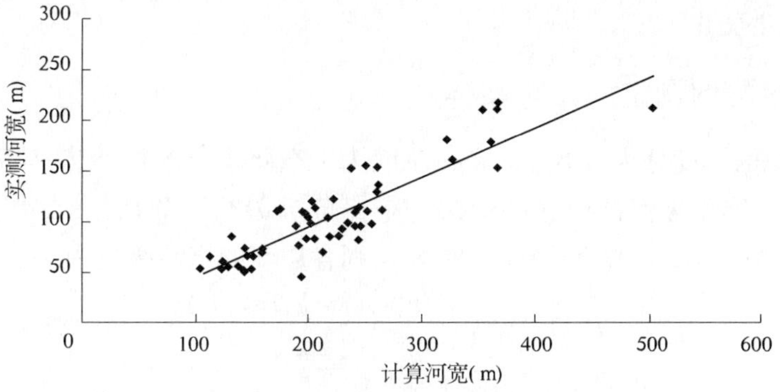

图 2-10 渭河河相关系

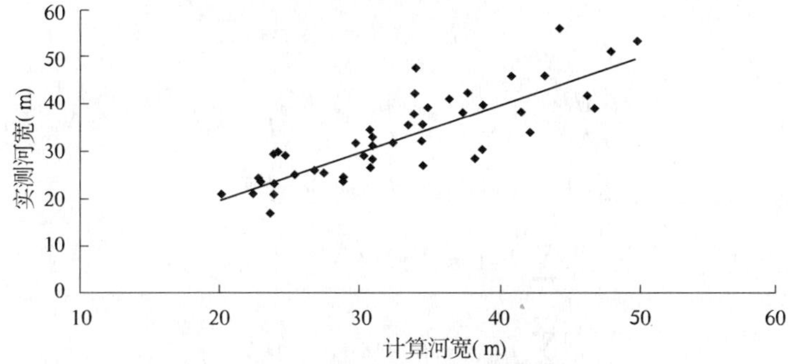

图 2-11 北洛河河相关系

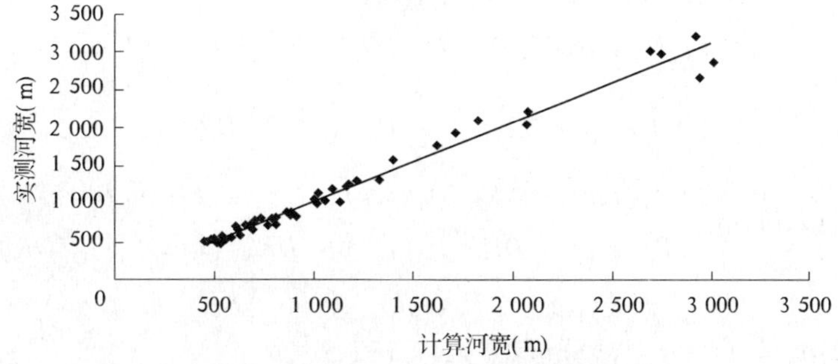

图 2-12 潼关—大禹渡河段河相关系

(二)河宽变化模拟计算

假设 ΔA 为本断面的冲淤面积(冲刷取负值,淤积取正值),A、B、h 分别为本时段主槽的面积、宽度和水深;Q,J 分别为流量和比降,则利用稳定河宽(见式(2-40))可以计算出新的主槽宽度 B_c 为

$$B_c = \alpha Q^{\beta} J^{\gamma} \tag{2-41}$$

当 $B \leqslant B_c$ 且 $\Delta A < 0$,或者 $B > B_c$ 且 $\Delta A > 0$ 时,河宽变化量 ΔB 为

$$\Delta B = \begin{cases} \dfrac{-\Delta A}{h} & \left(\left| \dfrac{-\Delta A}{h} \right| \leqslant |B_c - B| \right) \\ B_c - B & \left(\left| \dfrac{-\Delta A}{h} \right| > |B_c - B| \right) \end{cases} \tag{2-42}$$

否则,河宽不发生变化。

五、床沙级配的调整

将床沙级配的厚度分为 N 层,每层的厚度为 DZ,第 i 层的初始床沙级配为 $P_0(i,k)$ $(k=1,2,\cdots,n)$,第 k 级泥沙引起的河床变形厚度为 DZ_k。当 $DZ_k>0$ 时,令 $NB=DZ_k/DZ$,可得 $DZ_k=NB\cdot DZ+\Delta DZ_k$($NB$ 为整数),则各层新的床沙级配为

$$P_1(i,l)_k=\begin{cases}0 & (l\neq k,i\leqslant NB)\\100 & (l=k,i\leqslant NB)\end{cases}\tag{2-43}$$

$$P_1(NB+1,l)_k=\begin{cases}\dfrac{DZ-\Delta DZ_k}{DZ}P_0(NB+1,l) & (l=k,i\leqslant NB)\\[2ex]\dfrac{DZ-\Delta DZ_k}{DZ}P_0(NB+1,l)+\dfrac{\Delta DZ_k}{DZ} & (l\neq k,i\leqslant NB)\end{cases}$$

$$P_1(i,l)_k=\frac{DZ-\Delta DZ_k}{DZ}P_0(i-1,l)+\frac{\Delta DZ_k}{DZ}P_0(i,l)\quad(i\geqslant NB+1)\tag{2-44}$$

当 $DZ_k<0$ 时,首先求出最大交换层数 NK,则应满足

$$\sum_{m=1}^{NK-1}P_0(m,k)DZ<-DZ_k$$

$$\sum_{m=1}^{NK+1}P_0(m,k)DZ>-DZ_k$$

由此可以求得各层新的床沙级配为

$$P_1(i,l)_k=\begin{cases}P_0(i,l)+P_0(i,k)\cdot P_0(i,l) & (l\neq k,i<NK)\\P_0(i,l)+P_0(i,k)\cdot P_0(i,l)-P_0(i,k) & (l=k,i<NK)\end{cases}\tag{2-45}$$

$$DK=-DZ_k-\sum_{m=1}^{NK-1}P_0(m,k)\cdot DZ\tag{2-46}$$

$$P_1(i,l)_k=\begin{cases}P_0(i,l)+DK\cdot P_0(i,l) & (l\neq k,i=NK)\\P_0(i,l)+DK\cdot P_0(i,l)-DK & (l=k,i=NK)\end{cases}\tag{2-47}$$

$$P_1(i,l)_k=P_0(i,l)\quad(i>NK)\tag{2-48}$$

式中:i 为床沙层编号;l 为分层沙分级编号,$l=1,2,\cdots,n$。

六、溯源冲刷计算方法

在水库壅水淤积以后,若库水位下降,使库区某一断面处的水深减小、水面比降变大、流速增加到足以发生冲刷时,库水位的进一步下降就会使这种冲刷逆流向上发展,即称为溯源冲刷。溯源冲刷是通过库水位的降落而产生的,只要水库具有一定的泄流排沙条件,通过合理地控制应用,在适当时期,降低水位,利用溯源冲刷恢复一部分库容是多沙河流水库保持长期有效库容的一个行之有效的办法。

三门峡水库不同运用方式研究的一个重要内容就是要研究水库在不同来水来沙条件下,溯源冲刷强度和冲刷影响范围,选择合适的泄流流量,确定水库合理的调度运用方案,保证溯源冲刷的有效发展。因此,溯源冲刷计算是数学模型模拟水库泥沙冲淤的一个重

要组成部分。本模型根据以往溯源冲刷的计算方法，结合三门峡水库近年来实测溯源冲刷资料，提出了水库在溯源冲刷期间的输沙计算公式，将水库溯源冲刷计算方法应用到水沙数学模型中。

根据水库的溯源冲刷发展过程，溯源冲刷计算模式如图 2-13 所示。当库水位从 Z_0 下降到 Z_1 后，冲刷由 B 点逐渐向上发展，经 Δt 时段后，冲刷发展到 A 点。冲刷的体积等于 ABC 这块淤积体的体积。从沙量平衡出发，可写出冲刷量与河段输沙量的关系式

$$\Delta V = \frac{Q_{s0} - Q_{s1}}{\gamma'_s}\Delta t \tag{2-49}$$

式中：ΔV 为 Δt 时段内的冲刷体积；Q_{s0} 为冲刷河段下游断面的输沙率；Q_{s1} 为进入冲刷河段上游断面的输沙率。

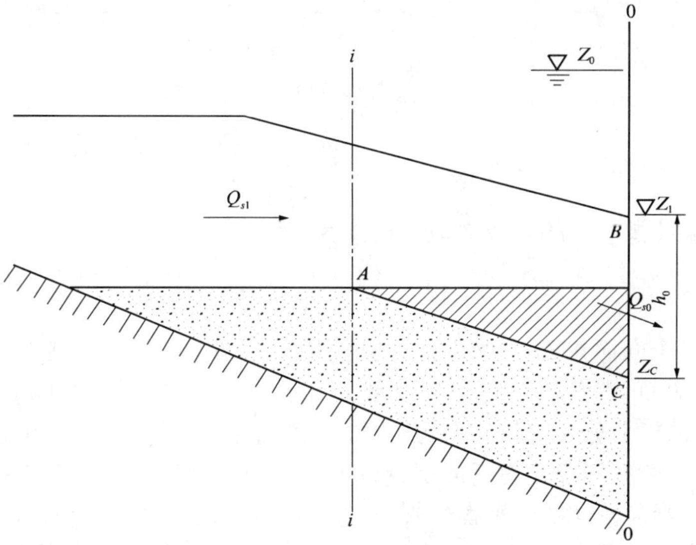

图 2-13　溯源冲刷计算示意

分析水库溯源冲刷资料，可以清楚地看出：冲刷段下游断面的输沙率和冲刷段的比降、流量关系甚大，库水位降落的幅度越大，造成的水面比降越陡，则 Q_{s0} 也越大；同时，流量越大，Q_{s0} 也越大。所以，流量 Q 与冲刷段比降 J 是影响溯源冲刷的两个基本因素。根据收集的三门峡水库 1989 年以来水库溯源冲刷资料点绘于图 2-14 中，利用线性回归求得水库冲刷时的断面输沙率关系式为

$$Q_s = 10Q^{1.8}J^{1.2} \tag{2-50}$$

溯源冲刷自下游向上游发展，冲刷纵剖面取决于冲刷基准面和冲刷比降。假设冲刷段下游断面的水深是相应于流量的正常水深，从库水位减去正常水深就得到冲刷基准面高程。这个高程和河床纵剖面的交点就是冲刷基准面，如图 2-13 中的 C 点，C 点高程 Z_C 就等于 $Z_1 - h_0$。经过 Δt 时段后，冲刷发展到上游的 A 点，则 J 为时段末的冲刷比降。如图 2-13 中的 ABC 这块冲刷体体积等于$\frac{Q_{s0} - Q_{s1}}{\gamma'_s}\Delta t$，则 AC 为时段末的冲刷纵剖面。AC 线位置可利用试算法进行确定。

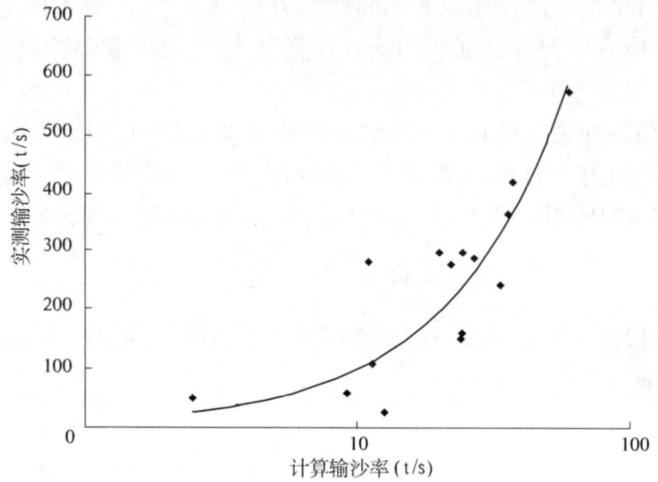

图 2-14　溯源冲刷输沙经验关系

七、河床横断面形态模拟技术

河床横断面冲淤面积的差分离散表达式为

$$\Delta A_b = \frac{Q_{s,j} - Q_{s,j+1}}{\gamma'_s \Delta x}\Delta t \tag{2-51}$$

式中，ΔA_b 为第 j 个断面在 Δt 时间内的冲淤面积。横断面的冲淤厚度沿湿周的分布通常是不均匀的，一般而言，淤积趋向于从最低处开始。由于淤积时泥沙趋向于逐层水平分布，因此淤积时的横向分布比较均匀，并常伴之以河流的展宽。与此相反，河床的冲刷沿周界变化较大，一般在深泓线附近冲刷量较大。在冲刷过程中河槽逐渐刷深，所以常伴之以河宽的减小。当河流向新的平衡发展时，这种河流调整的特点会有效地减小水流功率沿程的差异。在本模型中，假设在一个计算时段 Δt 内，沿横断面冲刷或淤积的分配遵循有效拖曳力的幂函数，即

$$\Delta z = \frac{(\tau_0 - \tau_c)^\beta}{\sum_B (\tau_0 - \tau_c)^\beta \Delta y}\Delta A_b \tag{2-52}$$

式中：Δz 为对应点床面高程的改正量；τ_0 为对应点的拖曳力（计算公式为 γhJ，h 为对应点处的水深）；y 为横向坐标（起点距坐标）；B 为河宽；τ_c 为临界拖曳力，在淤积条件下 τ_c 为 0；β 为指数，β 值一般在 0 和 1 之间，β 的大小会影响冲淤分配的形式，当 $\beta = 1$ 时，Δz 沿横断面的分布将很不均匀，当 $\beta = 0$ 时，Δz 沿横断面按均匀分布。各点床面的改正量 Δz 随所在处拖曳力的变化而变化，或者随水深而变化。对于每一计算时段 Δt，需重新确定 β 值，以便通过断面的调整尽快达到水流功率损失沿程均匀化，或者水面线趋于线性化。

八、滩槽水沙交换及断面形态的处理

利用各子断面的水力要素，建立各子断面与全断面含沙量的关系，对各个子断面的泥沙冲淤变化进行模拟计算，其计算公式为

$$\frac{S_{ij}}{S_i}=C\left(\frac{S_{*ij}}{S_{*i}}\right)^{\alpha} \tag{2-53}$$

式中：S_{ij}、S_i 分别为第 j 个子断面的含沙量和断面的平均含沙量；S_{*ij}、S_{*i} 分别为第 j 个子断面的挟沙力和断面的平均挟沙力；α 由实测资料求得；C 由下式求得，即

$$C = QS_{*i}^{\alpha} / \sum_{j=1}^{N} (Q_{ij}S_{*ij}^{\alpha}) \tag{2-54}$$

式中：Q 和 Q_{ij} 分别为断面的平均流量和第 j 个子断面的流量；N 为子断面个数。

断面形态处理方法：一是采用冲淤量沿横断面某一范围内等厚分布的分配模式，其范围是淤积布满整个湿周，冲刷限制在稳定河宽范围内，当水面宽小于实际河宽时取实际的河宽；二是利用河道稳定的河相关系模拟断面宽度（主槽宽度）变化。

九、异重流计算

当异重流在底坡较陡的库底运行时，异重流的潜入条件可以采用下式判别，即

$$\frac{\gamma_0}{\gamma_m-\gamma_0}\cdot\frac{v_0^2}{gh_0}=0.6 \tag{2-55}$$

式中：γ_m 和 γ_0 分别为异重流和清水的容重；v_0 和 h_0 分别为异重流潜入断面的平均流速和水深。当库底坡度很缓时，根据韩其为等的研究，异重流的潜入条件应为

$$h \geqslant \max(h_0, h_n) \tag{2-56}$$

式中：h_0 为按式(2-55)计算的潜入点水深；h_n 为异重流均匀运动时的水深。产生异重流后，从潜入断面开始要逐断面计算异重流的水力参数。在异重流运动过程中，因沿程流量减小不多，故在一个计算时段内可以作为恒定流来处理。异重流水深计算选用异重流均匀运动水深计算公式，即

$$h_n=\left(\frac{\lambda_t}{8gJ_0}\cdot\frac{\gamma_m}{\gamma_m-\gamma_0}\cdot\frac{Q_e^2}{B_e^2}\right)^{\frac{1}{3}} \tag{2-57}$$

式中：J_0 为分河段底坡；Q_e 为异重流流量；B_e 为异重流宽度。

异重流挟沙力、含沙量以及冲淤量等的计算均与明流相同，只是此时的水力参数应采用异重流的。

第四节　三门峡水库水沙模型的率定与验证

图 2-15 为三门峡水库水沙模型计算区域，进口水文站为龙门、咸阳、洑头、河津，出口断面为三门峡大坝，三门峡水库水沙模型率定水沙系列采用 1969 年 7 月 1 日 ~ 1995 年 6 月 30 日的实测水沙系列，验证系列为 1997 年 7 月 1 日 ~ 2001 年 10 月 31 日实测水沙系列。率定初始河床地形为 1969 年汛前实测大断面资料和河床质级配资料，本模型需要率定的参数主要有黄河、渭河、北洛河泥沙恢复饱和系数，以及各个主要河段起始河床糙率；验证初始河床地形为 1997 年汛前实测大断面资料和河床质级配资料，验证主要包括各个主要河段汛期、非汛期计算冲淤量与实测冲淤量的比较，以及潼关高程每年汛前、汛后计算冲淤量与实测冲淤量的比较。

一、水沙模型参数的率定

（一）糙率的率定

利用黄河、渭河和北洛河 3 条河流内各水位站的实测水位，分别在 1969 年找出 3 个不同级的流量（大流量、中流量和小流量），对于每一级流量，假定各个水位站之间的糙率是常数，但主槽和滩地采用不同的糙率值。利用水面线计算程序，经过试算，确定出各个断面的初始糙率，使得计算出的水位同实测水位比较接近。

黄河和渭河经过率定，各个断面主槽、滩地的糙率在不同流量下差别不大，因此不同流量级取同一个糙率；北洛河经过率定，各个断面主槽、滩地的糙率在 3 个不同流量级下是不一样的，流量越小糙率越大，反之流量越大糙率越小（见表 2-3 ~ 表 2-5）。

表 2-3　黄河干流各个河段率定初始糙率

河段	主槽	滩地
大坝—北村	0.012	0.032
北村—大禹渡	0.016	0.035
大禹渡—坫垮	0.013	0.040
坫垮—潼关	0.014	0.036
潼关—上源头	0.017	0.035
上源头—夹马口	0.022	0.040
夹马口—北赵	0.018	0.035
北赵—龙门	0.022	0.035

表 2-4　渭河各个河段率定初始糙率

河段	主槽	滩地
潼关—吊桥	0.012	0.030
吊桥—陈村	0.018	0.032
陈村—华县	0.021	0.035
华县—渭南	0.023	0.040
渭南—临潼	0.025	0.040
临潼—咸阳	0.025	0.040

表 2-5　北洛河各个河段率定初始糙率

河段	流量(m^3/s)	主槽	滩地
洛淤 1—朝邑	4.4	0.025	0.040
	39.0	0.021	0.040
	118.0	0.015	0.040
朝邑—南荣华	4.4	0.025	0.040
	39.0	0.020	0.040
	118.0	0.020	0.040
南荣华—洑头	4.4	0.040	0.040
	39.0	0.030	0.040
	118.0	0.023	0.040

（二）恢复饱和系数 α 的率定

根据 1969 年 11 月 1 日 ~1995 年 10 月 31 日黄河干流、渭河、北洛河汛期和非汛期实测冲淤量成果，经过调试计算，最后率定出黄河小北干流恢复饱和系数 α 淤积时为 0.08，冲刷时为0.11;渭河恢复饱和系数α淤积时为0.13,冲刷时为0.21;北洛河恢复饱和系数α淤积时为0.20,冲刷时为0.35。

二、一维恒定流水沙模型验证

(一)河段冲淤量验证

图2-15(a)和(b)分别为坝址—北村河段和北村—大禹渡河段累计冲淤量过程计算值与实测值比较。由于三门峡水库汛期大禹渡以下河段主要是靠洪水期冲刷,特别是汛期采用"洪水排沙、平水发电",大禹渡以下河段冲刷主要利用在洪水期间降低坝前水位,引起水库的溯源冲刷,从图中可以看出计算过程与实测过程符合较好,说明本模型采用的溯源冲刷计算方法是比较合理的,能够比较好地模拟水库的溯源冲刷。

图2-15(c)和(d)分别为大禹渡—坫埼河段、坫埼—潼关河段累计冲淤量过程计算值与实测值比较。可以看出,坫埼—潼关累计冲淤量计算值与实测值比较是一致的。大禹渡—坫埼河段计算淤积量比实测偏小,而坫埼—潼关河段计算淤积量偏大,原因可能与近几年在潼关附近清淤有关,在潼关河段清淤期间,由于采取人工措施将坫埼—潼关河段泥沙输送到坫埼以下河段,模型验证计算没有考虑,因此验证计算结果符合实际情况。

图2-15(e)为潼关—坝址河段累计冲淤量实测值与计算值比较,从图中可以看出计算过程与实测过程符合较好,模型比较好地模拟了三门峡水库潼关以下河段汛期、非汛期冲淤特性。

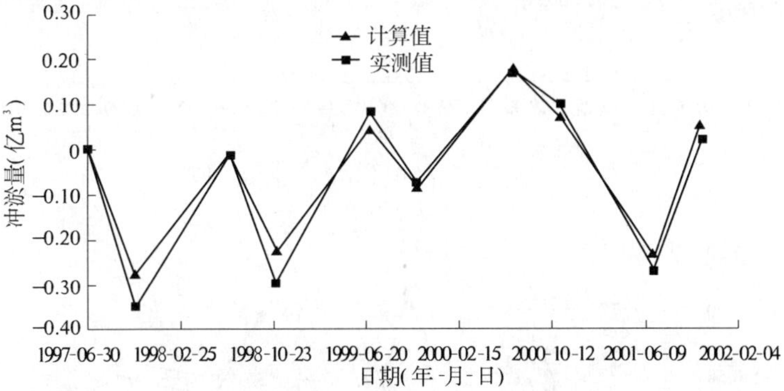

(a)黄淤1—黄淤22(坝址—北村)河段

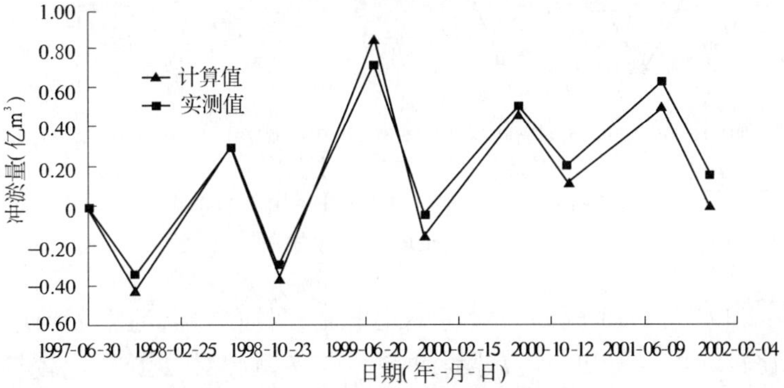

(b)黄淤22—黄淤31(北村—大禹渡)河段

图2-15 三门峡水库潼关以下河段累计冲淤量计算值与实测值比较

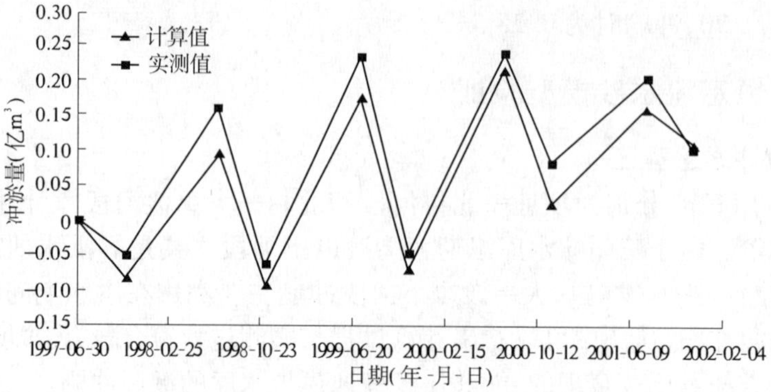

(c)黄淤 31—黄淤 36(大禹渡—坫垮)河段

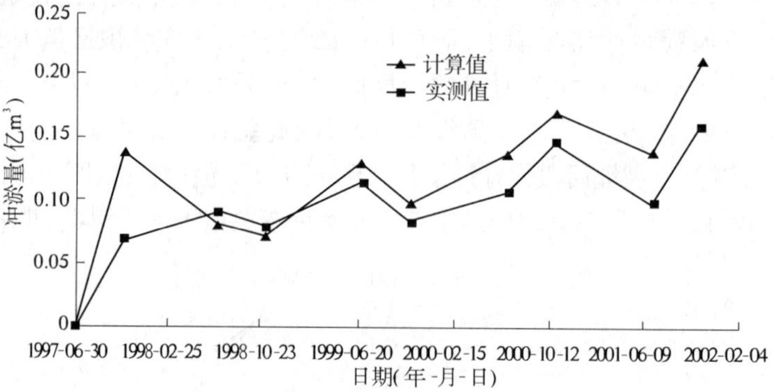

(d)黄淤 36—黄淤 41(坫垮—潼关河段)

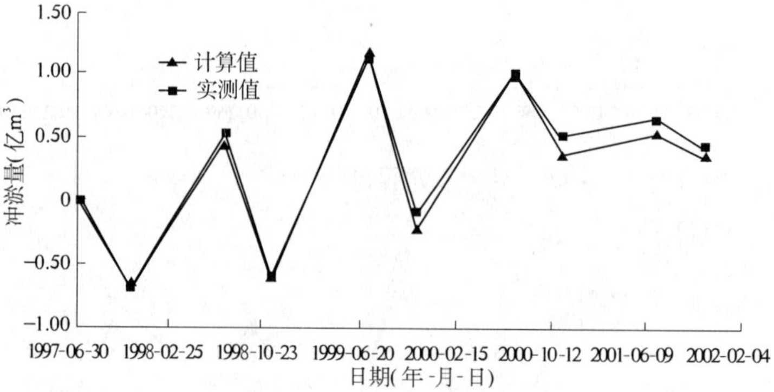

(e)黄淤 1—黄淤 41(坝址—潼关)河段

续图 2-15

图 2-16、图 2-17、图 2-18 分别为黄河小北干流、渭河、北洛河主要河段累计冲淤量计算值与实测值比较。可以看出,计算累计冲淤量与实测累计冲淤量比较符合。说明模型也能较好地反映出各河段在汛期、非汛期内不同的冲淤规律,根据上述计算率定的参数可以在今后的计算中采用。

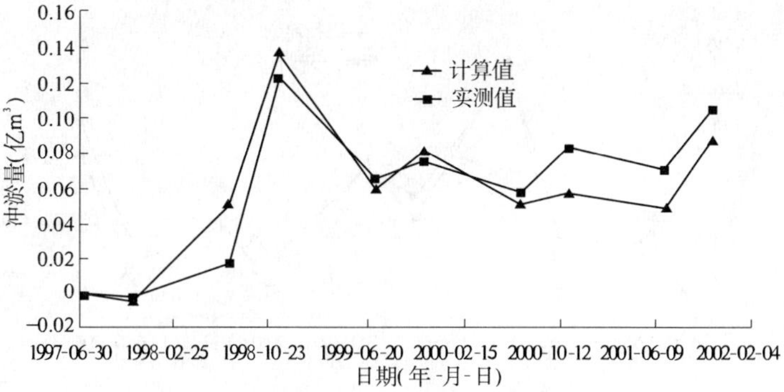

(a)黄淤 41—黄淤 45 河段

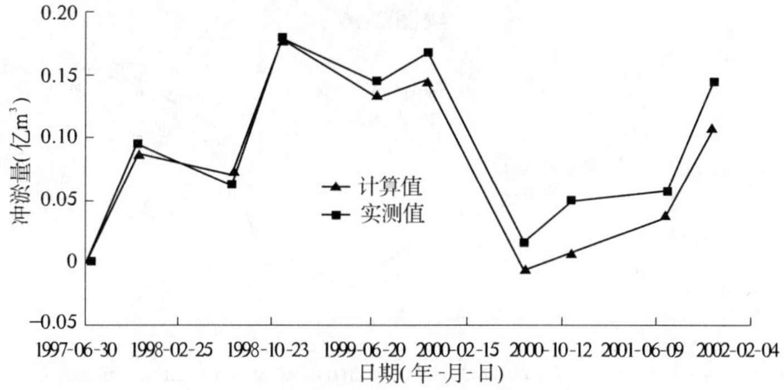

(b)黄淤 45—黄淤 50 河段

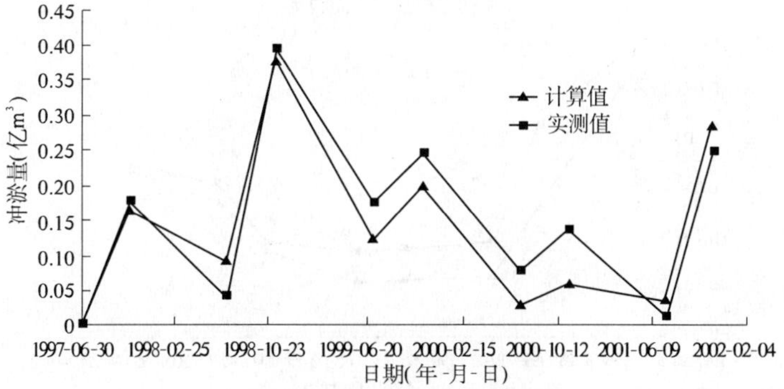

(c)黄淤 50—黄淤 59 河段

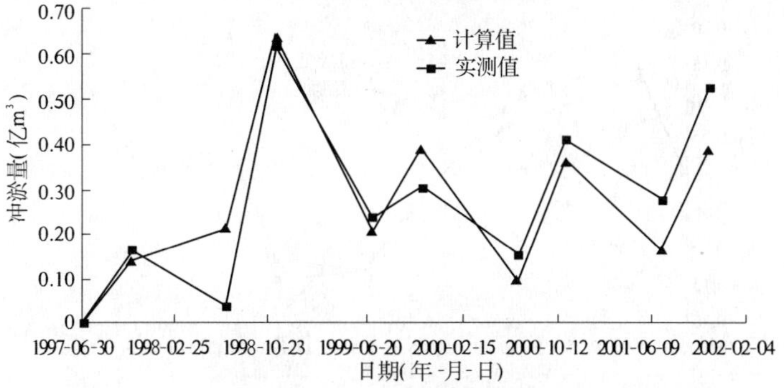

(d)黄淤 59—黄淤 68 河段

图 2-16　黄河小北干流主要河段累计冲淤量计算值与实测值比较

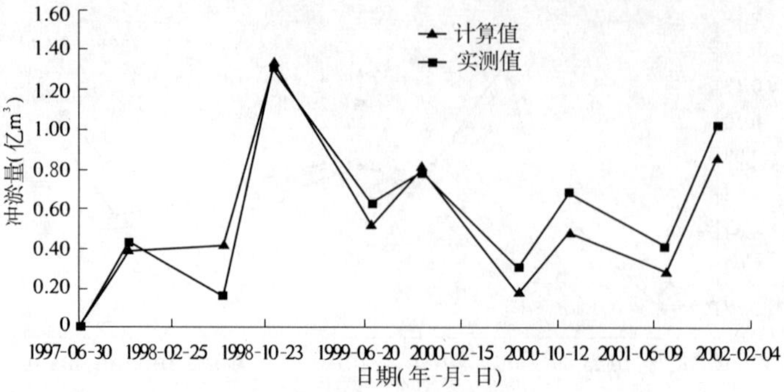

(e)黄淤 41—黄淤 68 河段

续图 2-16

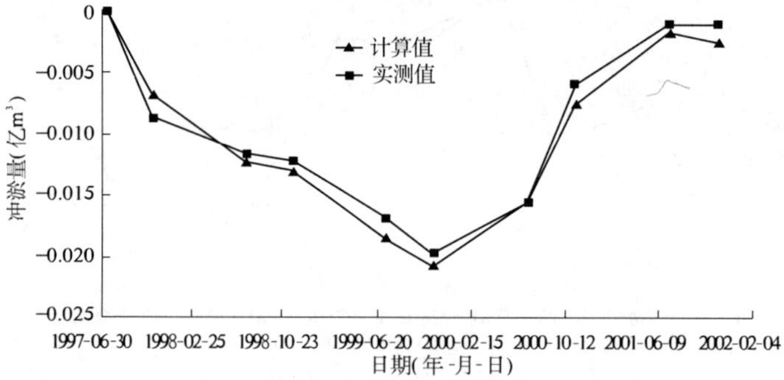

(a)渭河渭拦河段

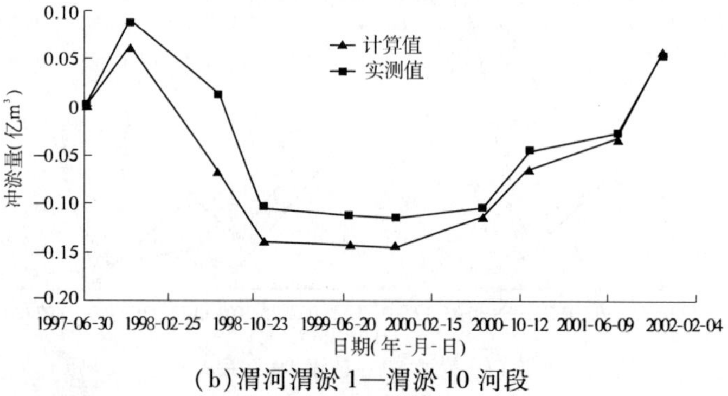

(b)渭河渭淤 1—渭淤 10 河段

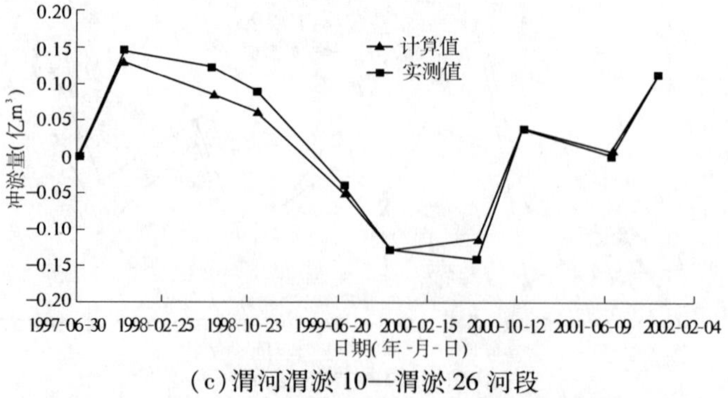

(c)渭河渭淤 10—渭淤 26 河段

图 2-17　渭河主要河段累计冲淤量计算值与实测值比较

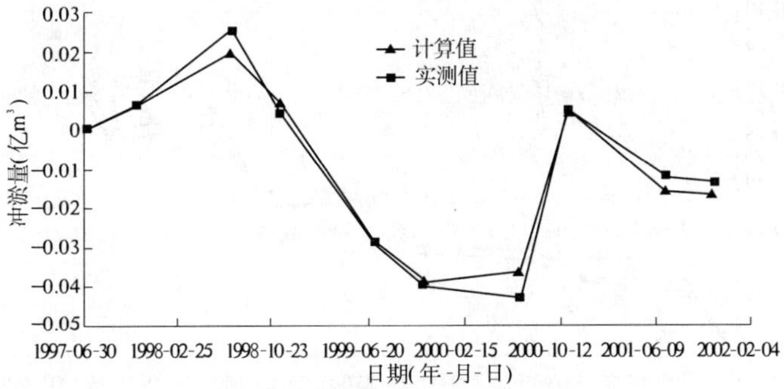

(d)渭河渭淤26—渭淤37河段

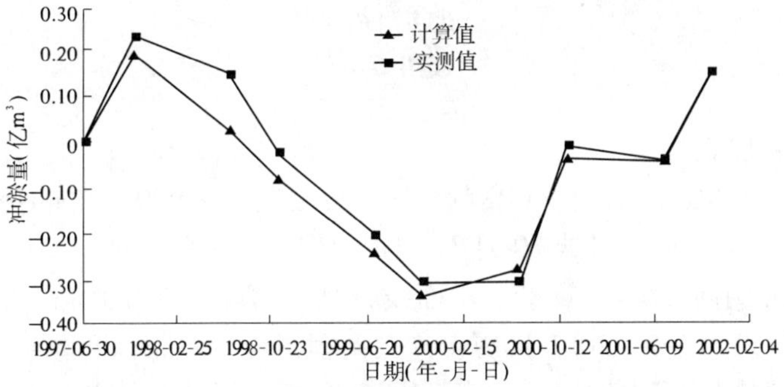

(e)渭河全河段

续图2-17

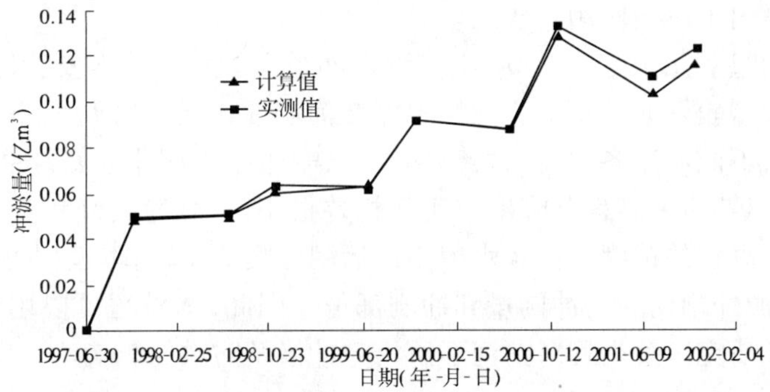

(a)北洛河洛淤1—洛淤10河段

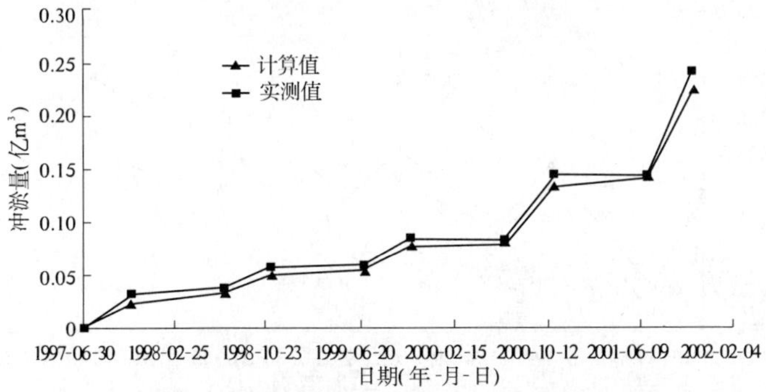

(b)北洛河洛淤10—洛淤21河段

图2-18　北洛河主要河段累计冲淤量计算值与实测值比较

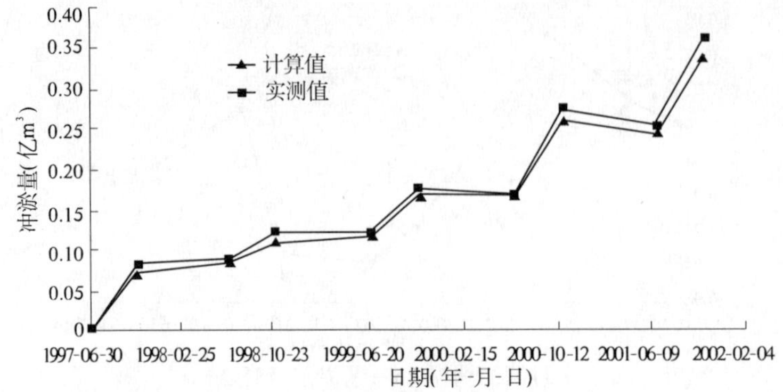

(c)北洛河全河段

续图 2-18

(二)潼关高程验证

为了预估每年汛初、汛末的潼关高程(潼关站流量为 1 000 m^3/s 时对应的水位),当数学模型计算到每年 6 月 30 日或 10 月 31 日时,假定入口流量为 1 000 m^3/s,出口水位为相应的正常水深,利用水力学计算沿程水面线,然后计算出相应的潼关高程。

图 2-19、表 2-6 为 1997 ~ 2001 年历年潼关高程汛前、汛后计算值与实测值比较,以及潼关高程历年计算值与实测值比较。可以看出,潼关高程计算值与实测值变化趋势是一致的,计算值与实测值比较接近,相对误差较小。仔细分析发现,潼关高程计算值比实测值稍偏高,主要是由于清淤作用造成的。

综上所述,通过利用 1997 ~ 2001 年实测水沙系列对水沙数学模型进行验证计算,验证结果表明:本模型较好地反映了三门峡水库黄河小北干流、渭河、北洛河以及潼关以下河段的冲淤特性,不同河流各主要河段汛期、非汛期计算冲淤量与实测冲淤量资料符合较好;计算汛期、非汛期潼关高程升降值与实际相差很小,计算潼关高程变化过程与实际基本一致,计算潼关高程的精度已满足水库不同运用方案的比较;本模型也能够较好地反映三门峡水库在溯源冲刷期间的冲刷量和冲刷部位。因此,本模型可以用于三门峡水库运用方案计算,以及研究潼关高程对渭河下游河道冲淤及防洪的影响。

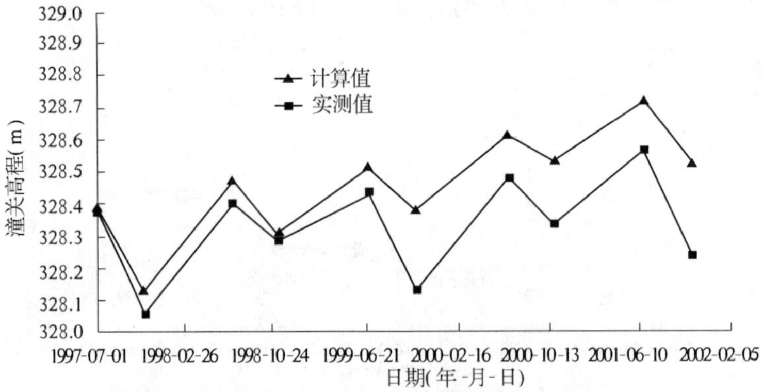

图 2-19　潼关高程汛前、汛后计算值与实测值比较

表 2-6　潼关高程历年计算值与实测值比较

时间	计算潼关高程		实测潼关高程	
	汛前水位	汛后水位	汛前水位	汛后水位
1997 年	328.38	328.12	328.38	328.05
1998 年	328.47	328.31	328.40	328.28
1999 年	328.51	328.38	328.43	328.12
2000 年	328.61	328.53	328.48	328.33
2001 年	328.72	328.53	328.56	328.23
平均	328.54	328.37	328.45	328.20

三、一维非恒定流水沙模型验证

黄河中游 1981 年汛初洪水特征主要为：洪水时间为 7 月 3 ~ 14 日，即持续时间为 12 d，龙门站最大流量为 6 400 m^3/s、最大含沙量为 298.0 kg/m^3；华县站最大流量为 970 m^3/s、最大含沙量为 117.0 kg/m^3。由图 2-20 可以看出，计算的潼关出口流量过程线与实测过程线比较符合，洪峰最大值和相应洪峰传播时间的计算值与实测值比较接近；潼关出口含沙量过程线的计算值与实测值也是比较一致的，比较好地模拟出 3 条河流的洪水传播过程和泥沙冲淤调整过程。

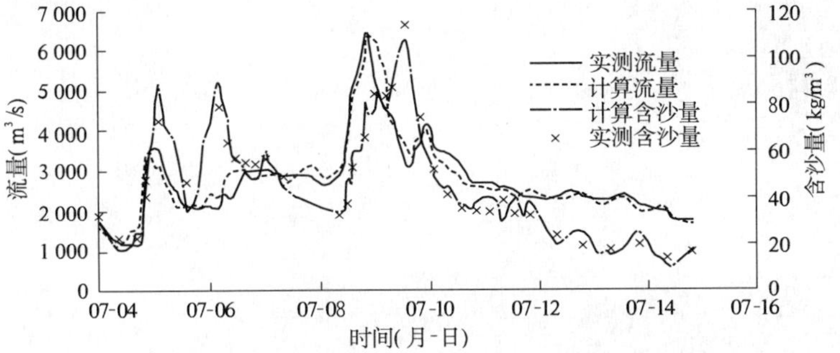

图 2-20　潼关站流量、含沙量计算值与实测值比较

图 2-21 为华阴站流量、水位计算值与实测值比较。由图中可以看出，水位、流量计算过程线与相应实测过程线比较符合；同时也可以看出，在洪水初期，华阴站出现了倒灌现象，流量出现了负值，比较好地模拟出了黄河干流倒灌渭河的现象。

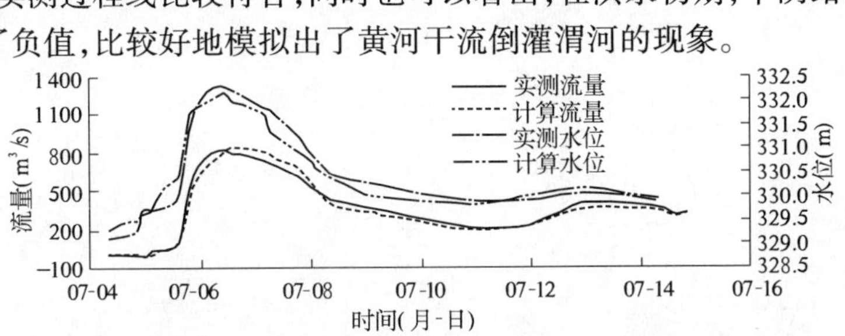

图 2-21　华阴站流量、水位计算值与实测值比较

图 2-22 为朝邑站流量、水位计算值与实测值比较。可以看出,水位、流量计算过程线与相应实测过程线比较一致。由于北洛河各断面的水位和流量是通过一系列内边界条件计算得到的,也可以说明采用的内边界处理技术是比较合理的。

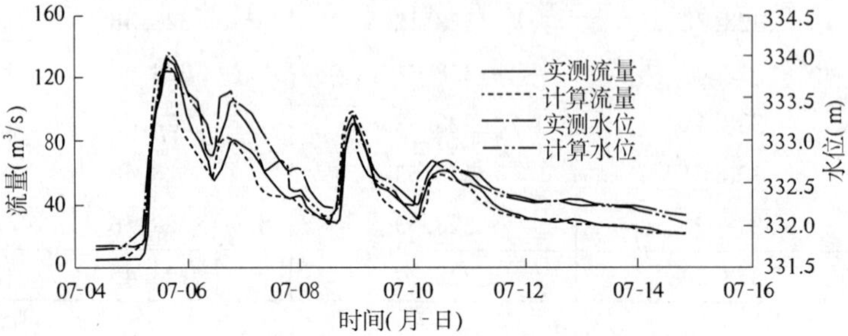

图 2-22　朝邑站流量、水位计算值与实测值比较

第三章　三门峡水库汛期发电试验运用方式的研究

第一节　三门峡水库汛期调度基本特点

根据三门峡水库长期运用的经验，黄河水、沙的特点，汛期4个月的水量、沙量分别占年水量、沙量的60%和80%以上，泥沙更为集中，多在汛期几场洪水，这是水库蓄清排浑运用的理论依据，也为汛期"洪水排沙、平水发电"的运用方式提供了基础。另外，库区淤积的泥沙主要是靠大流量时降低坝前水位，加大冲刷比降，形成强烈的溯源冲刷，把泥沙排至库外。在溯源冲刷过程中，从坝前向上游发展，靠近坝前冲刷深度大，冲刷速度快，向上游发展，冲刷深度逐渐变小，冲刷速度减缓，以致溯源冲刷逐渐消失；当水库壅高水位时，水流进入回水范围后，流速降低，泥沙淤积，在泥沙淤积过程中，一方面泥沙淤积向坝前推移；另一方面淤积向上游延伸，形成溯源淤积。溯源淤积向上游延伸的速度与来水来沙条件和河床前期条件有关，但是溯源淤积向上游延伸的速度比较缓慢，且也是随着向上游延伸长度的增加而减缓的。因此，可以利用溯源冲刷和溯源淤积向上游发展的速度差来改善库区的冲淤，进行汛期平水发电，提高水库综合效益。

一、水库降低水位不同流量的排沙作用

1990年10月投放钢围堰施工，水库降低水位历时12 d，出现溯源冲刷，其冲刷过程见表3-1。

表3-1　1990年10月投放钢围堰施工的冲刷过程

项目	日期						
	3日	4日	5日	6日	7日	8日	9日
坝前水位(m)	304.13	300.11	294.98	295.60	291.05	293.44	300.36
出库流量(m^3/s)	955	1 370	1 200	1 160	817	555	666
冲淤量(亿t)	0.000 2	-0.111	-0.048	-0.019	-0.006	-0.001	0.001

在这次降水冲刷过程中，虽然坝前水位由304.13 m降到291.05 m，坝前水位约降低了13 m，但是由于冲刷流量小，冲刷历时仅5 d，在这5 d内，潼关来水4.739亿m^3，来沙0.128亿t，平均含沙量为27 kg/m^3，库区冲刷0.185亿t，冲刷量主要集中在开始的2～3 d，占总冲刷量的85.9%～96.2%，5 d内平均每冲刷1 t泥沙需耗水25.6 m^3。

另外，1994年8月5～22日洪水期降低库水位泄洪排沙，在这一时段内库区通过两次洪水，洪水过程中坝前水位、出库流量和库区排沙情况见表3-2。

表 3-2 1994 年 8 月 5 ~ 22 日洪水过程中坝前水位、出库流量和库区排沙情况

项目	日期								
	5 日	6 日	7 日	8 日	9 日	10 日	11 日	12 日	13 日
坝前水位(m)	302.48	305.04	307.55	300.45	297.63	295.99	300.11	304.47	302.20
出库流量(m^3/s)	889	3 120	5 070	2 370	1 600	1 850	1 670	3 230	2 890
冲淤量(亿 t)	-0.000 5	0.386 2	-0.485 6	-0.243 7	-0.105 4	-0.102 0	0.055 3	0.206 5	0.062 2
项目	日期								
	14 日	15 日	16 日	17 日	18 日	19 日	20 日	21 日	22 日
坝前水位(m)	304.79	302.16	298.02	299.03	301.58	301.58	297.79	299.69	301.98
出库流量(m^3/s)	3 400	2 830	1 890	1 550	1 910	1 630	1 580	1 670	1 410
冲淤量(亿 t)	-0.283 4	-0.275 6	-0.084 7	-0.029 5	-0.009 0	-0.041 6	-0.007 1	0.009 3	0.009 0

在两次洪水冲刷过程中，由于出库流量较大，坝前水位虽较高，库区还是发生较大的冲刷且冲刷时间较长，为 4 ~ 7 d，强烈冲刷的时间也只有 3 ~ 4 d。表中 8 月 6 日发生严重淤积，主要是没有考虑洪水传递时间引起的，因为 8 月 6 日潼关洪水起涨时间早，三门峡水库洪水起涨时间晚，用当天输沙量计算库区的冲淤量就产生了不合理现象。为了避免这种计算的不合理现象，考虑洪水传递会得到改善，但是洪水传递也很复杂，故将计算洪水的时段适当延长，这样两次洪水的计算时段分别为 8 月 7 ~ 10 日和 8 月 14 ~ 20 日，潼关来水量分别为 13.1 亿 m^3 和 12.8 亿 m^3，来沙量分别为 2.24 亿 t 和 1.00 亿 t，平均含沙量分别为 171 kg/m^3 和 78.1 kg/m^3，坝前降低水位幅度分别为 11.56 m 和 7.0 m，库区冲刷量分别约为 0.55 亿 t 和 0.73 亿 t，每次洪水中平均冲刷 1 t 泥沙的耗水量分别为 23.8 m^3 和 17.5 m^3。

在高含沙洪水时适当降低库水位不仅可以使洪水挟带的大量泥沙通过水库，并且还可以把库区前期淤积的泥沙冲出库外，其冲刷效果比小流量、低含沙量时要好，可以节省输沙耗水量；小流量、低含沙量虽然坝前水位大幅度下降，发生溯源冲刷，但冲刷作用小，输沙耗水量大，并且库水位稍有上升，库区即由冲刷转为淤积。因此，从库区排沙来说，应该充分利用洪水来降低库水位，进行排沙；平水期由于流量小，排沙作用不大，来水含沙量又小，可以利用平水控制 305 m 进行发电。

二、洪水排沙后平水发电对调沙的作用

图 3-1 为 1993 年汛期经泄洪冲刷后，于 8 日 25 日开始抬高水位进行发电时入出库水位过程线。1993 年 7 月 1 日 ~8 月 24 日水库为泄洪排沙运用，平均库水位为 300.33 m，库区排沙 1.86 亿 t，坝前水位在 305 m 的库容为 0.59 亿 m^3；8 月 25 日开始抬高水位，至 8 月 30日库水位达 305 m，从此以后至 9 月底库水位维持在 305 m 左右，入库流量由 2 000 m^3/s逐渐降到 1 000 m^3/s 左右，出库流量过程变化不大，表明水库对径流基本上没有调节作用，但是对泥沙的调节作用比较明显，出库含沙量小于入库含沙量，其差值在开始时为入库含沙量的 1/2，以后逐渐减小；同时，从库区淤积量的累积过程线可以看出，淤积量逐渐增加，至 9 月 20 日累计淤积量逐渐趋于稳定，入出库含沙量也趋于一致。8 月 25 日 ~9 月 20 日的入库平均流量为 1 620 m^3/s，平均含沙量为 19.7 kg/m^3，出库含沙量

为 12.9 kg/m^3，约为入库含沙量的 65.5%，库区淤积 0.19 亿 m^3，约占 305 m 以下库容 0.59 亿 m^3 的 32.6%。

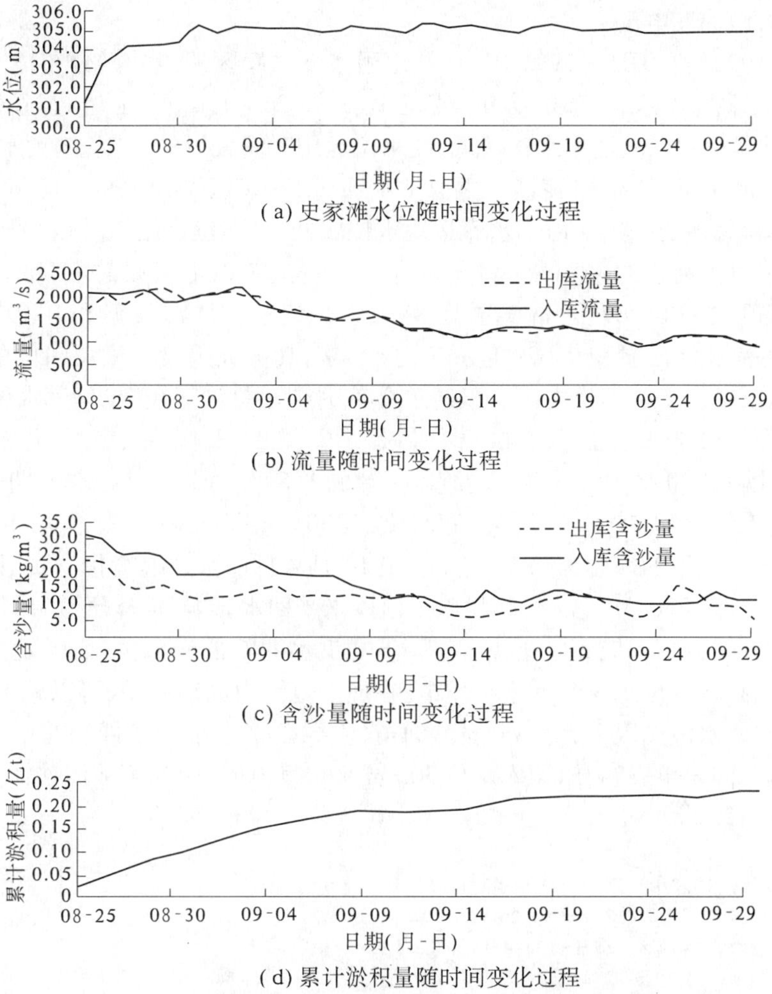

图 3-1　1993 年汛期水库调沙过程

水库抬高库水位发电，坝前壅水对调沙作用的时间较长，调整时间达 1 个月左右，为溯源冲刷时间的 4～5 倍。由于坝前水位升高对入库含沙量调整时间长短的作用与入库流量的大小、含沙量的多少有关。当入库流量小、含沙量低时，调沙作用的时间长；当入库流量较大、含沙量较高时，调沙作用的时间就短，实际调沙作用的效果在具体运用中根据实测资料确定。

三、水库调度对库区冲淤分布的影响

三门峡水库长期运用的经验表明：库区淤积的泥沙主要靠大流量、降低坝前水位来形成强烈的溯源冲刷。在溯源冲刷过程中，靠近坝前的冲刷深度大，冲刷速度快，在冲刷向上游发展的过程中，冲刷深度逐渐减小，冲刷速度减缓，以致完全消失。另外，在水库壅高水位时，水流进入回水范围后，泥沙淤积。在泥沙淤积过程中，一方面向坝前推移，另一方面淤积向上游延伸,形成溯源淤积。溯源淤积向上游延伸的速度较慢且也是随着向上游延伸长度的增加而减缓的。因此,利用溯源冲刷和溯源淤积向上游发展的速度差来争取延长发电时间,增加发电出力。

图 3-2 为 1992 年 10 月 ~1993 年 10 月运用年度内库区泥沙冲淤分布情况。非汛期水库蓄水运用,平均库水位 314.67 m,最高库水位 321.61 m,库水位超过 320 m 的有 34 d,是蓄清排浑运用以来运用水位较低,高水位运用时间较短的一年;潼关水量、沙量分别为 294.8 亿 m^3 和 6.54 亿 t(泥沙容重取 1.4 kg/m^3),库区淤积 1.967 亿 m^3,是蓄清排浑运用以来淤积最多的一年。由于水库运用水位较低,高水位运用历时短,泥沙淤积部位靠近坝前,北村以下河段的淤积量达 1.034 亿 m^3,占潼关以下河段总淤量的 52.6%;北村—大禹渡河段淤积 0.707 亿 m^3,占 35.9%;大禹渡—坫埼河段淤积 0.197 亿 m^3,占 10.0%;坫埼—潼关河段淤积 0.029 亿 m^3,占 1.5%,其中大禹渡—潼关河段的淤积量是蓄清排浑运用以来较少的年份之一。汛期 7 月、8 月泄洪排沙运用,平均库水位 300.89 m(其中库水位低于 300 m 的有27 d),该时段入库水量 83 亿 m^3,其中洪水期水量占 55.8%,库区冲刷 1.80 亿 m^3,其中大禹渡以下冲刷 1.69 亿 m^3,几乎把非汛期库区淤积的泥沙全部冲至库外;8 月 25 日开始抬高库水位,至 305 m 进行发电,根据实测断面资料计算,库水位 305 m 以下的库容为 0.59 亿 m^3,至 10 月 4 日库水位继续抬高,北村以下河段由于受回水影响,淤积 0.38 亿 m^3,北村以上河段未受回水影响,河床继续冲刷,在前期冲刷的基础上,又冲刷 0.24 亿 m^3。这就表明,汛期洪水期降低库水位,库区发生强烈的溯源冲刷,而后抬高库水位到 305 m 进行发电,在回水范围内泥沙淤积,可以减少过程泥沙,有利于发电;在回水范围以上,仍属于自然河道,主要受来水来沙条件和前期河床条件相互作用的影响。同时也表明,汛期库水位 305 m 平水发电时,引起坝前泥沙冲淤变化的范围在北村以下河段。

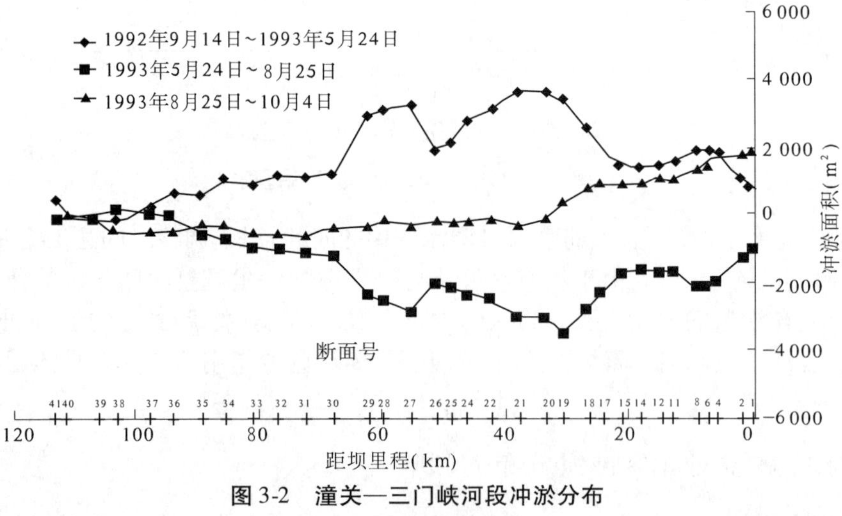

图 3-2 潼关—三门峡河段冲淤分布

综合上述分析可以得出,三门峡水库排沙主要发生在大水冲刷强的情况下,如果再配合降低坝前水位,则可以在短时间内取得很好的排沙效果;由于小洪水冲刷弱,即使降低库水位排沙也只能局限于坝前小范围内,向上发展很缓慢,而洪水排沙时形成的坝前漏斗又可作为平水发电时的调沙库容,这些水沙和库区泥沙的冲淤特点为“洪水排沙、平水发电”的汛期运用方式提供了理论基础。

第二节　三门峡水库调度运用方案

一、不同运用方案特点及主要指标

根据三门峡水库蓄清排浑运用以来的实践经验和1989年以来开展汛期“洪水排沙、平水发电”运用原则,结合三门峡水库近十几年来水库库区冲淤特点及库区存在的问题,参考“四省会议”确定的运用原则,提出了小浪底水库运用初期三门峡水库17个不同调度运用方案(见表3-3),供水沙数学模型进行优化方案比较。调度运用方案的主要特点和主要运用技术指标包括以下几个方面:

(1)按照“四省会议”确定的运用指标,汛期控制水位300 m或305 m,非汛期控制水位310 m,水库不进行防凌和春灌运用(见表3-3中方案1、方案2)。

(2)为缓解目前库区累计淤积量不断增加,潼关高程持续上升的不利局面,水库放弃所有运用目标,全年敞泄运用(见表3-3中方案3)。

(3)汛期敞泄运用或按入库流量大于2 000 m^3/s或2 500 m^3/s控制水位294~300 m排沙,平水期控制库水位305 m运用;非汛期承担部分防凌和春灌任务,起调水位315 m,最高控制水位在320~322 m,较实际运用降低4~6 m,以利于控制非汛期淤积部位(见表3-3中方案4~方案8)。

(4)汛期按入库流量大于2 000 m^3/s或2 500 m^3/s控制水位294~298 m排沙,根据汛期水沙规律,平水期控制水位306~307 m或汛末逐步抬高至315 m运用,非汛期承担部分防凌和春灌任务,起调水位315 m,最高控制水位为320~322 m,较实际运用降低4~6 m,以利于控制非汛期淤积部位(见表3-3中方案9~方案12和方案17)。

(5)汛期洪水期入库流量大于2 000 m^3/s或2 500 m^3/s控制水位292~298 m排沙运用,平水期水位由305 m逐步抬高到308 m运用;非汛期不承担防凌任务,春灌最高运用水位320 m(见表3-3中方案15、方案16)。

(6)汛期按入库流量大于2 000 m^3/s或2 500 m^3/s控制水位295~298 m排沙,平水期控制水位305 m运用,非汛期承担防凌和春灌任务,起调水位315 m,防凌最高水位326 m,春灌最高水位324 m(见表3-3中方案13、方案14)。

二、水沙系列及初始边界条件

为了反映不同水沙系列对三门峡水库调度运用方案的影响,本次方案计算选用了两个不同的水沙系列作为参证系列,一个是1974年7月1日~1986年6月30日共12年实测水沙系列;一个是1986年7月1日~1998年6月30日共12年实测水沙系列。

表 3-3　三门峡水库不同运用方案特征

方案编号	7 月 1 日 ~10 月 31 日	11 月 1 日 ~12 月 31 日	1 月 1 日 ~2 月 20 日	2 月 21 日 ~3 月 10 日	3 月 11 日 ~4 月 30 日	5 月 1 日 ~6 月 30 日
方案 1	$Q_入 > 2\ 500\ m^3/s$ 敞泄运用,平水期控制 305 m 水位进出库平衡运用,10 月 21 ~ 31 日库水位均匀上升到 310 m	控制库水位 310 m 进出库平衡运用	控制库水位 310 m 进出库平衡运用	控制库水位 310 m 进出库平衡运用	控制库水位 310 m 进出库平衡运用	控制库水位 310 m 进出库平衡运用
方案 2	$Q_入 > 2\ 500\ m^3/s$ 敞泄运用,平水期控制 300 m 水位进出库平衡运用,10 月 21 ~ 31 日库水位均匀上升到 310 m	控制库水位 310 m 进出库平衡运用	控制库水位 310 m 进出库平衡运用	控制库水位 310 m 进出库平衡运用	控制库水位 310 m 进出库平衡运用	控制库水位 310 m 进出库平衡运用
方案 3	全年敞泄运用					
方案 4	7 月 1 日 ~10 月 20 日敞泄运用, 10 月 21 ~31 日库水位均匀上升至 315 m	控制库水位 315 m 进出库平衡运用	$Q_入 < 400\ m^3/s$ 平衡运用, $Q_入 > 400\ m^3/s$ 按出库流量等于 400 m^3/s,水位达到 322 m 后平衡运用	库水位均匀下降至 315 m	$Q_入 < 800\ m^3/s$ 平衡运用, $Q_入 > 800\ m^3/s$ 按出库流量等于 800 m^3/s,水位达到 322 m 后平衡运用	5 月 1 日 ~6 月 30 日库水位均匀下降至敞泄
方案 5	$Q_入 > 2\ 500\ m^3/s$,控制水位 298 m 排沙,平水期控制 305 m 水位进出库平衡运用,10 月 21 ~ 31 日库水位均匀上升到 315 m	控制库水位 315 m 进出库平衡运用	$Q_入 < 400\ m^3/s$ 平衡运用, $Q_入 > 400\ m^3/s$ 按出库流量等于 400 m^3/s,水位达到 320 m 后平衡运用	库水位均匀下降至 315 m	$Q_入 < 800\ m^3/s$ 平衡运用, $Q_入 > 800\ m^3/s$ 按出库流量等于 800 m^3/s,水位达到 320 m 后平衡运用	5 月 1 日 ~6 月 25 日库水位均匀下降至 315 m,6 月 26 ~ 30 日库水位均匀下降至 305 m
方案 6	$Q_入 > 2\ 000\ m^3/s$,控制水位 294 m 排沙,平水期控制 305 m 水位进出库平衡运用,10 月 21 ~ 31 日库水位均匀上升到 315 m	控制库水位 315 m 进出库平衡运用	$Q_入 < 400\ m^3/s$ 平衡运用, $Q_入 > 400\ m^3/s$ 按出库流量等于 400 m^3/s,水位达到 320 m 后平衡运用	库水位均匀下降至 315 m	$Q_入 < 800\ m^3/s$ 平衡运用, $Q_入 > 800\ m^3/s$ 按出库流量等于 800 m^3/s,水位达到 320 m 后平衡运用	5 月 1 日 ~6 月 25 日库水位均匀下降至 315 m,6 月 26 ~ 30 日库水位均匀下降至 305 m

续表 3-3

方案编号	7 月 1 日 ~ 10 月 31 日	11 月 1 日 ~ 12 月 31 日	1 月 1 日 ~ 2 月 20 日	2 月 21 日 ~ 3 月 10 日	3 月 11 日 ~ 4 月 30 日	5 月 1 日 ~ 6 月 30 日
方案 7	$Q_入 > 2\ 500\ m^3/s$，控制水位 298 m 排沙，平水期控制 305 m 水位进出库平衡运用，10 月 21 ~ 31 日库水位均匀上升到 315 m	控制库水位 315 m 进出库平衡运用	$Q_入 < 400\ m^3/s$ 平衡运用，$Q_入 > 400\ m^3/s$ 按出库流量等于 400 m^3/s，水位达到 322 m 后平衡运用	库水位均匀下降至 315 m	$Q_入 < 800\ m^3/s$ 平衡运用，$Q_入 > 800\ m^3/s$ 按出库流量等于 800 m^3/s，水位达到 322 m 后平衡运用	5 月 1 日 ~ 6 月 25 日库水位均匀下降至 315 m，6 月 26 ~ 30 日库水位均匀下降至 305 m
方案 8	$Q_入 > 2\ 000\ m^3/s$，控制水位 294 m 排沙，平水期控制 305 m 水位进出库平衡运用，10 月 21 ~ 31 日库水位均匀上升到 315 m	控制库水位 315 m 进出库平衡运用	$Q_入 < 400\ m^3/s$ 平衡运用，$Q_入 > 400\ m^3/s$ 按出库流量等于 400 m^3/s，水位达到 322 m 后平衡运用	库水位均匀下降至 315 m	$Q_入 < 800\ m^3/s$ 平衡运用，$Q_入 > 800\ m^3/s$ 按出库流量等于 800 m^3/s，水位达到 322 m 后平衡运用	5 月 1 日 ~ 6 月 25 日库水位均匀下降至 315 m，6 月 26 ~ 30 日库水位均匀下降至 305 m
方案 9	$Q_入 > 2\ 500\ m^3/s$，控制水位 298 m 排沙，平水期控制 306 m 水位进出库平衡运用，10 月 21 ~ 31 日库水位均匀上升到 315 m	控制库水位 315 m 进出库平衡运用	$Q_入 < 400\ m^3/s$ 平衡运用，$Q_入 > 400\ m^3/s$ 按出库流量等于 400 m^3/s，水位达到 320 m 后平衡运用	库水位均匀下降至 315 m	$Q_入 < 800\ m^3/s$ 平衡运用，$Q_入 > 800\ m^3/s$ 按出库流量等于 800 m^3/s，水位达到 320 m 后平衡运用	5 月 1 日 ~ 6 月 25 日库水位均匀下降至 315 m，6 月 26 ~ 30 日库水位均匀下降至 305 m
方案 10	$Q_入 > 2\ 000\ m^3/s$，控制水位 294 m 排沙，平水期控制 306 m 水位进出库平衡运用，10 月 21 ~ 31 日库水位均匀上升到 315 m	控制库水位 315 m 进出库平衡运用	$Q_入 < 400\ m^3/s$ 平衡运用，$Q_入 > 400\ m^3/s$ 按出库流量等于 400 m^3/s，水位达到 320 m 后平衡运用	库水位均匀下降至 315 m	$Q_入 < 800\ m^3/s$ 平衡运用，$Q_入 > 800\ m^3/s$ 按出库流量等于 800 m^3/s，水位达到 320 m 后平衡运用	5 月 1 日 ~ 6 月 25 日库水位均匀下降至 315 m，6 月 26 ~ 30 日库水位均匀下降至 305 m

续表 3-3

方案编号	7 月 1 日 ~ 10 月 31 日	11 月 1 日 ~ 12 月 31 日	1 月 1 日 ~ 2 月 20 日	2 月 21 日 ~ 3 月 10 日	3 月 11 日 ~ 4 月 30 日	5 月 1 日 ~ 6 月 30 日
方案 11	$Q_入 > 2\ 500\ m^3/s$，控制水位 298 m 排沙，平水期控制 307 m 水位进出库平衡运用，10 月 21 ~ 31 日库水位均匀上升到 315 m	控制库水位 315 m 进出库平衡运用	$Q_入 < 400\ m^3/s$ 平衡运用，$Q_入 > 400\ m^3/s$ 按出库流量等于 400 m^3/s，水位达到 322 m 后平衡运用	库水位均匀下降至 315 m	$Q_入 < 800\ m^3/s$ 平衡运用，$Q_入 > 800\ m^3/s$ 按出库流量等于 800 m^3/s，水位达到 322 m 后平衡运用	5 月 1 日 ~ 6 月 30 日库水位均匀下降至敞泄
方案 12	$Q_入 > 2\ 000\ m^3/s$，控制水位 295 m 排沙，平水期控制 307 m 水位进出库平衡运用，10 月 21 ~ 31 日库水位均匀上升到 315 m	控制库水位 315 m 进出库平衡运用	$Q_入 < 400\ m^3/s$ 平衡运用，$Q_入 > 400\ m^3/s$ 按出库流量等于 400 m^3/s，水位达到 322 m 后平衡运用	库水位均匀下降至 315 m	$Q_入 < 800\ m^3/s$ 平衡运用，$Q_入 > 800\ m^3/s$ 按出库流量等于 800 m^3/s，水位达到 322 m 后平衡运用	5 月 1 日 ~ 6 月 30 日库水位均匀下降至敞泄
方案 13	$Q_入 > 2\ 500\ m^3/s$，控制水位 298 m 排沙，平水期控制 305 m 水位进出库平衡运用，10 月 21 ~ 31 日库水位均匀上升到 315 m	控制库水位 315 m 进出库平衡运用	$Q_入 < 400\ m^3/s$ 平衡运用，$Q_入 > 400\ m^3/s$ 按出库流量等于 400 m^3/s，水位达到 326 m 后平衡运用	库水位均匀下降至 315 m	$Q_入 < 800\ m^3/s$ 平衡运用，$Q_入 > 800\ m^3/s$ 按出库流量等于 800 m^3/s，水位达到 324 m 后平衡运用	5 月 1 日 ~ 6 月 25 日库水位均匀下降至 315 m，6 月 26 ~ 30 日库水位均匀下降至 305 m
方案 14	$Q_入 > 2\ 000\ m^3/s$，控制水位 295 m 排沙，平水期控制 305 m 水位进出库平衡运用，10 月 21 ~ 31 日库水位均匀上升到 315 m	控制库水位 315 m 进出库平衡运用	$Q_入 < 400\ m^3/s$ 平衡运用，$Q_入 > 400\ m^3/s$ 按出库流量等于 400 m^3/s，水位达到 326 m 后平衡运用	库水位均匀下降至 315 m	$Q_入 < 800\ m^3/s$ 平衡运用，$Q_入 > 800\ m^3/s$ 按出库流量等于 800 m^3/s，水位达到 324 m 后平衡运用	5 月 1 日 ~ 6 月 25 日库水位均匀下降至 315 m，6 月 26 ~ 30 日库水位均匀下降至 305 m

续表 3-3

方案编号	7 月 1 日 ~ 10 月 31 日	11 月 1 日 ~ 12 月 31 日	1 月 1 日 ~ 2 月 20 日	2 月 21 日 ~ 3 月 10 日	3 月 11 日 ~ 4 月 30 日	5 月 1 日 ~ 6 月 30 日
方案 15	$Q_入$ > 2 500 m^3/s，控制水位 298 m 排沙，平水期 7 月、8 月控制 305 m，9 月控制 306 m，10 月 1 ~ 20 日控制 308 m 水位进出库平衡运用，10 月 21 ~ 31 日库水位均匀上升到 315 m	控制库水位 315 m 进出库平衡运用	控制库水位 315 m 进出库平衡运用	控制库水位 315 m 进出库平衡运用	桃峰入库前控制库水位 315 m 平衡运用，桃峰期控制出库 800 m^3/s，库水位达到 320 m 时平衡运用	5 月 1 日 ~ 6 月 25 日库水位均匀下降至 315 m，6 月 26 ~ 30 日库水位均匀下降至 305 m
方案 16	$Q_入$ > 2 000 m^3/s，控制水位 292 m 排沙，平水期 7 月、8 月控制 305 m，9 月控制 306 m，10 月 1 ~ 20 日控制 308 m 水位进出库平衡运用，10 月 21 ~ 31 日库水位均匀上升到 215 m	控制库水位 315 m 进出库平衡运用	控制库水位 315 m 进出库平衡运用	控制库水位 315 m 进出库平衡运用	桃峰入库前控制库水位 315 m 平衡运用，桃峰期控制出库 800 m^3/s，库水位达到 320 m 时平衡运用	5 月 1 日 ~ 6 月 25 日库水位均匀下降至 315 m，6 月 26 ~ 30 日库水位均匀下降至 305 m
方案 17	$Q_入$ > 2 000 m^3/s，控制水位 294 m 排沙，平水期 7 月、8 月控制 307 m，9 月控制 308 m，10 月 1 ~ 20 日控制 310 m 水位进出库平衡运用，10 月 21 ~ 31 日库水位均匀上升到 315 m	控制库水位 315 m 进出库平衡运用	$Q_入$ < 400 m^3/s 平衡运用，$Q_入$ > 400 m^3/s 按出库流量等于 400 m^3/s，水位达到 322 m 后平衡运用	库水位均匀下降至 315 m	$Q_入$ < 800 m^3/s 平衡运用，$Q_入$ > 800 m^3/s 按出库流量等于 800 m^3/s，水位达到 322 m 后平衡运用	5 月 1 日 ~ 6 月 25 日库水位均匀下降至 315 m，6 月 26 ~ 30 日库水位均匀下降至 305 m

计算河段为潼关至坝前(史家滩),采用1998年6月实测库区各个断面测量大断面数据作为库区计算初始边界条件;入库水沙条件分别采用上述两个不同水沙系列的潼关站实测日平均流量、含沙量过程,以及单位水样悬移质颗粒级配;数学模型最下游边界控制条件采用史家滩水位站作为下游控制站,史家滩水位是通过利用各个方案运用指标进行水库调洪计算得到的,三门峡水库泄流能力采用1994年的泄流曲线,如图3-3所示;数学模型计算时间步长汛期、非汛期均采用1 d,每一个方案分别进行两个水沙系列的计算。

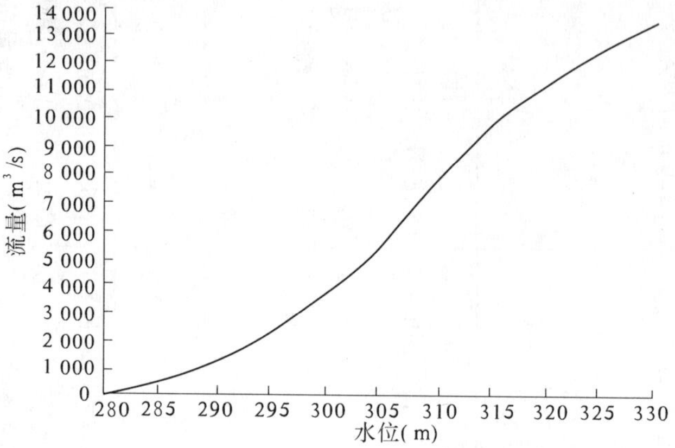

图3-3　1994年三门峡水库泄流曲线

第三节　不同运用方案计算成果分析

一、汛期排沙几率统计分析

各个方案汛期排沙流量主要为2 000 m^3/s、2 500 m^3/s两个,表3-4提供了1974～1997年各年汛期日平均流量分别大于流量级为2 000 m^3/s、2 500 m^3/s的水量、沙量、出现天数。

由表3-4可以看出:1974年7月1日～1986年6月30日水沙系列,汛期水量年均236.2亿m^3,大于2 500 m^3/s流量年平均排沙时间为42.0 d、水量133.1亿m^3,排沙天数占汛期天数的34.1%,排沙水量占汛期水量的56.3%,其中排沙时间小于5 d的年份只有1980年,排沙水量为4.7亿m^3;大于2 000 m^3/s流量年平均排沙时间为60.4 d、水量168.7亿m^3,排沙天数占汛期天数的49.1%,排沙水量占汛期水量的71.4%,其中排沙时间没有小于5 d的,排沙水量均大于10亿m^3。1986年7月1日～1998年6月30日水沙系列,汛期水量年均124.8亿m^3,大于2 500 m^3/s流量年平均排沙时间为9.8 d、水量27.4亿m^3,排沙天数占汛期天数的8%,排沙水量占汛期水量的21.9%,其中排沙时间小于5 d的年份分别有1987年、1991年、1993年、1995年、1996年、1997年,这些年份的排沙水量均在3亿m^3以下;大于2 000 m^3/s流量年平均排沙时间为17.0 d、水量41.0亿m^3,排沙天数占汛期天数的13.8%,排沙水量占汛期水量的32.8%,其中排沙时间小于5 d的年份仍有1987年、1991年、1997年,该3年的排沙水量均在5亿m^3以下。

表 3-4　1974～1997 年汛期、非汛期来水来沙特征统计

运用年	$Q>2\ 000\ m^3/s$				$Q>2\ 500\ m^3/s$				水量(亿 m^3)		沙量(亿 t)	
	水量(亿 m^3)	沙量(亿 t)	天数	平均流量(m^3/s)	水量(亿 m^3)	沙量(亿 t)	天数	平均流量(m^3/s)	汛期	非汛期	汛期	非汛期
1974	26.9	2.49	12	2 592	19.3	2.13	8	2 788	121.8	158.2	5.52	2.08
1975	270.8	9.81	96	3 265	231.2	8.83	76	3 521	302.3	219.5	10.30	2.15
1976	255.4	7.40	77	3 840	219.1	6.63	58	4 372	319.2	167.2	8.45	1.40
1977	68.8	17.44	24	3 319	45.7	15.95	12	4 408	166.3	122.3	20.65	1.20
1978	150.9	7.70	58	3 012	112.0	5.44	37	3 502	222.9	149.8	12.37	1.38
1979	159.2	7.65	67	2 751	104.9	4.77	39	3 112	217.1	142.5	9.59	1.36
1980	28.1	1.78	14	2 326	4.7	0.19	2	2 700	134.0	114.3	4.66	1.19
1981	303.1	9.53	95	3 692	263.1	8.17	75	4 060	338.3	181.7	10.56	1.48
1982	93.3	2.99	44	2 454	39.9	1.71	16	2 884	183.7	181.5	4.33	1.75
1983	276.1	5.36	96	3 329	247.4	4.86	81	3 535	313.9	210.5	5.86	2.00
1984	227.2	6.38	83	3 168	182.7	5.29	60	3 523	281.9	174.9	7.00	1.31
1985	164.1	5.02	59	3 219	127.8	3.32	40	3 697	233.1	171.3	6.88	2.07
1974～1985 年平均	168.7	7.0	60.4	3 081	133.1	5.6	42.0	3 509	236.2	166.1	8.8	1.6
1986	43.9	1.12	19	2 675	31.9	0.87	13	2 837	134.3	117.7	2.11	1.15
1987	5.0	0.52	2	2 895	3.0	0.29	1	3 450	75.4	122.1	2.08	1.13
1988	97.0	10.01	37	3 035	72.6	8.30	24	3 503	187.0	171.7	12.47	1.94
1989	136.5	4.45	52	3 038	121.0	4.15	44	3 184	199.9	211.4	6.59	2.11
1990	21.9	1.50	10	2 540	12.7	0.88	5	2 938	138.6	187.3	5.50	4.16
1991	2.3	0.29	1	2 700	2.3	0.29	1	2 700	61.1	120.4	1.99	1.87
1992	48.3	5.14	21	2 661	26.7	3.48	10	3 091	130.9	155.0	8.05	1.94
1993	44.0	2.11	22	2 312	10.5	1.12	4	3 038	139.6	153.3	4.08	1.81
1994	34.6	6.39	13	3 076	24.5	5.42	8	3 539	133.3	140.9	10.30	1.87
1995	18.8	1.67	9	2 416	7.5	0.81	3	2 897	113.7	127.4	6.78	2.01
1996	35.2	4.92	16	2 545	13.1	2.69	4	3 802	128.0	104.7	9.36	1.22
1997	5.0	1.62	2	2 865	3.1	1.19	1	3 580	56	107	4.11	2.17
1986～1997 年平均	41.0	3.3	17.0	2 730	27.4	2.5	9.8	3 213	124.8	143.2	6.1	1.9
1974～1997 年平均	104.9	5.1	38.7	2 905	80.3	4.0	25.9	3 361	180.5	154.7	7.5	1.8

综上所述，在本次方案计算时，1974 年 7 月 1 日 ~1986 年 6 月 30 日水沙系列无论是大于 2 000 m^3/s 流量还是大于 2 500 m^3/s 流量进行排沙，年平均排沙时间在 50 d 左右、排沙水量在 130 亿 m^3 以上，两者排沙机会都很大；1986 年 7 月 1 日 ~1998 年 6 月 30 日水沙系列大于 2 000 m^3/s 流量，年平均排沙时间为 17.0 d，排沙水量 41.0 亿 m^3，而大于 2 500 m^3/s 流量年平均排沙时间仅有 9.8 d，排沙水量 27.4 亿 m^3，大于 2 500 m^3/s 流量的排沙机会比大于 2 000 m^3/s 流量的排沙机会减少了 42%，排沙水量也相应减少了 33.2%。

二、非汛期运用水位的分析

表 3-5、表 3-6 分别列出了两个不同水沙系列各个方案经过数学模型进行水库调洪计算得出的历年大于或等于某一级运用水位时的天数及平均水位。由于方案 3 为全年敞泄，方案 1、方案 2 非汛期运用水位均控制在 310 m，因此表中没有列出。

表 3-5 非汛期不同方案(1974 ~ 1985 年系列)平均水位及天数统计

方案编号	运用年	≥316 m		≥318 m		≥320 m		≥322 m		≥324 m	
		水位(m)	天数	水位(m)	天数	水位(m)	天数	水位(m)	天数	水位(m)	天数
4、7、8、17	1974	320.18	161	321.07	126	321.70	97	322.00	67		
	1975	320.39	164	321.09	136	321.69	106	322.00	73		
	1976	320.24	153	321.00	124	321.64	94	322.00	60		
	1977	319.63	128	320.50	97	321.17	68	322.00	9		
	1978	320.37	162	321.08	134	321.69	104	322.00	69		
	1979	320.26	163	321.01	133	321.60	103	322.00	65		
	1980	320.25	144	320.96	118	321.52	91	322.00	23		
	1981	320.44	163	321.12	136	321.71	107	322.00	75		
	1982	320.27	150	321.00	123	321.63	94	322.00	62		
	1983	320.15	157	321.00	124	321.65	93	322.00	59		
	1984	320.10	148	320.93	117	321.62	87	322.00	50		
	1985	320.30	158	321.04	129	321.68	98	322.00	65		
年平均		320.22	154	320.98	125	321.61	95	322.00	56		
5、6、9、10、11、12	1974	318.95	156	319.65	115	320.00	77				
	1975	319.07	160	319.69	123	320.00	84				
	1976	319.00	148	319.64	112	320.00	70				
	1977	318.74	122	319.53	85	320.00	46				
	1978	319.01	156	319.66	118	320.00	77				
	1979	318.91	156	319.60	115	320.00	66				
	1980	318.89	139	319.57	102	320.00	60				
	1981	319.03	157	319.68	119	320.00	80				
	1982	318.92	143	319.60	106	320.00	65				
	1983	318.90	151	319.62	110	320.00	67				
	1984	318.84	142	319.59	101	320.00	61				
	1985	318.99	153	319.66	115	320.00	75				
年平均		318.94	149	319.62	110	320.00	69				

续 3-5

方案编号	运用年	≥316 m		≥318 m		≥320 m		≥322 m		≥324 m	
		水位(m)	天数	水位(m)	天数	水位(m)	天数	水位(m)	天数	水位(m)	天数
15、16	1974	318.75	92	319.58	63	320.00	38				
	1975	318.93	95	319.62	70	320.00	43				
	1976	318.79	91	319.56	64	320.00	36				
	1977	318.76	82	319.57	57	320.00	33				
	1978	318.85	94	319.59	67	320.00	39				
	1979	318.78	92	319.56	64	320.00	36				
	1980	318.89	82	319.61	59	320.00	36				
	1981	318.89	94	319.61	68	320.00	41				
	1982	318.74	81	319.51	56	320.00	30				
	1983	318.82	93	319.56	66	320.00	36				
	1984	318.60	80	319.48	52	320.00	26				
	1985	318.74	87	319.54	60	320.00	32				
年平均		318.80	89	319.57	62	320.00	36				
13、14	1974	321.70	163	322.69	135	323.50	111	324.21	86	325.27	39
	1975	322.05	167	322.82	145	323.60	120	324.31	94	324.87	66
	1976	321.60	159	322.56	132	323.39	107	324.17	80	324.77	53
	1977	319.62	127	320.58	94	321.30	65	322.96	13	324.09	1
	1978	321.81	164	322.65	140	323.49	114	324.21	88	324.85	58
	1979	321.55	165	322.40	139	323.38	107	324.16	80	324.74	54
	1980	320.50	146	321.34	118	322.20	87	323.93	33	325.36	16
	1981	322.00	165	322.81	142	323.61	117	324.34	91	324.87	65
	1982	321.74	151	322.56	129	323.37	105	324.18	79	325.02	45
	1983	321.51	159	322.43	132	323.31	105	324.17	76	324.75	50
	1984	321.46	150	322.46	123	323.45	96	324.27	71	325.25	40
	1985	321.91	160	322.74	137	323.69	109	324.48	84	325.10	58
年平均		321.45	156	322.34	131	323.19	104	324.12	73	324.91	45

表 3-6 非汛期不同方案(1986～1998 年系列)平均水位及天数统计

方案编号	运用年	≥316 m		≥318 m		≥320 m		≥322 m		≥324 m	
		水位(m)	天数	水位(m)	天数	水位(m)	天数	水位(m)	天数	水位(m)	天数
4、7、8、17	1986	319.84	156	320.78	118	321.56	83	322.00	45		
	1987	320.03	145	320.90	113	321.60	83	322.00	42		
	1988	320.45	162	321.13	135	321.70	107	322.00	76		
	1989	320.29	163	320.94	136	321.56	103	322.00	64		
	1990	320.30	162	321.05	132	321.67	101	322.00	68		
	1991	320.06	154	320.94	120	321.63	88	322.00	55		
	1992	320.15	161	320.96	128	321.65	96	322.00	63		
	1993	320.27	161	321.03	131	321.66	100	322.00	68		
	1994	320.24	160	321.04	129	321.66	99	322.00	66		
	1995	319.54	129	320.66	90	321.45	61	322.00	24		
	1996	320.15	155	321.01	123	321.66	94	322.00	62		
	1997	320.09	148	320.75	122	321.35	90	322.00	4		
年平均		320.12	155	320.93	123	321.60	92	322.00	53		

续表 3-6

方案编号	运用年	≥316 m		≥318 m		≥320 m		≥322 m		≥324 m	
		水位(m)	天数	水位(m)	天数	水位(m)	天数	水位(m)	天数	水位(m)	天数
5、6、9、10、11、12	1986	318.79	147	319.54	104	320.00	57				
	1987	318.89	141	319.61	102	320.00	62				
	1988	319.07	158	319.69	122	320.00	85				
	1989	319.10	159	319.66	125	320.00	74				
	1990	318.99	157	319.65	118	320.00	77				
	1991	318.87	147	319.59	106	320.00	63				
	1992	318.92	156	319.61	114	320.00	71				
	1993	318.94	156	319.64	115	320.00	74				
	1994	318.94	153	319.62	114	320.00	71				
	1995	318.41	122	319.43	73	320.00	33				
	1996	318.89	146	319.63	105	320.00	66				
	1997	318.89	143	319.49	108	320.00	51				
年平均		318.89	149	319.60	109	320.00	65				
15、16	1986	318.71	86	319.49	59	320.00	29				
	1987	318.68	76	319.54	50	320.00	27				
	1988	318.91	94	319.61	69	320.00	43				
	1989	318.96	94	319.63	70	320.00	45				
	1990	318.85	94	319.59	67	320.00	40				
	1991	318.79	92	319.57	64	320.00	37				
	1992	318.85	93	319.61	66	320.00	41				
	1993	318.81	93	319.55	66	320.00	37				
	1994	318.86	92	319.57	67	320.00	39				
	1995	318.60	81	319.54	52	320.00	29				
	1996	318.86	90	319.63	63	320.00	40				
	1997	319.00	92	319.66	69	320.00	46				
年平均		318.82	90	319.58	64	320.00	38				
13、14	1986	320.91	155	321.86	125	322.83	93	323.65	64	325.29	18
	1987	320.96	148	321.88	120	322.72	93	323.63	59	324.91	22
	1988	322.10	165	322.89	143	323.72	118	324.41	94	324.91	69
	1989	321.61	166	322.24	146	323.32	108	324.01	83	324.49	56
	1990	321.70	164	322.64	137	323.49	111	324.26	85	324.80	59
	1991	320.97	154	321.93	124	322.90	93	323.68	66	325.28	14
	1992	321.57	163	322.40	138	323.36	108	324.07	83	324.56	58
	1993	321.67	163	322.57	137	323.49	109	324.22	84	324.78	58
	1994	321.54	160	322.43	134	323.38	105	324.08	81	324.65	51
	1995	319.96	127	321.32	89	322.50	59	323.45	37	324.00	17
	1996	320.93	157	322.04	123	322.85	97	323.48	72	325.08	14
	1997	319.55	147	320.20	117	321.10	68				
年平均		321.12	156	322.03	128	322.97	97	323.90	73	324.79	40

通常情况下非汛期有 242 d,汛期有 123 d。由表 3-5、表 3-6 可以看出,除方案 1 ~ 方案 3 外,方案 15、方案 16 在非汛期运用水位较其他方案低,非汛期最高运用水位大于等于 320 m 天数,在 1974 年 7 月 1 日 ~ 1986 年 6 月 30 日水沙系列中年均 36 d,占非汛期总天数的 14.9%,小于 318 m 的天数占非汛期总天数的 74.4%;在 1986 年 7 月 1 日 ~ 1998

年6月30日水沙系列中年均38 d,占非汛期总天数的15.7%,小于318 m的天数占非汛期总天数的73.5%;与第一个水沙系列差别不大,两个方案均在防凌期间,运用水位控制在315 m,入出库水量平衡。方案4、方案7、方案8、方案17非汛期最高运用水位大于等于322 m天数,在1974年7月1日~1986年6月30日水沙系列中年均56 d,占非汛期天数的23.1%,小于320 m天数占非汛期天数的59.5%,小于318 m天数占非汛期天数的46.6%;在1986年7月1日~1998年6月30日水沙系列中年均53 d,占非汛期天数的21.9%,小于320 m天数占非汛期天数的61.9%,小于318 m天数占非汛期天数的49.1%。方案13、方案14非汛期运用水位大于等于322 m天数,在1974年7月1日~1986年6月30日水沙系列中年均73 d;在1986年7月1日~1998年6月30日水沙系列中年均73 d。方案13、方案14非汛期运用水位大于等于324 m天数,在1974年7月1日~1986年6月30日水沙系列中年均45 d;在1986年7月1日~1998年6月30日水沙系列中年均40 d,非汛期运用水位大于322 m的天数持续时间较长。

三、不同方案对库区冲淤影响的分析

表3-7、表3-8分别为1974年7月1日~1986年6月30日和1986年7月1日~1998年6月30日两个水沙系列各个方案不同河段的汛期、非汛期、水文年总冲淤量,以及各个方案的潼关高程。

表3-7 不同方案各河段累计冲淤量(1974年7月1日~1986年6月30日) (单位:亿 m^3)

方案	黄淤41—黄淤36河段	黄淤36—黄淤31河段	黄淤31—黄淤22河段	黄淤22—黄淤2河段	黄淤41—黄淤2河段	潼关高程(m)
1	-0.2955	-0.7246	-0.6847	-1.1467	-2.8515	326.55
2	-0.3038	-0.7963	-0.6858	-1.1553	-2.9412	326.54
3	-0.4317	-1.0212	-0.9038	-1.2418	-3.5985	326.28
4	-0.2830	-0.6736	-0.6316	-1.1953	-2.7835	326.67
5	-0.3001	-0.6637	-0.6378	-0.9561	-2.5577	326.65
6	-0.3057	-0.6777	-0.6564	-0.9668	-2.6066	326.64
7	-0.2730	-0.6437	-0.5923	-0.9621	-2.4711	326.65
8	-0.2752	-0.6564	-0.6086	-1.0521	-2.5923	326.64
9	-0.2908	-0.6536	-0.6366	-0.9451	-2.5261	326.66
10	-0.3052	-0.6764	-0.6674	-0.9502	-2.5992	326.64
11	-0.2748	-0.6139	-0.4613	-0.8328	-2.1828	326.68
12	-0.2891	-0.6366	-0.4875	-0.8539	-2.2671	326.67
13	-0.0625	-0.4060	-0.6075	-0.9115	-1.9875	327.15
14	-0.0917	-0.4314	-0.6162	-0.9386	-2.0779	327.01
15	-0.2953	-0.6584	-0.6372	-0.9504	-2.5413	326.68
16	-0.3054	-0.6770	-0.6621	-0.9582	-2.6027	326.67
17	-0.2845	-0.6524	-0.6035	-0.9040	-2.4444	326.66

表 3-8　不同方案各河段累计冲淤量(1986 年 7 月 1 日～1998 年 6 月 30 日)　(单位:亿 m^3)

方案	黄淤 41—黄淤 36 河段	黄淤 36—黄淤 31 河段	黄淤 31—黄淤 22 河段	黄淤 22—黄淤 2 河段	黄淤 41—黄淤 2 河段	潼关高程(m)
1	0.128 6	0.274 4	-0.377 6	-0.392 0	-0.366 6	328.36
2	0.124 9	0.253 9	-0.467 6	-0.450 7	-0.539 5	328.32
3	-0.049 1	-0.089 1	-0.537 5	-0.786 0	-1.461 7	327.73
4	0.198 1	0.358 2	-0.404 6	-0.497 1	-0.345 4	328.65
5	0.130 8	0.291 1	-0.255 4	-0.315 1	-0.148 6	328.41
6	0.130 5	0.288 9	-0.271 9	-0.334 0	-0.186 5	328.40
7	0.129 4	0.280 5	-0.292 8	-0.326 1	-0.209 0	328.39
8	0.129 5	0.281 5	-0.304 7	-0.331 6	-0.225 3	328.41
9	0.129 9	0.284 4	-0.268 8	-0.223 5	-0.078 0	328.38
10	0.129 8	0.283 5	-0.288 7	-0.272 3	-0.147 7	328.37
11	0.161 3	0.307 5	0.017 1	0.088 8	0.574 7	328.57
12	0.161 1	0.306 0	0.006 2	0.013 2	0.486 4	328.55
13	0.330 4	0.623 7	0.202 9	-0.276 4	0.880 6	328.97
14	0.325 7	0.616 0	0.190 9	-0.294 9	0.837 9	328.96
15	0.129 7	0.282 7	-0.246 4	-0.228 8	-0.062 8	328.43
16	0.129 6	0.281 9	-0.262 2	-0.235 9	-0.086 6	328.42
17	0.202 5	0.366 4	-0.205 4	-0.171 0	0.192 5	328.78

由表 3-7 可以看出,库区各个河段和潼关高程都发生冲刷,由于大禹渡以下河段冲淤量与水库汛期排沙方式和平水发电水位有关,因此从水库不同运用方式对潼关—坫埼(黄淤 41—黄淤 36)河段冲淤量及潼关高程的影响出发,可以看出,三门峡水库敞泄运用(即方案 3),潼关—坫埼河段及库区总冲刷量最大,除方案 13 和方案 14 外,与其他方案相比,潼关—坫埼河段冲刷量仅 1 000 多万 m^3,潼关高程变化差 0.3 m 左右,但是经济效益除具有滞洪作用外,发电、春灌、防凌等效益都没有。

除方案 13 和方案 14 外,方案 1、方案 2 与其他方案相比,潼关至坫埼河段冲刷量均在 0.3 亿 m^3 左右变化,潼关高程基本维持在 326.6 m 左右变化。

由于方案 13 和方案 14 非汛期运用水位大于 323 m 的年均天数为 104 d,占非汛期总天数的 43%,据三门峡水库多年实测资料分析可知,非汛期运用水位大于 323 m 时,其回水末端超过坫埼以上河段,因此对潼关—坫埼河段冲淤产生了直接影响,使得潼关—坫埼河段冲刷量较其他方案小,潼关高程也比其他方案偏高 0.6 m 左右。

由于汛期各个方案的差别包括三个方面:一是汛期敞泄运用;二是汛期在洪水期间,排沙流量级分别采用 2 000 m^3/s 和 2 500 m^3/s 进行排沙,排沙方式为控制最低水位排沙和敞泄排沙;三是汛期在平水发电期间,发电水位分别采用 305 m、306 m 和 307 m。由于汛期平水发电水位在 307 m 以下,其引起溯源淤积限制在北村以下河段,并且汛期水量较大,大于 2 000 m^3/s 流量和 2 500 m^3/s 流量机会较多,并且大流量持续时间较长,不管是敞泄排沙还是按 2 000 m^3/s 或 2 500 m^3/s 流量排沙,其排沙强度都很大,因此水库汛期所有不同运用方式除对坝前调沙库容有影响外，对库区各个河段冲淤基本上没有影响。

由表3-9中各河段汛期、非汛期冲淤量分析可知，汛期敞泄运用，坫埼以下河段冲刷量比汛期“洪水排沙、平水发电”运用大。如方案4黄淤36—黄淤31、黄淤31—黄淤22、黄淤22—黄淤1各河段汛期冲刷量分别为6.557 2亿 m^3、8.582 5亿 m^3、4.460 4亿 m^3，非汛期淤积量分别为5.883 6亿 m^3、7.950 9亿 m^3、3.265 0亿 m^3；方案7黄淤36—黄淤31、黄淤31—黄淤22、黄淤22—黄淤1各河段汛期冲刷量分别为5.945 3亿 m^3、7.667 2亿 m^3、3.836 9亿 m^3，非汛期淤积量分别为5.301 6亿 m^3、7.074 9亿 m^3、2.874 8亿 m^3。很明显，在非汛期运用水位相同的条件下，汛期方案4的冲刷量比方案5大，非汛期方案4的淤积量也比方案5大，两个方案年内累计冲淤量基本一致。其主要原因是汛期冲刷量大，水库槽库容增大，由于槽库容增大，非汛期在同样水位条件下，断面面积增大，流速减小，挟沙力减小，河段淤积增多，因此非汛期淤积量也相应增加。同时，由于汛期来水量大、洪水次数多，水库溯源冲刷强度大、范围长，使得水库沿程冲刷和溯源冲刷的结合达到水库年内平衡或冲刷。

表3-9 不同方案各河段计算冲淤量(1974年7月1日～1986年6月30日) (单位：亿 m^3)

方案	时段	黄淤41—黄淤36河段	黄淤36—黄淤31河段	黄淤31—黄淤22河段	黄淤22—黄淤1河段	黄淤41—黄淤1河段
1	汛期	-1.672 8	-4.829 1	-5.812 6	-5.359 3	-17.673 8
	非汛期	1.377 3	4.104 5	5.128 0	4.212 6	14.822 4
	水文年	-0.295 5	-0.724 6	-0.684 6	-1.146 7	-2.851 4
2	汛期	-1.674 6	-4.959 9	-5.889 2	-5.429 9	-17.953 6
	非汛期	1.370 8	4.163 6	5.203 4	4.274 6	15.012 4
	水文年	-0.303 8	-0.796 3	-0.685 8	-1.155 3	-2.941 2
3	汛期	-1.837 7	-5.071 5	-5.040 6	-4.658 8	-16.608 6
	非汛期	1.306 5	4.050 2	4.136 7	3.417 0	12.910 4
	水文年	-0.531 2	-1.021 3	-0.903 9	-1.241 8	-3.698 2
4	汛期	-2.033 1	-6.557 2	-8.582 5	-4.460 4	-21.633 2
	非汛期	1.750 1	5.883 6	7.950 9	3.265 0	18.849 6
	水文年	-0.283 0	-0.673 6	-0.631 6	-1.195 4	-2.783 6
5	汛期	-2.003 9	-4.950 7	-6.431 5	-4.077 1	-17.463 2
	非汛期	1.703 9	4.287 0	5.793 7	3.121 0	14.905 6
	水文年	-0.300 0	-0.663 7	-0.637 8	-0.956 1	-2.557 6
6	汛期	-2.006 2	-4.956 1	-6.558 6	-4.271 1	-17.792 0
	非汛期	1.700 5	4.278 4	5.902 1	3.304 3	15.185 3
	水文年	-0.305 7	-0.677 7	-0.656 5	-0.966 8	-2.606 7
7	汛期	-2.029 0	-5.945 3	-7.667 2	-3.836 9	-19.478 4
	非汛期	1.756 1	5.301 6	7.074 9	2.874 8	17.007 4
	水文年	-0.272 9	-0.643 7	-0.592 3	-0.962 1	-2.471 0

续表 3-9

方案	时段	黄淤 41—黄淤 36 河段	黄淤 36—黄淤 31 河段	黄淤 31—黄淤 22 河段	黄淤 22—黄淤 1 河段	黄淤 41—黄淤 1 河段
8	汛期	-2.025 5	-5.940 5	-7.660 2	-3.917 4	-19.543 6
	非汛期	1.750 3	5.284 1	7.051 5	2.865 3	16.951 2
	水文年	-0.275 2	-0.656 4	-0.608 7	-1.052 1	-2.592 4
9	汛期	-1.994 2	-4.939 5	-6.541 6	-4.231 7	-17.707 0
	非汛期	1.703 4	4.285 9	5.905 0	3.286 5	15.180 8
	水文年	-0.290 8	-0.653 6	-0.636 6	-0.945 2	-2.526 2
10	汛期	-2.006 0	-4.955 6	-6.710 3	-4.464 9	-18.136 8
	非汛期	1.700 8	4.279 2	6.043 0	3.514 6	15.537 6
	水文年	-0.305 2	-0.676 4	-0.667 3	-0.950 3	-2.599 2
11	汛期	-1.980 3	-4.904 9	-6.805 3	-4.673 1	-18.363 6
	非汛期	1.705 5	4.291 0	6.344 0	3.840 3	16.180 8
	水文年	-0.274 8	-0.613 9	-0.461 3	-0.832 8	-2.182 8
12	汛期	-1.991 9	-4.920 9	-6.969 8	-4.922 8	-18.805 4
	非汛期	1.702 8	4.284 3	6.482 2	4.068 9	16.538 2
	水文年	-0.289 1	-0.636 6	-0.487 6	-0.853 9	-2.267 2
13	汛期	-2.883 2	-6.836 8	-5.647 2	-3.882 9	-19.250 1
	非汛期	2.820 7	6.430 8	5.039 7	2.971 4	17.262 6
	水文年	-0.062 5	-0.406 0	-0.607 5	-0.911 5	-1.987 5
14	汛期	-2.912 4	-6.862 2	-5.711 3	-3.942 6	-19.428 5
	非汛期	2.820 7	6.430 8	5.095 1	3.004 1	17.350 7
	水文年	-0.091 7	-0.431 4	-0.616 2	-0.938 5	-2.077 8
15	汛期	-1.998 9	-4.944 8	-6.488 8	-4.157 5	-17.590 0
	非汛期	1.703 6	4.286 4	5.851 6	3.207 1	15.048 7
	水文年	-0.295 3	-0.658 4	-0.637 2	-0.950 4	-2.541 3
16	汛期	-2.006 0	-4.955 8	-6.637 5	-4.371 9	-17.971 2
	非汛期	1.700 6	4.278 8	5.975 4	3.413 7	15.368 5
	水文年	-0.305 4	-0.677 0	-0.662 1	-0.958 2	-2.602 7
17	汛期	-2.026 6	-5.942 0	-7.969 6	-4.259 4	-20.197 6
	非汛期	1.752 1	5.289 6	7.366 1	3.355 5	17.763 3
	水文年	-0.274 5	-0.652 4	-0.603 5	-0.903 9	-2.434 3

由表 3-9 可知，方案 5、方案 9、方案 11 的黄淤 31—黄淤 22 河段和黄淤 22—黄淤 1 河段汛期冲刷量分别为 6.431 5 亿 m^3、6.541 6 亿 m^3、6.805 3 亿 m^3 和 4.077 1 亿 m^3、4.231 7 亿 m^3、4.673 1 亿 m^3；方案 5、方案 9、方案 11 的黄淤 31—黄淤 22 河段和黄淤 22—黄淤 1 河段非汛期淤积量分别为 5.793 7 亿 m^3、5.905 0 亿 m^3、6.344 0 亿 m^3 和 3.121 0 亿 m^3、

3.286 5 亿 m^3、3.840 3 亿 m^3。在非汛期运用水位及汛期排沙流量相同的条件下，大禹渡以下河段具有“多淤多冲、少淤少冲”的特点，也就是说，在平水发电期间，运用水位从 305 m 到 307 m，水库调沙库容增加，出库含沙量减少，坝前淤积量增多，在洪水排沙期间，其引起溯源冲刷强度增大，达到年内冲淤平衡。

从上述对 1974 年 7 月 1 日 ~1986 年 6 月 30 日水沙系列的计算结果综合分析可知，三门峡水库在丰水年系列，水库运用原则包括以下方面：

(1)非汛期三门峡水库起调水位按 315 m 运用，防凌和春灌最高运用水位应控制在 322 m 以下。由于在 315 m 水位以上，水库发电最大流量大于 1 000 m^3/s，因此为了减少非汛期最高运用水位的天数，可适当提高防凌和春灌下泄流量。

(2)三门峡水库汛期发电最高运用水位控制在 307 m 以下，排沙流量在 2 000 m^3/s 以上，同时应根据坝前冲刷和来水来沙情况，确定水库排沙时间及排沙流量。

由表 3-8 分析可以看出，三门峡水库在 1986 年 7 月 1 日 ~1998 年 6 月 30 日水沙系列中，除三门峡水库采用全年敞泄运用以外，潼关—坫埼河段仍呈淤积上升趋势，潼关高程从 1998 年汛前的 328.2 m 左右上升到 328.45 m 左右。从方案 1 和方案 2 潼关—坫埼河段淤积量及潼关高程分析，三门峡水库非汛期运用水位控制在 310 m，汛期排沙流量 2 500 m^3/s，水库汛期无论是采用 305 m 水位控制或是 300 m 水位控制，潼关—坫埼河段淤积量与方案 5 ~ 方案 10 及方案 15、方案 16 各个方案淤积量差别不大，潼关高程都维持在 328.40 m 左右。

三门峡水库如果采用全年敞泄运用(即方案 3)，虽然库区各个河段都是冲刷的，但是潼关—坫埼河段冲刷量比较小，方案 3 的潼关高程与方案 1、方案 2、方案 5 ~ 方案 10 及方案 15、方案 16 的最大差仅为 0.7 m，而经济效益除具有滞洪作用外，发电、春灌、防凌等效益都没有。

从表 3-10 计算结果可以看出，三门峡水库非汛期运用最高水位 322 m 时(方案 4)与非汛期运用水位 320 m 时(方案 5、方案 6)的比较，潼关—坫埼河段、坫埼—大禹渡(黄淤 36—黄淤 31)河段非汛期淤积量偏多，虽然方案 4 汛期采用敞泄运用，方案 5、方案 6 汛期采用“洪水排沙、平水发电”运用，排沙流量为 2 500 m^3/s 和 2 000 m^3/s，但是汛期潼关—坫埼河段、坫埼—大禹渡河段冲刷量差别较小，因此造成了年内淤积量增大，由此也说明三门峡水库在枯水水沙系列中，数学模型计算结果表明，水库汛期溯源冲刷影响不到坫埼以上河段，这和近 10 年来开展浑水发电试验研究取得的研究成果是一致的。

从表 3-10 中方案 5、方案 6 和方案 9、方案 10 的计算结果看，水库汛期在平水发电期间，水库采用 305 m 和 306 m 控制水位发电，对大禹渡以上河段没有影响。

从表 3-10 中方案 5、方案 6 和方案 11、方案 12 计算结果看，水库汛期在平水发电期间，水库采用 305 m 和 307 m 控制水位发电，潼关—坫埼河段、坫埼—大禹渡河段淤积量增多，潼关高程也相对增加，因此水库汛期发电控制运用采用 307 m 时，对大禹渡以上河段具有一定影响，其原因主要是汛期水量偏少，大流量出现机会小，汛期排沙强度小，坝前调沙库容增加，淤积量增加，使得溯源冲刷向上发展受到了一定的影响。

从表 3-10 中方案 5、方案 6 和方案 9、方案 10 及方案 15、方案 16 计算结果看，潼关—坫埼河段、坫埼—大禹渡河段淤积差别很小，潼关高程也基本一致。

表 3-10　不同方案各河段计算冲淤量(1986 年 7 月 1 日～1998 年 6 月 30 日)　(单位:亿 m^3)

方案	时段	黄淤 41—黄淤 36	黄淤 36—黄淤 31	黄淤 31—黄淤 22	黄淤 22—黄淤 1	黄淤 41—黄淤 1
1	汛期	-0.315 0	-2.480 0	-5.600 1	-6.447 4	-14.842 5
	非汛期	0.443 6	2.754 3	5.222 5	6.055 4	14.475 8
	水文年	0.128 6	0.274 3	-0.377 6	-0.392 0	-0.366 7
2	汛期	-0.328 2	-2.494 4	-5.781 8	-6.031 8	-14.636 2
	非汛期	0.453 2	2.748 3	5.314 3	5.581 1	14.096 9
	水文年	0.125 0	0.253 9	-0.467 5	-0.450 7	-0.539 3
3	汛期	-0.452 4	-2.589 7	-4.771 2	-3.198 5	-11.011 9
	非汛期	0.403 3	2.500 6	4.233 7	2.412 6	9.550 3
	水文年	-0.049 1	-0.089 1	-0.537 5	-0.785 9	-1.461 6
4	汛期	-0.358 6	-2.491 1	-7.609 2	-4.359 4	-14.818 3
	非汛期	0.556 7	2.849 4	7.204 6	3.862 3	14.473
	水文年	0.198 1	0.358 3	-0.404 6	-0.497 1	-0.345 3
5	汛期	-0.313 7	-2.471 8	-7.055 7	-4.702 3	-14.543 5
	非汛期	0.444 5	2.762 9	6.800 3	4.387 2	14.394 9
	水文年	0.130 8	0.291 1	-0.255 4	-0.315 1	-0.148 6
6	汛期	-0.313 8	-2.472 8	-7.326 5	-4.838 9	-14.952 0
	非汛期	0.444 4	2.761 8	7.054 6	4.505 0	14.765 7
	水文年	0.130 6	0.289 0	-0.271 9	-0.333 9	-0.186 3
7	汛期	-0.314 5	-2.477 0	-6.918 8	-4.742 0	-14.452 3
	非汛期	0.443 9	2.757 5	6.626 1	4.415 8	14.243 3
	水文年	0.129 4	0.280 5	-0.292 7	-0.326 2	-0.209 0
8	汛期	-0.314 4	-2.476 5	-7.359 5	-4.979 7	-15.130 1
	非汛期	0.444 0	2.758 0	7.054 8	4.648 1	14.904 9
	水文年	0.129 6	0.281 5	-0.304 7	-0.331 6	-0.225 2
9	汛期	-0.314 2	-2.475 1	-7.189 5	-5.120 2	-15.099 0
	非汛期	0.444 1	2.759 4	6.920 7	4.896 7	15.020 9
	水文年	0.129 9	0.284 3	-0.268 8	-0.223 5	-0.078 1
10	汛期	-0.314 3	-2.475 5	-7.918 2	-5.235 3	-15.943 3
	非汛期	0.444 1	2.759 0	7.629 5	4.963 0	15.795 6
	水文年	0.129 8	0.283 5	-0.288 7	-0.272 3	-0.147 7
11	汛期	-0.303 5	-2.463 5	-6.799 8	-4.829 8	-14.396 6
	非汛期	0.454 8	2.771 0	6.816 9	4.918 7	14.961 4
	水文年	0.151 3	0.307 5	0.017 1	0.088 9	0.564 8
12	汛期	-0.303 6	-2.464 3	-6.856 9	-4.957 9	-14.582 7
	非汛期	0.454 7	2.770 2	6.863 1	4.971 1	15.059 1
	水文年	0.151 1	0.305 9	0.006 2	0.013 2	0.476 4
13	汛期	-0.361 4	-2.638 0	-6.200 0	-4.508 7	-13.708 1
	非汛期	0.691 8	3.261 7	6.402 9	4.232 3	14.588 7
	水文年	0.330 4	0.623 7	0.202 9	-0.276 4	0.880 6
14	汛期	-0.365 0	-2.640 9	-6.302 6	-4.774 9	-14.083 4
	非汛期	0.690 7	3.256 8	6.493 5	4.480 0	14.921 0
	水文年	0.325 7	0.615 9	0.190 9	-0.294 9	0.837 6
15	汛期	-0.314 3	-2.475 9	-7.146 9	-3.505 7	-13.442 8
	非汛期	0.444 0	2.758 6	6.900 6	3.276 9	13.380 1
	水文年	0.129 7	0.282 7	-0.246 3	-0.228 8	-0.062 7
16	汛期	-0.314 4	-2.476 3	-7.422 1	-3.581 8	-13.794 6
	非汛期	0.444 0	2.758 2	7.159 9	3.345 9	13.708 0
	水文年	0.129 6	0.281 9	-0.262 2	-0.235 9	-0.086 6
17	汛期	-0.357 3	-2.486 4	-7.895 2	-5.196 9	-15.935 8
	非汛期	0.559 8	2.852 8	7.689 8	5.025 9	16.128 3
	水文年	0.202 5	0.366 4	-0.205 4	-0.171 0	0.192 5

由于方案 13、方案 14 非汛期大于 323 m 水位天数占非汛期总天数的 40% 以上,回水淤积末端在坫垮以上河段,再加上水库来水量急剧减小,因此潼关—坫垮河段、坫垮—大禹渡河段淤积比其他方案都加重。

从上述对 1986 年 7 月 1 日 ~1998 年 6 月 30 日水沙系列的计算结果综合分析可知,三门峡水库在枯水水沙系列年内,水库运用原则包括以下两方面:

(1)非汛期三门峡水库起调水位按 315 m 运用,防凌和春灌最高运用水位应控制在 320 m 以下,为了减轻潼关—坫垮河段淤积,尽可能不影响潼关高程,可适当提高防凌和春灌下泄流量,减少非汛期最高运用水位的天数。

(2)三门峡水库汛期发电运用水位控制在 305 m 和 306 m 时,对大禹渡以上河段冲淤没有影响,但是若采用 307 m 发电运用,对大禹渡以上河段冲淤有一定的影响,因此汛期发电主汛期水位、最高水位控制在 306 m 以下,排沙流量在 2 000 m^3/s 左右。

第四节 三门峡水库运用指标的确定

综合上述两个水沙系列的分析结果,小浪底水库运用初期,三门峡水库来水来沙条件很可能和 1986 年 7 月 1 日 ~1998 年 6 月 30 日水沙条件大致相同,因此三门峡水库汛期、非汛期运用指标可以从以下几个方面考虑:

(1)三门峡水库非汛期起调水位 315 m,最高运用水位应控制在 320 m 以下,水库在防凌和春灌期间,可以适当提高出库泄流流量,减少水库高水位运用天数。

(2)三门峡水库汛期发电运用水位在 7 ~8 月控制在 306 m 左右,9 月运用水位可适当抬高到 307 m,然后逐步过渡到非汛期水库运用水位。

(3)三门峡水库汛期排沙流量应在 2 000 m^3/s 左右,由于小浪底水库投入运用后,三门峡水库排沙基本上不受限制,因此水库排沙水位应尽量降低,一方面对水库冲刷是有利的,另一方面可以增大水库坝前的调沙库容。由于排沙流量降低,水库发电时间将会减少,因此应根据实际运用情况进一步研究水库排沙流量与排沙时间的关系。

第四章　黄河三门峡水库运用方式及其影响的研究

第一节　问题提出与研究任务

一、问题提出

三门峡水库1960年9月开始蓄水运用，由于泄流规模不足、水库运用方式不当，水库运用初期，库区发生严重淤积，潼关高程（潼关断面1 000 m^3/s流量相应的水位）急剧抬升，回水影响到渭河下游的赤水河河口。后经两次改建并于1973年年底开始采取蓄清排浑的运用方式。1974～1985年水沙条件与水库运用方式比较适应，潼关高程保持相对稳定。1986年以来，由于龙羊峡水库、刘家峡水库投入运用，加之工农业用水增加及降水偏少等，黄河水量特别是汛期水量大幅度减少，年内水量过程趋于均匀，潼关以下库区发生累积性淤积，潼关高程再次呈上升趋势。潼关断面位于黄河和渭河汇流区下游，潼关高程抬升给渭河下游防洪带来了一些问题。因此，长期以来，潼关高程一直为人们所关注。寻求降低潼关高程的有效途径则成为一项十分重要的任务。

三门峡水库的建设与运用举世关注。围绕三门峡水库运用、潼关高程演变等问题，国内外学者做了大量的研究工作。这些研究在来水来沙条件、水库运用方式、潼关上下游河段冲淤变化等影响潼关高程的变化、潼关高程非汛期上升、汛期冲刷下降的演变规律等方面在定性上达成了共识。但是，潼关高程问题不但十分复杂，而且十分敏感，涉及渭河下游治理、三门峡水库运用等，再加上目前泥沙运动等有关理论尚不成熟，各家的研究思想、研究方法有所不同。特别是在利用数学模型计算时，主要存在两个问题：一是数学模型采用的水沙及地形边界条件往往不一致，因此各家的研究成果存在一定的差异；二是数学模型模拟范围很难反映渭河下游河道冲淤及汇流区演变、黄河小北干流河道冲淤对潼关高程的影响。因此，有必要基于现有数学模型研究基础，统一数学模型水沙资料、初始河床地形及边界条件，进一步改进和完善水沙数学模型，扩大数学模型计算范围。根据水利部重大科研项目“潼关高程控制及三门峡水库运用方式研究”的研究任务要求，三门峡水库水沙数学模型的计算范围为渭河自华县水文站、北洛河自洑头水文站、黄河自龙门水文站至三门峡大坝，见图4-1。

二、研究任务

三门峡水库水沙数学模型计算范围为渭河自华县水文站、北洛河自洑头水文站、黄河自龙门水文站至三门峡大坝。利用数学模型对不同的模拟水沙系列组合进行计算，分析

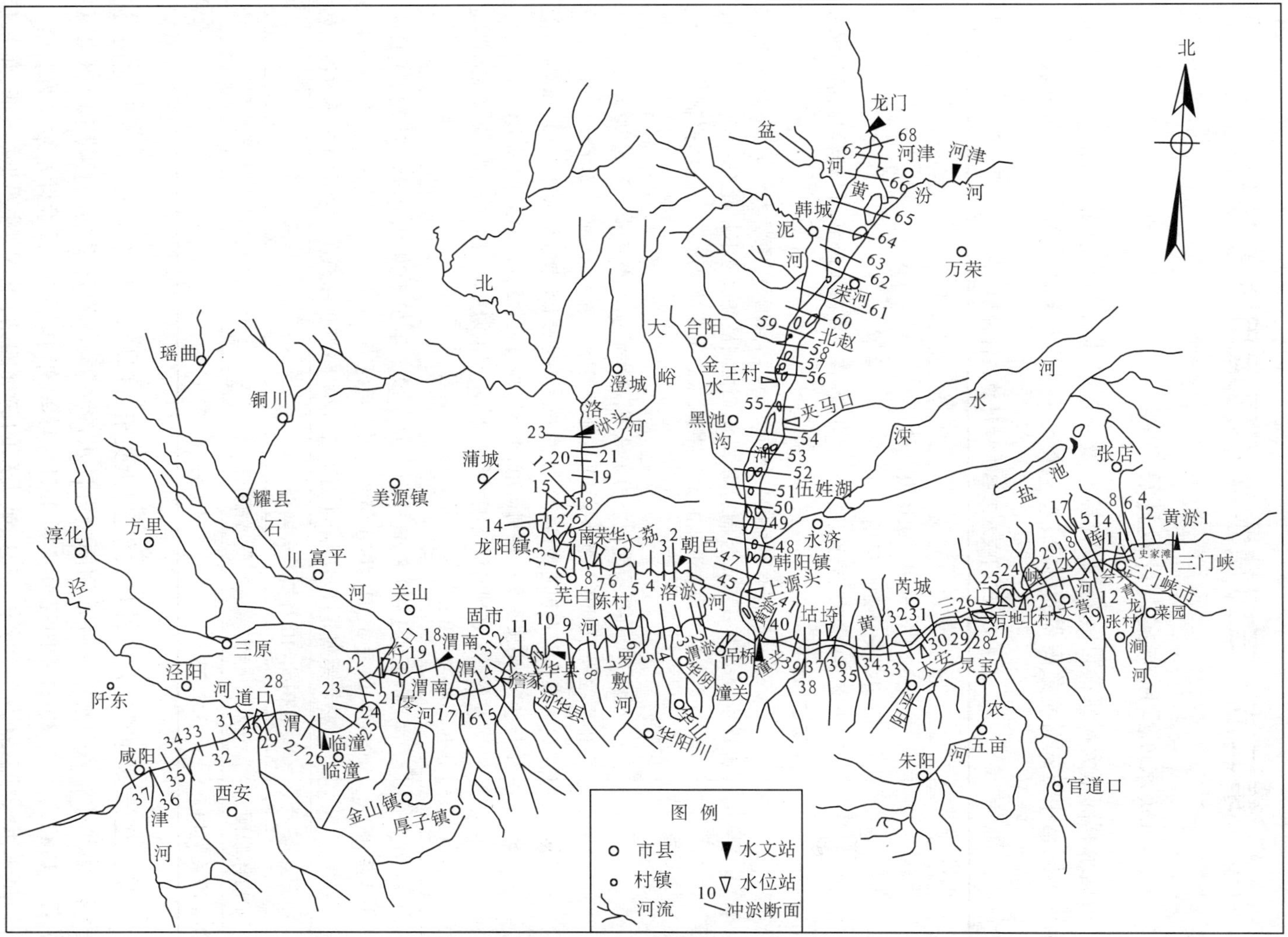

图 4-1　黄河三门峡水库测站及断面布设示意

三门峡水库各种运用方式对降低潼关高程的作用。在不同水沙系列和组合情况下,研究三门峡水库扩大泄流规模后,水库不同运用方式对潼关高程的影响。

第二节　三门峡水库不同运用方案计算

一、三门峡水库运用方案设计及计算条件

根据水利部重大科研项目"潼关高程控制及三门峡水库运用方式研究"确定的三门峡水库不同运用方式对潼关高程的影响,共7个方案。各方案计算条件的说明见表4-1。

表4-1　三门峡水库各方案计算条件说明

项目	说 明
设计方案	方案1,水库采用现状运用方式 方案2,全年敞泄运用 方案3-1,在现有泄流能力条件下,水库汛期敞泄运用,非汛期控制最高水位不超过318 m 方案3-2,在现有泄流能力条件下,水库汛期入库流量大于1 500 m^3/s 时敞泄排沙,否则按305 m控制运用,非汛期控制最高水位不超过318 m 方案3-3,在现有泄流能力条件下,水库汛期敞泄运用,非汛期控制最高水位不超过315 m 方案3-4,在现有泄流能力条件下,水库汛期入库流量大于1 500 m^3/s 时敞泄排沙,否则按305 m控制运用,非汛期控制最高水位不超过315 m 方案3-5,在现有泄流能力条件下,水库汛期入库流量大于1 500 m^3/s 时敞泄排沙,否则按305 m控制运用,非汛期坝前控制最高水位不超过310 m 方案3-6,在现有泄流能力条件下,水库汛期敞泄运用,非汛期坝前控制最高水位不超过310 m
水沙系列	平水系列Ⅰ:1978年11月1日~1983年6月30日+1987年7月1日~1996年10月31日,共14年实测水沙系列 枯水系列Ⅱ:1987年11月1日~2001年10月31日,共14年实测水沙系列
初始地形	2001年10月实测大断面
初始河床级配	2001年实测河床质级配
初始潼关高程	328.23 m

数学模型计算范围为龙门、河津、华县、洑头至三门峡大坝(史家滩)。上游龙门、河津、华县、洑头四站入口水沙条件采用两个设计水沙系列:①设计系列Ⅰ,采用1978年11月1日~1983年6月30日+1987年7月1日~1996年10月31日设计水沙系列,龙门、河津、华县、洑头、四站(龙门、河津、华县、洑头总的简称四站,下同)非汛期、汛期、年水量和沙量统计移置为2001~2014年的水沙系列资料,见表4-2~表4-6;②设计系列Ⅱ,采用1987年11月1日~2001年10月31日实测水沙系列,龙门、河津、华县、洑头、四站非汛

期、汛期、年水量和沙量统计移置为计算年份 2001 ~ 2014 年的水沙系列资料，见表 4-7 ~ 表 4-11。初始河床地形采用 2001 年汛后实测大断面资料及相应河床质级配，2001 年汛后实测潼关高程为 328. 23 m。

表 4-2　龙门站水沙系列 I 水量、沙量统计

计算年份	水量(亿 m^3)			沙量(亿 t)		
	非汛期	汛期	全年	非汛期	汛期	全年
2001	144. 80	153. 87	298. 67	0. 67	7. 02	7. 69
2002	155. 54	66. 27	221. 81	0. 98	1. 98	2. 96
2003	124. 54	152. 97	277. 51	0. 78	6. 14	6. 92
2004	127. 79	109. 02	236. 81	0. 74	3. 53	4. 27
2005	155. 40	49. 54	204. 94	0. 60	2. 14	2. 74
2006	101. 11	102. 01	203. 12	0. 57	8. 43	9. 00
2007	136. 35	173. 49	309. 84	1. 11	5. 10	6. 21
2008	165. 78	91. 82	257. 60	1. 02	3. 62	4. 64
2009	148. 38	44. 50	192. 88	1. 73	2. 09	3. 82
2010	106. 27	81. 12	187. 39	0. 81	5. 41	6. 22
2011	127. 18	96. 42	223. 60	1. 07	2. 71	3. 78
2012	124. 03	115. 95	239. 98	0. 63	7. 74	8. 37
2013	123. 29	101. 49	224. 78	0. 78	6. 26	7. 04
2014	121. 82	89. 99	211. 81	1. 33	6. 11	7. 44
平均	133. 02	102. 03	235. 05	0. 91	4. 88	5. 79

表 4-3　河津站水沙系列 I 水量、沙量统计

计算年份	水量(亿 m^3)			沙量(亿 t)		
	非汛期	汛期	全年	非汛期	汛期	全年
2001	3. 30	5. 61	8. 91	0. 01	0. 10	0. 11
2002	2. 61	1. 80	4. 41	0. 01	0. 01	0. 02
2003	1. 59	3. 75	5. 34	0	0. 05	0. 05
2004	1. 50	4. 43	5. 93	0	0. 06	0. 06
2005	1. 84	0. 74	2. 58	0	0	0
2006	1. 19	13. 11	14. 30	0	0. 14	0. 14
2007	2. 27	2. 24	4. 51	0	0. 01	0. 01
2008	3. 48	2. 67	6. 15	0	0. 01	0. 01
2009	2. 72	0. 78	3. 50	0. 01	0	0. 01
2010	0. 81	1. 71	2. 52	0	0	0
2011	1. 04	3. 73	4. 77	0	0. 01	0. 01
2012	2. 44	1. 69	4. 13	0	0. 02	0. 02
2013	1. 49	5. 48	6. 97	0	0. 07	0. 07
2014	1. 85	12. 28	14. 13	0	0. 16	0. 16
平均	2. 01	4. 29	6. 30	0. 002	0. 05	0. 052

表 4-4 华县站水沙系列Ⅰ水量、沙量统计

计算年份	水量(亿 m^3)			沙量(亿 t)		
	非汛期	汛期	全年	非汛期	汛期	全年
2001	13.51	24.04	37.55	0.02	2.10	2.12
2002	9.53	41.09	50.62	0.12	2.85	2.97
2003	12.20	82.45	94.65	0.29	3.32	3.61
2004	23.35	32.64	55.99	0.14	1.37	1.51
2005	31.52	22.10	53.62	0.46	0.73	1.19
2006	22.32	61.82	84.14	0.28	5.27	5.55
2007	34.11	33.78	67.89	0.23	1.62	1.85
2008	31.96	45.13	77.09	0.21	2.72	2.93
2009	36.95	12.31	49.26	1.52	0.69	2.21
2010	13.82	45.52	59.34	0.34	4.52	4.86
2011	30.60	31.87	62.47	0.14	1.36	1.50
2012	19.81	16.81	36.62	0.24	3.57	3.81
2013	10.95	11.42	22.37	0.04	2.37	2.41
2014	8.62	22.92	31.54	0.09	4.01	4.10
平均	21.38	34.56	55.94	0.29	2.61	2.90

表 4-5 洑头站水沙系列Ⅰ水量、沙量统计

计算年份	水量(亿 m^3)			沙量(亿 t)		
	非汛期	汛期	全年	非汛期	汛期	全年
2001	1.48	3.23	4.71	0	0.71	0.71
2002	0.93	2.30	3.23	0.04	0.20	0.24
2003	1.50	5.08	6.58	0.22	0.30	0.52
2004	1.73	3.19	4.92	0	0.15	0.15
2005	2.07	1.97	4.04	0.01	0.39	0.40
2006	2.07	8.95	11.02	0.20	1.12	1.32
2007	2.96	2.24	5.20	0	0.26	0.26
2008	2.28	4.33	6.61	0.02	0.84	0.86
2009	3.73	2.85	6.58	0.23	0.12	0.35
2010	3.29	5.59	8.88	0.01	1.46	1.47
2011	3.29	4.40	7.69	0	0.46	0.46
2012	4.03	6.09	10.12	0.04	2.59	2.63
2013	1.49	2.78	4.27	0	0.37	0.37
2014	1.27	4.13	5.40	0.01	0.82	0.83
平均	2.29	4.08	6.37	0.05	0.70	0.75

表 4-6　四站水沙系列Ⅰ水量、沙量统计

计算年份	水量(亿 m^3)			沙量(亿 t)		
	非汛期	汛期	全年	非汛期	汛期	全年
2001	163.09	186.75	349.84	0.70	9.93	10.63
2002	168.61	111.46	280.07	1.15	5.04	6.19
2003	139.83	244.25	384.08	1.29	9.81	11.10
2004	154.37	149.28	303.65	0.88	5.11	5.99
2005	190.83	74.35	265.18	1.07	3.26	4.33
2006	126.69	185.89	312.58	1.05	14.96	16.01
2007	175.69	211.75	387.44	1.34	6.99	8.33
2008	203.50	143.95	347.45	1.25	7.19	8.44
2009	191.78	60.44	252.22	3.49	2.90	6.39
2010	124.19	133.94	258.13	1.16	11.39	12.55
2011	162.11	136.42	298.53	1.21	4.54	5.75
2012	150.31	140.54	290.85	0.91	13.92	14.83
2013	137.22	121.17	258.39	0.82	9.07	9.89
2014	133.56	129.32	262.88	1.43	11.10	12.53
平均	158.70	144.96	303.66	1.27	8.23	9.50

表 4-7　龙门站水沙系列Ⅱ水量、沙量统计

计算年份	水量(亿 m^3)			沙量(亿 t)		
	非汛期	汛期	全年	非汛期	汛期	全年
2001	99.28	101.89	201.17	0.54	8.46	9.00
2002	135.91	172.90	308.81	1.11	5.10	6.21
2003	166.73	91.82	258.55	1.02	3.62	4.64
2004	148.32	44.50	192.82	1.73	2.09	3.82
2005	106.39	80.96	187.35	0.82	5.41	6.23
2006	126.54	96.52	223.06	1.07	2.71	3.78
2007	124.20	115.87	240.07	0.63	7.74	8.37
2008	124.02	101.42	225.44	0.78	6.26	7.04
2009	122.13	93.50	215.63	1.35	6.09	7.44
2010	82.52	49.56	132.08	0.84	2.10	2.94
2011	94.97	55.49	150.46	1.00	3.51	4.51
2012	104.48	77.61	182.09	0.62	1.71	2.33
2013	105.22	57.75	162.97	0.58	1.68	2.26
2014	85.95	48.46	134.41	0.28	2.04	2.32
平均	116.19	84.88	201.07	0.88	4.18	5.06

表 4-8　河津站水沙系列Ⅱ水量、沙量统计

计算年份	水量(亿 m³)			沙量(亿 t)		
	非汛期	汛期	全年	非汛期	汛期	全年
2001	1.19	13.11	14.30	0	0.14	0.14
2002	2.26	2.22	4.48	0	0.01	0.01
2003	3.50	2.67	6.17	0	0.01	0.01
2004	2.72	0.78	3.50	0.02	0	0.02
2005	0.81	1.71	2.52	0	0	0
2006	1.04	3.72	4.76	0	0.01	0.01
2007	2.46	1.69	4.15	0	0.02	0.02
2008	1.49	5.48	6.97	0	0.07	0.07
2009	1.86	12.29	14.15	0	0.16	0.16
2010	3.35	0.82	4.17	0	0	0
2011	1.09	1.97	3.06	0	0	0
2012	0.78	0.89	1.67	0	0	0
2013	0.70	0.74	1.44	0	0	0
2014	0.82	0.92	1.74	0	0	0
平均	1.72	3.50	5.22	0.001	0.03	0.031

表 4-9　华县站水沙系列Ⅱ水量、沙量统计

计算年份	水量(亿 m³)			沙量(亿 t)		
	非汛期	汛期	全年	非汛期	汛期	全年
2001	22.24	61.90	84.14	0.24	5.31	5.55
2002	34.08	33.70	67.78	0.23	1.62	1.85
2003	32.08	45.13	77.21	0.21	2.72	2.93
2004	36.95	12.31	49.26	1.52	0.65	2.17
2005	13.83	45.51	59.34	0.34	4.52	4.86
2006	29.97	32.70	62.67	0.12	1.37	1.49
2007	19.95	16.81	36.76	0.24	3.57	3.81
2008	10.94	11.42	22.36	0.04	2.37	2.41
2009	8.77	22.90	31.67	0.09	4.03	4.12
2010	17.60	6.06	23.66	0.10	1.61	1.71
2011	13.34	26.75	40.09	0.74	1.13	1.87
2012	13.98	23.22	37.20	0.09	2.18	2.27
2013	10.12	22.39	32.51	0.54	0.94	1.48
2014	12.55	15.84	28.39	0.03	1.27	1.30
平均	19.74	26.90	46.64	0.32	2.38	2.70

表 4-10　洑头站水沙系列Ⅱ水量、沙量统计

计算年份	水量(亿 m^3)			沙量(亿 t)		
	非汛期	汛期	全年	非汛期	汛期	全年
2001	1.98	9.01	10.99	0.16	1.16	1.32
2002	2.95	2.23	5.18	0	0.26	0.26
2003	2.29	4.33	6.62	0.02	0.84	0.86
2004	5.06	2.85	7.91	0.28	0.12	0.40
2005	3.29	5.59	8.88	0.01	1.46	1.47
2006	3.27	4.39	7.66	0	0.46	0.46
2007	4.06	6.09	10.15	0.04	2.59	2.63
2008	1.49	2.78	4.27	0	0.37	0.37
2009	1.29	4.13	5.42	0.01	0.82	0.83
2010	3.14	2.22	5.36	0	0.58	0.58
2011	3.16	3.21	6.37	0.09	0.40	0.49
2012	2.78	3.10	5.88	0	0.82	0.82
2013	1.43	2.41	3.84	0.08	0.26	0.34
2014	1.38	3.54	4.92	0	0.70	0.70
平均	2.68	3.99	6.67	0.05	0.77	0.82

表 4-11　四站水沙系列Ⅱ水量、沙量统计

计算年份	水量(亿 m^3)			沙量(亿 t)		
	非汛期	汛期	全年	非汛期	汛期	全年
2001	124.69	185.91	310.60	0.94	15.07	16.01
2002	175.20	211.05	386.25	1.34	6.99	8.33
2003	204.60	143.95	348.55	1.25	7.19	8.44
2004	193.05	60.44	253.49	3.55	2.86	6.41
2005	124.32	133.77	258.09	1.17	11.39	12.56
2006	160.82	137.33	298.15	1.19	4.55	5.74
2007	150.67	140.46	291.13	0.91	13.92	14.83
2008	137.94	121.10	259.04	0.82	9.07	9.89
2009	134.05	132.82	266.87	1.45	11.10	12.55
2010	106.61	58.66	165.27	0.94	4.29	5.23
2011	112.56	87.42	199.98	1.83	5.04	6.87
2012	122.02	104.82	226.84	0.71	4.71	5.42
2013	117.47	83.29	200.76	1.20	2.88	4.08
2014	100.70	68.76	169.46	0.31	4.01	4.32
平均	140.33	119.27	259.60	1.26	7.36	8.62

下游边界条件(坝前水位)按不同设计方案给出。在进行各个方案调洪计算时,坝前水位控制原则为:

(1)现状方案(方案1):非汛期三门峡水库水位采用史家滩控制水位曲线(非汛期:11月1日~12月31日及次年1月1日~6月30日),汛期采用史家滩逐日平均水位(1988~2001年各年汛期:7月1日~10月31日),如图4-2所示,该控制曲线为三门峡水库1996~2001年非汛期史家滩实测水位年平均控制曲线。

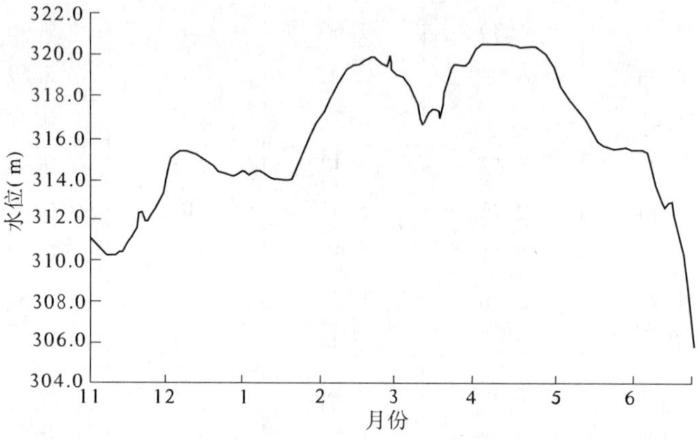

图4-2 现状方案计算时的坝前水位控制过程

(2)在进行其他方案调洪计算时,原则为:汛期按各个方案要求进行调洪计算;非汛期按各个方案提出最高水位进行控制,在进行非汛期调洪计算时,以史家滩控制水位曲线作为最高控制水位,并且各个方案采用水位均不超过各方案的最高水位。当运用水位小于计算方案允许水位(取最高控制水位与方案允许最高水位的最小值)时,出口流量按200 m^3/s(若入库流量小于200 m^3/s采用实测值)控制。

(3)三门峡水库现状泄流曲线如图3-3所示。

二、方案计算成果及分析

表4-12、表4-13分别给出了系列Ⅰ、系列Ⅱ水沙条件下,三门峡水库不同运用方案库区主要河段累计冲淤量、潼关高程及潼关高程升降幅度,其中潼关高程是指在计算14年系列中结束时的潼关高程,即第14年结束时的潼关高程,潼关高程升降幅度是指第14年结束时的潼关高程与起始潼关高程328.23 m之差;图4-3~图4-5分别为系列Ⅰ各个方案潼关高程升降值比较、潼关高程汛期和非汛期历年变化过程及库区主要河段累计冲淤量;图4-6~图4-8分别为系列Ⅱ各个方案潼关高程升降值比较、潼关高程汛期和非汛期历年变化过程及库区主要河段累计冲淤量。

表 4-12　系列Ⅰ各个方案计算结果

项目		方案 1（现状）	方案 2（敞泄）	方案 3-1（318 m + 敞泄）	方案 3-2（318 m + 305 m）	方案 3-3（315 m + 敞泄）	方案 3-4（315 m + 305 m）	方案 3-5（310 m + 305 m）	方案 3-6（310 m + 敞泄）
潼关高程（m）		327. 97	326. 70	326. 97	327. 01	326. 91	326. 94	326. 87	326. 83
潼关高程与现状高程之差（m）		0	－1. 27	－1. 00	－0. 96	－1. 06	－1. 03	－1. 10	－1. 14
升降幅度（m）		－0. 26	－1. 53	－1. 26	－1. 22	－1. 32	－1. 29	－1. 36	－1. 40
累计冲淤量（亿 m^3）	全河段	6. 456	1. 982	3. 841	3. 985	3. 634	3. 774	3. 222	3. 006
	潼三段	－0. 749	－3. 432	－2. 150	－2. 043	－2. 273	－2. 162	－2. 565	－2. 715
	潼坊段	－0. 066	－0. 309	－0. 214	－0. 202	－0. 230	－0. 218	－0. 246	－0. 258
	龙潼段	5. 544	4. 080	4. 484	4. 509	4. 424	4. 445	4. 341	4. 295
	华潼段	1. 661	1. 334	1. 507	1. 519	1. 483	1. 491	1. 446	1. 426

注：①"潼三段"指"潼关至三门峡大坝河段"；"潼坊段"指"潼关至坫垮河段"；"龙潼段"指"龙门至潼关河段"；"华潼段"指华县至潼关段；下同。

②"全河段"为潼三段＋龙潼段＋华潼段之和。

表 4-13　系列Ⅱ各个方案计算结果

项目		方案 1（现状）	方案 2（敞泄）	方案 3-1（318 m + 敞泄）	方案 3-2（318 m + 305 m）	方案 3-3（315 m + 敞泄）	方案 3-4（315 m + 305 m）	方案 3-5（310 m + 305 m）	方案 3-6（310 m + 敞泄）
潼关高程（m）		328. 39	327. 34	327. 68	327. 75	327. 62	327. 71	327. 58	327. 53
潼关高程与现状高程之差（m）		0	－1. 05	－0. 71	－0. 64	－0. 77	－0. 68	－0. 81	－0. 86
升降幅度（m）		0. 16	－0. 89	－0. 55	－0. 48	－0. 61	－0. 52	－0. 65	－0. 70
累计冲淤量（亿 m^3）	全河段	7. 622	5. 554	6. 589	6. 807	6. 472	6. 449	6. 338	6. 198
	潼三段	－0. 433	－1. 646	－1. 117	－1. 06	－1. 193	－1. 132	－1. 239	－1. 316
	潼坊段	0. 029	－0. 154	－0. 109	－0. 092	－0. 113	－0. 099	－0. 126	－0. 130
	龙潼段	6. 626	6. 117	6. 52	6. 656	6. 493	6. 418	6. 419	6. 369
	华潼段	1. 429	1. 083	1. 186	1. 211	1. 172	1. 163	1. 158	1. 145

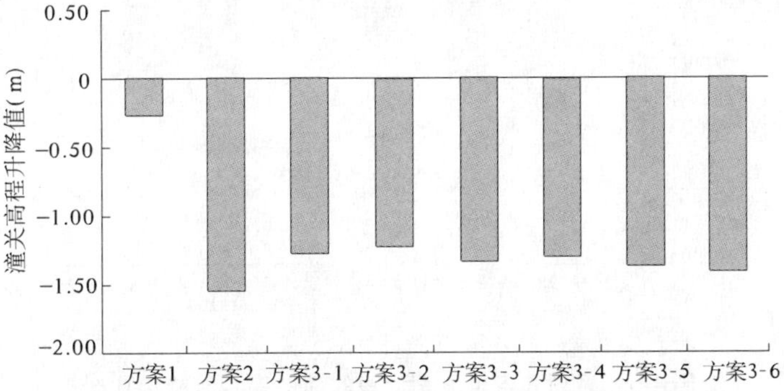

图 4-3　系列Ⅰ各个方案计算的潼关高程升降值比较

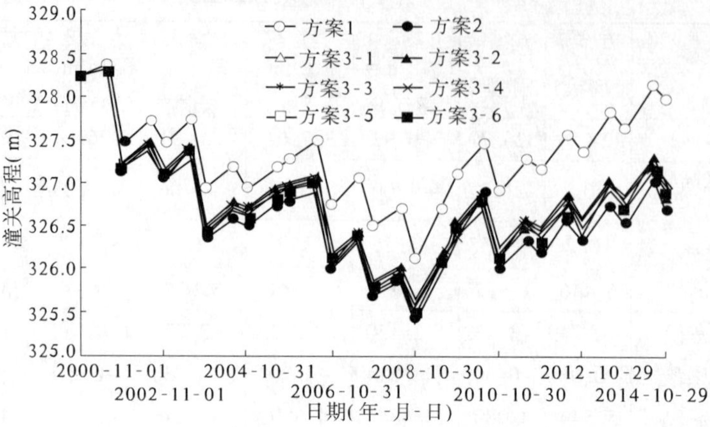

图4-4　系列Ⅰ各个方案计算潼关高程汛期和非汛期历年变化过程

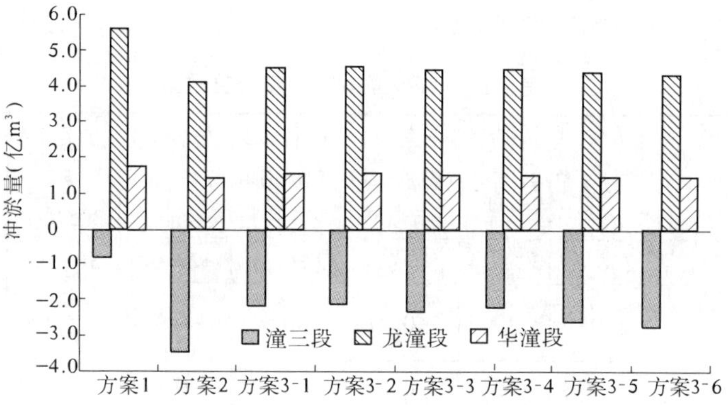

图4-5　系列Ⅰ各个方案主要河段累计冲淤量

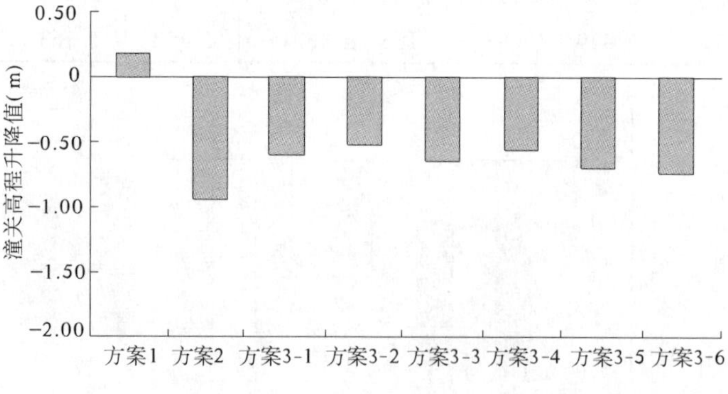

图4-6　系列Ⅱ各个方案计算的潼关高程升降值比较

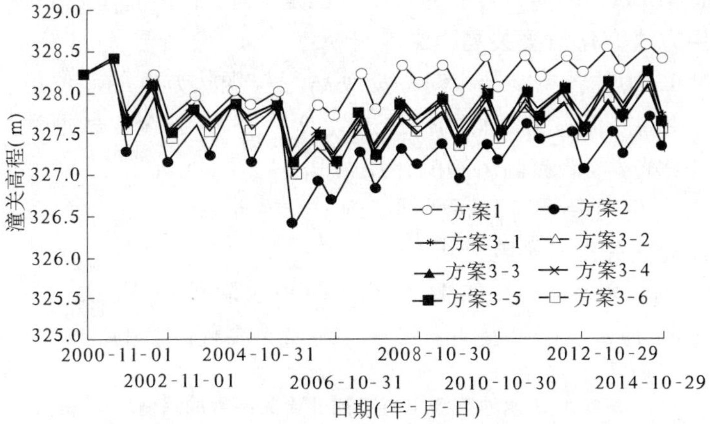

图 4-7　系列Ⅱ各个方案计算潼关高程汛期和非汛期历年变化过程

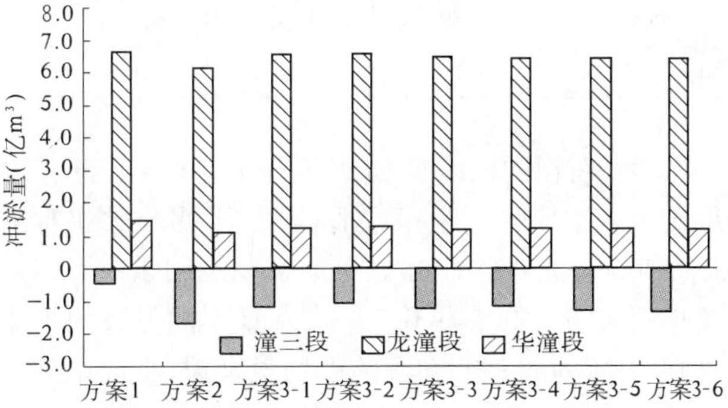

图 4-8　系列Ⅱ各个方案主要河段累计冲淤量

(一)水库运用方式对潼关高程升降影响分析

由表 4-12 和图 4-3 可见,对于系列Ⅰ,三门峡水库无论采用现状运用、全年敞泄运用还是控制运用,与 2001 年汛后相比,第 14 年汛后潼关高程都是下降的。三门峡水库现状运用时,潼关高程下降 0.26 m。三门峡水库采用全年敞泄运用时,潼关高程下降 1.53 m。对于汛期敞泄和非汛期控制(318 m/315 m/310 m)运用,潼关高程下降幅度也比较明显,介于现状运用与全年敞泄运用之间,下降幅度为 1.26～1.40 m。对于汛期部分控制($Q<$ 1 500 m^3/s 运用水位 305 m)和非汛期控制(318 m/315 m/310 m)运用,潼关高程下降幅度为 1.22～1.36 m。计算结果表明,非汛期控制水位越低,潼关高程下降幅度越大。

由表 4-13 和图 4-6 可见,对于系列Ⅱ,由于来水较枯,除现状运用方案条件下,除第 14 年汛后潼关高程略有上升外,三门峡水库采用全年敞泄、汛期敞泄和非汛期控制运用以及汛期部分控制和非汛期控制运用时潼关高程都是下降的。现状运用条件下,潼关高程是上升的,上升幅度为 0.16 m。全年敞泄运用时,潼关高程有比较明显的下降,下降幅度为 0.89 m。对于汛期敞泄非汛期控制(318 m/315 m/310 m)运用,潼关高程有一定幅度的下降,下降幅度为 0.55～0.70 m。对于汛期部分控制($Q<$1 500 m^3/s 运用水位 305 m)和

非汛期控制(318 m/315 m/310 m)运用,潼关高程也是下降的,下降幅度为0.48 ~0.65 m。

(二)水库运用方式变化对潼关高程影响分析

表4-12 和表4-13 中的各方案结束时的潼关高程与现状方案的差值可以反映出改变三门峡水库现状运用对降低潼关高程的作用。计算结果表明,全年敞泄运用对降低潼关高程的作用为1.06 ~1.27 m,控制运用的作用为0.64 ~1.05 m。三门峡水库采用控制运用时,控制运用水位越低对降低潼关高程越有效。

(三)来水条件对潼关高程影响分析

表4-14 给出了不同方案条件下第14 年汛末时平水系列Ⅰ的潼关高程与枯水系列Ⅱ的潼关高程的差值,这种差值可以反映来水条件对潼关高程的影响。

表4-14　水沙系列Ⅰ与系列Ⅱ潼关高程的差值

方案2(敞泄)	方案3-1(318 m+敞泄)	方案3-2(318 m+305 m)	方案3-3(315 m+敞泄)	方案3-4(315 m+305 m)	方案3-5(310 m+305 m)	方案3-6(310 m+敞泄)	7个方案的平均值
-0.64	-0.71	-0.74	-0.71	-0.77	-0.71	-0.70	-0.71

从表4-14 中可以看出,在相同的水库运用条件下,基本上表现为来水越丰潼关高程下降越多。计算结果显示在水库采用全年敞泄运用、汛期敞泄和非汛期控制运用以及汛期 $Q<1\ 500\ m^3/s$ 采用305 m 水位控制和非汛期控制运用条件下,与枯水系列Ⅱ相比,平水系列Ⅰ可以使潼关高程多下降0.64 ~0.77 m,并且不同方案间平水系列多下降的值也比较接近。若以表4-14 中所列的7 个方案的平均值来看,平水系列Ⅰ的计算结果可以使潼关高程比枯水系列Ⅱ多下降0.71 m,计算结果同时也表明来水的丰枯对潼关高程有比较明显的影响。

(四)潼关高程变化过程分析

图4-4、图4-7 分别给出了在不同水沙系列和不同三门峡水库运用方式下潼关高程的变化过程。从图4-4 可以看出,在水沙系列Ⅰ和现状运用下,计算的潼关高程均表现为先下降后回升的趋势,这种潼关高程的升降关系与来水的枯丰基本上是一致的。计算的最低潼关高程曾达到325.42 m,然而这种高程若没有较大的来水是很难维持的。对于水沙系列Ⅰ和控制运用下的潼关高程变化过程,计算过程线均表现为先下降后缓慢上升的倾向。从图4-7 可以看出,水沙系列Ⅱ的各不同运用方案条件下潼关高程的变化过程也与水沙系列Ⅰ过程比较相似,不再作详细分析。

(五)各方案冲淤量计算成果与分析

对于水沙系列Ⅰ而言,从表4-12 和图4-5 中可以看出,当三门峡水库采用现状运用(方案1)时,计算的潼三段累计冲刷量为0.749 亿 m^3;龙潼段计算累计淤积量为5.544 亿 m^3;华潼段计算结果累计淤积量为1.661 亿 m^3。采用全年敞泄运用(方案2)时,潼三段计算累计冲刷量为3.432 亿 m^3;龙潼段计算累计淤积量为4.080 亿 m^3;华潼段计算累计淤积量为1.334 亿 m^3。对于汛期敞泄非汛期控制(318 m/315 m/310 m)运用,潼三段计算累计冲刷量为2.150 亿 ~2.715 亿 m^3;龙潼段累计淤积量为4.295 亿 ~4.484 亿 m^3;华潼段累计淤积量为1.426亿～1.507亿m^3。当三门峡水库汛期流量小于1 500 m^3/s,采用305 m控制和非汛期控制(318 m/315 m/310 m)运用时,潼三段计算累计冲刷量为2.043亿～2.565亿m^3;龙潼段累计淤积量为4.341亿～4.509亿m^3;华潼段累计淤积量为1.446亿～1.519亿m^3。与现状运用相比,三门峡水库采用全年敞泄运用对龙潼段和华潼段都有一定的减淤效果,对于龙潼段计算减淤效果为1.464亿m^3;对于华潼段减淤效果为0.327亿m^3,三门峡水库其他各种运用方案对龙潼段和华潼段减淤效果明显减小,且非汛期控制运用水位越高减淤效果越弱。

对于水沙系列Ⅱ而言,从表4-13和图4-8可以看出,当三门峡水库采用现状运用(方案1)时,计算的潼三段累计冲刷量为0.433亿m^3;龙潼段计算累计淤积为6.626亿m^3;华潼段计算累计淤积量为1.429亿m^3。采用全年敞泄运用(方案2)时,潼三段计算累计冲刷量为1.646亿m^3;龙潼段计算累计淤积量为6.117亿m^3;华潼段计算累计淤积量为1.083亿m^3。对于汛期敞泄非汛期控制(318 m/315 m/310 m)运用,潼三段计算累计冲刷量为1.117亿～1.316亿m^3;龙潼段累计淤积量为6.369亿～6.52亿m^3;华潼段累计淤积量为1.145亿～1.186亿m^3。当三门峡水库汛期流量小于1 500 m^3/s,采用305 m控制和非汛期控制(318 m/315 m/310 m)运用时,潼三段计算累计冲刷量为1.06亿～1.239亿m^3;龙潼段累计淤积量为6.418亿～6.656亿m^3;华潼段累计淤积量为1.158亿～1.211亿m^3。与现状运用相比,三门峡水库采用全年敞泄运用对龙潼段和华潼段都有一定的减淤效果,对于龙潼段计算减淤效果为0.509亿m^3,对于华潼段减淤效果为0.346亿m^3。三门峡水库其他各种运用方案对龙潼段和华潼段减淤效果也明显减小,且非汛期控制运用水位越高减淤效果越弱。

第三节　主要结论与认识

通过以上水沙数学模型计算结果的分析,就三门峡水库不同运用方式对潼关高程的影响以及对三门峡库区河道冲淤的影响可以得到以下几点认识:

(1)在三门峡水库采用现状运用方式条件下,当遇到平水系列时,潼关高程可以基本维持现状,甚至略有下降,而在遇到枯水系列时则有所上升,但上升幅度不大。

(2)三门峡水库采用全年敞泄运用时,潼关高程是可以下降的,即使在枯水系列下潼关高程也可以下降0.89 m左右,遇到平水系列时下降1.53 m以上是可能的。

(3)对于三门峡水库汛期采用敞泄非汛期控制(318 m/315 m/310 m)运用时,在平水系列时潼关高程可以下降1.28 m左右,在枯水系列时下降0.62 m左右。

(4)对于三门峡水库汛期采用部分控制运用非汛期控制(318 m/315 m/310 m)运用时,当遇平水系列时,潼关高程可以下降1.0 m左右;当遇枯水系列时,潼关高程下降0.71 m左右。

(5)与现状运用相比,全年敞泄运用效果最明显,可以下降约1.0 m,而且来水越丰下降越多。

(6)来水条件对潼关高程有比较明显的影响,来水越丰对潼关高程下降越有利。计算表明,在三门峡水库采用全年敞泄运用、汛期敞泄和非汛期控制运用以及汛期$Q<$

1 500 m^3/s水位控制 305 m 和非汛期控制运用条件下，与枯水系列Ⅱ相比，平水系列Ⅰ可以使潼关高程多下降 0. 71 m。

(7)在全年敞泄运用和控制运用时潼关高程变化过程表现为先下降、后小幅度回升，再接近相对稳定等三个阶段。潼关高程的这种升降特点除与来水枯丰有关外，也说明当三门峡水库采用某种固定的运用方式运行足够长的时间后，潼关高程都有趋于稳定的趋势。

(8)当三门峡水库采用现状运用时，潼三段系列Ⅰ冲刷量为 0. 749 亿 m^3，系列Ⅱ为 0. 433 亿 m^3；当采用全年敞泄运用时潼三段冲刷明显，系列Ⅰ的冲刷量为 3. 432 亿 m^3，系列Ⅱ的冲刷量为 1. 646 亿 m^3；当三门峡水库采用汛期敞泄非汛期控制运用(318 m/315 m/310 m)时，系列Ⅰ潼三段冲刷量为 2. 150 亿～2. 715 亿 m^3，系列Ⅱ潼三段冲刷量为 1. 117 亿～1. 316 亿 m^3；当三门峡水库汛期 $Q<1\ 500\ m^3/s$ 采用 305 m 水位控制和非汛期采用(318 m/315 m/310 m)控制运用时，系列Ⅰ潼三段计算冲刷幅度为 2. 043 亿～2. 565 亿 m^3；系列Ⅱ潼三段计算冲刷幅度为 1. 06 亿～1. 239 亿 m^3。

(9)与现状运用相比，三门峡水库采用全年敞泄运用对龙潼段和华潼段都有一定的减淤效果，对于龙潼段计算减淤效果为 1. 464 亿 m^3(系列Ⅰ)和 0. 509 亿 m^3(系列Ⅱ)，对于华潼段减淤效果为 0. 327 亿 m^3(系列Ⅰ)和 0. 346 亿 m^3(系列Ⅱ)。三门峡水库其他各种运用方案对龙潼段和华潼段减淤效果明显减小，且非汛期控制运用水位越高减淤效果越弱。

第五章　利用数学模型研究不同控制潼关高程对渭河下游冲淤的影响

第一节　问题提出与研究任务

一、问题提出

潼关位于黄河、渭河和北洛河三河汇流区的出口，距三门峡大坝 113. 2 km。潼关以上汇流区河谷宽阔，黄河小北干流河段(龙门至潼关河段)最宽可达 18 km，而潼关处的河谷突然缩窄到 1 km，形成天然卡口。在三门峡水库兴建前，遇到较大洪水时，有卡流壅水现象，潼关以上三河汇流区是天然的滞洪滞沙区。由于潼关的特殊地理位置，潼关断面是黄河小北干流和渭河的局部侵蚀基准面，潼关河床高程的变化将直接影响到渭河下游河床演变。

三门峡水库在 1974 ~ 1985 年期间采用蓄清排浑调水调沙运用，使非汛期淤积在主槽中的泥沙靠洪水期的富余输沙能力排至库外，汛期由沿程冲刷与溯源冲刷相结合，达到潼关以下库区年内冲淤基本平衡，维持潼关高程在 326. 5 m 上下。

自 1986 年以后，随着流域水资源的进一步开发利用，龙羊峡、刘家峡等大型水库蓄水调节，黄土高原地区大规模的综合治理及水利水保工程的兴建使黄河上中游地区的产水产沙发生重大变化，特别是汛期、洪水期的水量和洪峰流量减少，进入潼关断面的水沙也随之发生重大变化。由于汛期和洪水期水量减少，河道水流输沙能力大幅度下降，非汛期淤在主槽中的泥沙靠沿程冲刷和溯源冲刷已不能将潼关附近河段的淤积物全部冲刷出库，无力使潼关以下库区在年内达到冲淤平衡，从而出现累积性淤积。受淤积上延作用，潼关高程缓慢上升，至 2001 年汛后达到 328. 23 m。

二、研究任务

根据水利部重大科研项目"潼关高程控制及三门峡水库运用方式研究"专题 I 研究内容对数学模型的要求，三门峡水库水沙数学模型计算范围为渭河自咸阳水文站、泾河自张家山水文站至渭河河口，黄河自龙门水文站至潼关水文站，北洛河 洑头水文站的水沙条件直接入渭河见图 4-1。根据选定不同重现期(如 20 年一遇洪水)、最有可能发生的水文系列，模拟潼关不同控制高程(326 m、327 m、328 m)对渭河下游河道冲淤过程、冲淤量、冲淤部位和冲淤范围的影响进行计算和分析；在设计洪水（华县和潼关同频率洪水）和潼关不同控制高程(326 m、327 m、328 m) 条件下，采用数学模型计算系列结束后的河道断面地形条件，计算渭河下游河道沿程洪水位及渭河下游河槽排洪能力。

第二节　不同控制潼关高程对渭河下游冲淤影响的分析计算

潼关高程的上升和渭河下游河道的泥沙淤积是一个相互关联、相互影响的系统。三门峡水库不同运用阶段，潼关高程对渭河下游的影响程度亦不同。自20世纪90年代以来，渭河下游的来水来沙条件也发生了巨大变化，水沙总量减少、洪水场次减少、高含沙小洪水场次增加，使渭河下游的演变出现了许多新的特点。为了研究潼关高程对渭河下游河道冲淤和排洪能力的影响，采用黄河中游一维恒定流泥沙冲淤数学模型重点研究在不同水文系列条件下，潼关不同控制高程对渭河下游河道冲淤过程、冲淤量、冲淤部位和冲淤范围的影响；计算设计洪水条件下潼关不同控制高程时，渭河下游沿程洪水位变化及其对渭河下游河槽排洪能力的影响。

一、数学模型计算河段、初始条件、设计水沙系列及计算方案

（一）计算河段及初始条件

数学模型计算范围为渭河自咸阳水文站、泾河自张家山水文站至渭河河口、黄河自龙门水文站至潼关水文站，北洛河洑头水文站的水沙条件直接入渭河，见图4-1。计算河段上游龙门、河津、咸阳、张家山、洑头作为数学模型的入口水沙条件，计算下游边界条件为潼关控制断面，初始河床地形条件采用2001年汛后实测大断面资料及相应河床质级配。

（二）设计水沙系列统计分析

2003年8月12日，“潼关高程控制及三门峡水库运用方式研究”项目组（以下简称项目组）在充分考虑了大型水库、水土保持及工农业用水等对未来水沙条件的影响与近期水沙变化趋势的条件下，提出了两个设计水沙系列供数学模型计算。

第一个设计水沙系列（以下简称系列Ⅰ）：龙门、河津、咸阳、张家山、洑头分别采用1978年11月1日~1983年6月30日+1987年7月1日~1996年10月31日水文年的实测水沙过程移置为设计年系列计算年份水沙过程，其中龙门站考虑了龙羊峡水库、刘家峡水库调节的影响，各水文站非汛期、汛期、年水量和沙量统计见表4-2、表4-3、表5-1、表5-2、表4-5及表5-3，其中五站是指龙门、河津、咸阳、张家山、洑头5个站的简称。由表4-2、表4-3、表5-1、表5-2、表4-5及表5-3可以看出，系列Ⅰ年均来水量为291.2亿m^3，其中龙门占80.7%、河津占2.2%、咸阳占10.8%、张家山占4.1%、洑头占2.2%；年均来沙量为9.37亿t，其中龙门占61.8%、河津占0.6%、咸阳占7.2%、张家山占22.4%、洑头占8.0%，系列Ⅰ年均含沙量为32.2 kg/m^3。由表5-3可以看出，系列Ⅰ前8年年均来水量为314.0亿m^3，年均来沙量为8.84亿t，年均含沙量为28.2 kg/m^3，较整个系列Ⅰ年均来水量大，较整个系列Ⅰ年均含沙量小；后6年年均来水量为260.8亿m^3，年均来沙量为10.07亿t，年均含沙量为38.6 kg/m^3，较整个系列Ⅰ年均来水量小，较整个系列Ⅰ年均含沙量大，图5-1、图5-2分别为五站各年汛期、非汛期、年来水量和来沙量统计图。

第二个设计水沙系列（以下简称系列Ⅱ）：龙门、河津、咸阳、张家山、洑头分别采用1987年11月1日~2001年10月31日实测水沙过程移置为设计年系列计算年份水沙过程，各站非汛期、汛期、年水量和沙量统计见表4-7、表4-8、表5-4、表5-5、表4-10及表5-6。

由表中可以看出,系列Ⅱ年均来水量为247.14 亿 m^3,其中龙门占81.4%、河津占2.1%、咸阳占9.6%、张家山占4.2%、洑头占2.7%;年均来沙量为8.44 亿 t,其中龙门占60.1%、河津占0.4%、咸阳占5.7%、张家山占24.1%、洑头占9.7%,系列Ⅱ年均含沙量为34.1 kg/m^3。由表5-6 可以看出,系列Ⅱ前9 年年均来水量为284.46 亿 m^3,年均来沙量为10.32 亿 t,年均含沙量为36.3 kg/m^3,较整个系列Ⅱ年均来水量大;后5 年年均来水量为179.97 亿 m^3,年均来沙量为5.06 亿 t,年均含沙量为28.1 kg/m^3,较整个系列Ⅱ年均来水量小,图5-3、图5-4 分别为五站各年汛期、非汛期、年来水量和来沙量统计图。

由上述分析可知,系列Ⅰ年均来水量较系列Ⅱ年均来水量大,年均来水量偏大15.1%;系列Ⅰ年均来沙量也较系列Ⅱ年均来沙量大,年均来沙量偏大9.9%;系列Ⅰ年均含沙量较系列Ⅱ年均含沙量小。因此,系列Ⅰ与系列Ⅱ相比,系列Ⅰ属于来水量偏丰、含沙量较小的水沙系列。

(三)计算方案与潼关控制断面水位流量关系

根据项目组提供的上述两个设计水沙系列,对于每一个水沙系列,下游潼关站分别采用3 个不同高程下的水位—流量关系曲线。第一个水位—流量关系曲线的控制条件是当潼关站流量为1 000 m^3/s时,潼关站相应控制水位为326 m(简称326 m 方案);第二个水位—流量关系曲线的控制条件是当潼关站流量为1 000 m^3/s 时,潼关站相应控制水位为327 m(简称327 m 方案);第三个水位—流量关系曲线的控制条件是当潼关站流量为1 000 m^3/s时,潼关站相应控制水位为328 m(简称328 m 方案)。下游潼关站分别采用3 个不同高程下的水位—流量关系曲线,见图5-5。

表5-1 咸阳站水沙系列Ⅰ水量、沙量统计

计算年份	水量(亿 m^3)			沙量(亿 t)		
	非汛期	汛期	全年	非汛期	汛期	全年
2001	7.24	15.25	22.49	0.01	0.70	0.71
2002	6.16	26.55	32.71	0.06	1.14	1.20
2003	7.00	52.92	59.92	0.07	1.23	1.30
2004	15.13	15.55	30.68	0.09	0.29	0.38
2005	19.11	11.90	31.01	0.13	0.12	0.25
2006	12.52	30.03	42.55	0.18	0.85	1.03
2007	20.98	18.09	39.07	0.22	0.34	0.56
2008	19.64	26.95	46.59	0.12	0.74	0.86
2009	22.17	6.72	28.89	0.35	0.14	0.49
2010	9.82	22.95	32.77	0.17	1.11	1.28
2011	20.71	19.24	39.95	0.09	0.31	0.40
2012	13.04	5.94	18.98	0.16	0.25	0.41
2013	4.07	3.17	7.24	0.01	0.23	0.24
2014	4.40	4.87	9.27	0.02	0.19	0.21
平均	13.00	18.58	31.58	0.12	0.55	0.67

表 5-2　张家山站水沙系列Ⅰ水量、沙量统计

计算年份	水量(亿 m^3)			沙量(亿 t)		
	非汛期	汛期	全年	非汛期	汛期	全年
2001	1.66	6.07	7.73	0	1.54	1.54
2002	1.32	7.32	8.64	0.11	1.51	1.62
2003	2.35	14.55	16.90	0.46	1.84	2.30
2004	3.50	5.92	9.42	0.17	1.09	1.26
2005	6.89	3.05	9.94	0.27	0.70	0.97
2006	3.65	15.12	18.77	0.23	4.04	4.27
2007	4.39	6.51	10.90	0.03	1.23	1.26
2008	4.69	10.94	15.63	0.14	1.77	1.91
2009	7.92	3.21	11.13	1.08	0.70	1.78
2010	2.51	11.25	13.76	0.28	3.10	3.38
2011	3.47	6.74	10.21	0	1.21	1.21
2012	3.92	7.04	10.96	0.16	0.99	1.15
2013	1.45	7.39	8.84	0.01	2.66	2.67
2014	1.90	11.76	13.66	0.07	4.07	4.14
平均	3.54	8.35	11.89	0.21	1.89	2.10

表 5-3　五站水沙系列Ⅰ水量、沙量统计

计算年份	水量(亿 m^3)			沙量(亿 t)		
	非汛期	汛期	全年	非汛期	汛期	全年
2001	158.48	184.03	342.51	0.69	10.07	10.76
2002	166.56	104.24	270.80	1.20	4.84	6.04
2003	136.98	229.27	366.25	1.53	9.56	11.09
2004	149.65	138.11	287.76	1.00	5.12	6.12
2005	185.31	67.20	252.51	1.01	3.35	4.36
2006	120.54	169.22	289.76	1.18	14.58	15.76
2007	166.95	202.57	369.52	1.36	6.94	8.30
2008	195.87	136.71	332.58	1.30	6.98	8.28
2009	184.92	58.06	242.98	3.40	3.05	6.45
2010	122.70	122.62	245.32	1.27	11.08	12.35
2011	155.69	130.53	286.22	1.16	4.70	5.86
2012	147.46	136.71	284.17	0.99	11.59	12.58
2013	131.79	120.31	252.10	0.80	9.59	10.39
2014	131.24	123.03	254.27	1.43	11.35	12.78
平均	153.87	137.33	291.20	1.31	8.06	9.37

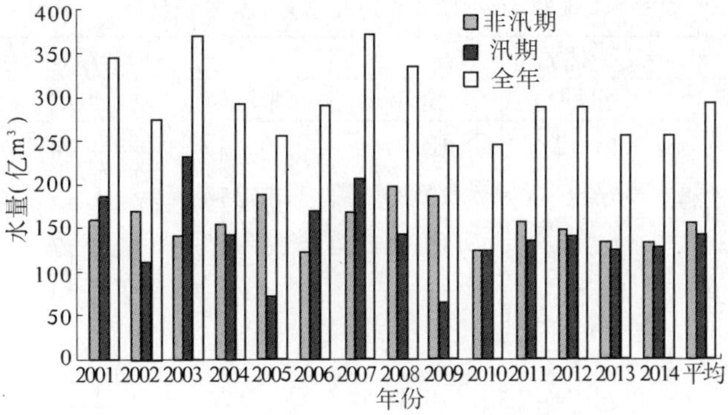

图 5-1　系列Ⅰ五站各年汛期、非汛期、年来水量变化过程

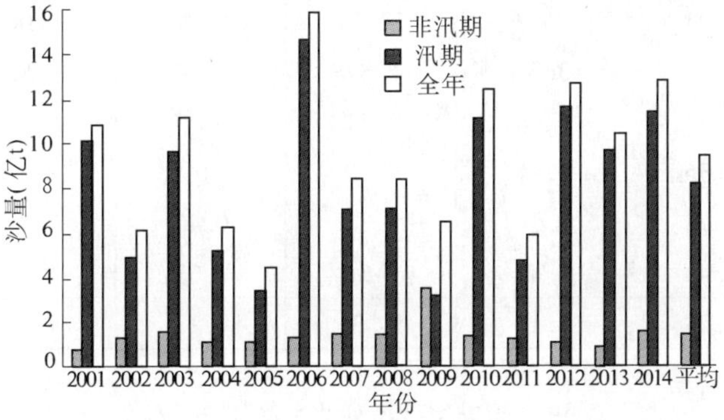

图 5-2　系列Ⅰ五站各年汛期、非汛期、年来沙量变化过程

表 5-4　咸阳站水沙系列Ⅱ水量、沙量统计

计算年份	水量(亿 m³)			沙量(亿 t)		
	非汛期	汛期	全年	非汛期	汛期	全年
2001	12.52	30.03	42.55	0.18	0.85	1.03
2002	20.96	18.05	39.01	0.22	0.34	0.56
2003	19.71	26.95	46.66	0.12	0.74	0.86
2004	22.17	6.72	28.89	0.35	0.14	0.49
2005	9.82	22.95	32.77	0.17	1.11	1.28
2006	20.41	19.46	39.87	0.11	0.31	0.42
2007	13.13	5.94	19.07	0.16	0.25	0.41
2008	4.07	3.17	7.24	0.01	0.23	0.24
2009	4.40	4.91	9.31	0.02	0.19	0.21
2010	6.80	1.39	8.19	0.03	0.04	0.07
2011	4.84	12.56	17.40	0.05	0.23	0.28
2012	6.31	10.83	17.14	0.03	0.35	0.38
2013	4.55	9.68	14.23	0.15	0.33	0.48
2014	3.98	6.73	10.71	0	0.09	0.09
平均	10.98	12.81	23.79	0.11	0.37	0.48

表 5-5　张家山站水沙系列Ⅱ水量、沙量统计

年份	水量(亿 m^3)			沙量(亿 t)		
	非汛期	汛期	全年	非汛期	汛期	全年
2001	3.65	15.12	18.77	0.23	4.04	4.27
2002	4.39	6.50	10.89	0.03	1.23	1.26
2003	4.71	10.94	15.65	0.14	1.77	1.91
2004	7.92	3.21	11.13	1.08	0.70	1.78
2005	2.51	11.14	13.65	0.28	3.10	3.38
2006	3.45	6.73	10.18	0	1.21	1.21
2007	3.95	7.04	10.99	0.16	0.99	1.15
2008	1.45	7.39	8.84	0.01	2.66	2.67
2009	1.93	11.76	13.69	0.09	4.06	4.15
2010	2.95	3.92	6.87	0.04	1.86	1.90
2011	3.83	3.68	7.51	0.75	0.66	1.41
2012	1.36	4.84	6.20	0	1.27	1.27
2013	1.78	2.54	4.32	0.40	0.50	0.90
2014	1.41	5.41	6.82	0.03	1.19	1.22
平均	3.23	7.16	10.39	0.23	1.80	2.03

表 5-6　五站水沙系列Ⅱ水量、沙量统计

年份	水量(亿 m^3)			沙量(亿 t)		
	非汛期	汛期	全年	非汛期	汛期	全年
2001	118.62	169.16	287.78	1.11	14.65	15.76
2002	166.47	201.90	368.37	1.36	6.94	8.30
2003	196.94	136.71	333.65	1.30	6.98	8.28
2004	186.19	58.06	244.25	3.46	3.05	6.51
2005	122.82	122.35	245.17	1.28	11.08	12.36
2006	154.71	130.82	285.53	1.18	4.70	5.88
2007	147.80	136.63	284.43	0.99	11.59	12.58
2008	132.52	120.24	252.76	0.80	9.59	10.39
2009	131.61	126.59	258.20	1.47	11.32	12.79
2010	98.76	57.91	156.67	0.91	4.58	5.49
2011	107.89	76.91	184.80	1.89	4.80	6.69
2012	115.71	97.27	212.98	0.65	4.15	4.80
2013	113.68	73.12	186.80	1.21	2.77	3.98
2014	93.54	65.06	158.60	0.31	4.02	4.33
平均	134.80	112.34	247.14	1.28	7.16	8.44

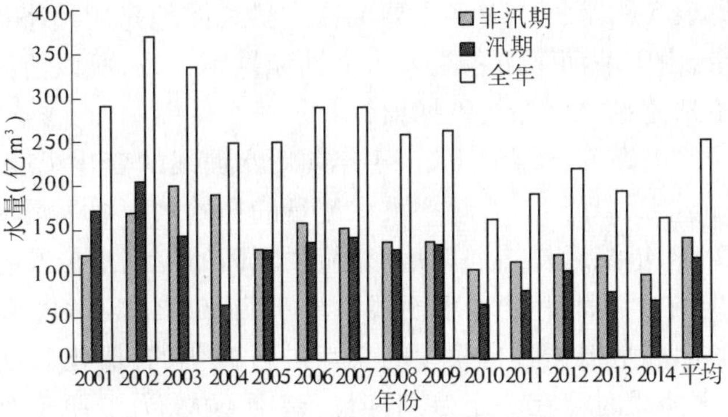

图 5-3　系列Ⅱ五站各年汛期、非汛期、年来水量变化过程

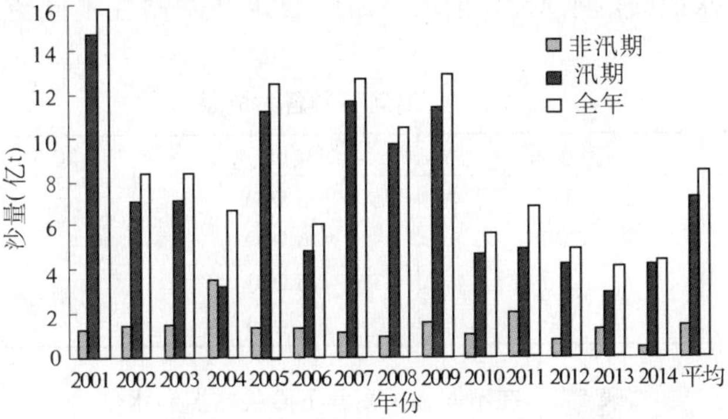

图 5-4　系列Ⅱ五站各年汛期、非汛期、年来沙量变化过程

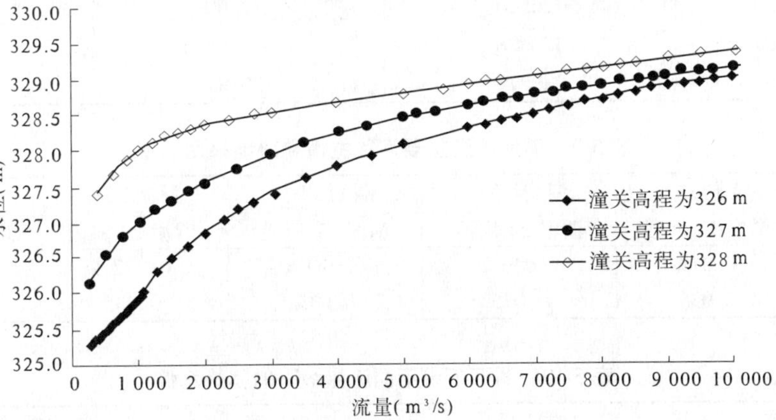

图 5-5　潼关站不同高程下的水位—流量关系

(四)渭河下游不同频率洪水流量及计算条件

项目组为了能够比较全面地反映不同潼关高程对渭河下游河道沿程洪水位及主槽过洪能力的影响,以及便于统一分析各单位数学模型的计算结果,提供了渭河下游常流量、中常流量及20年一遇频率洪水流量及相应的计算条件。

渭河下游常流量、中常流量及20年一遇频率洪水流量见表5-7,相应不同潼关高程下的潼关站控制水位见表5-8,渭河下游各主要河段主槽和滩地采用糙率见表5-9。对于20年一遇频率洪水流量,由于渭河下游各主要水文站流量不一致,所以渭河下游各断面的流量采用两个相邻水位站流量之间的线性插值计算。

为了比较在不同潼关高程下渭河下游14年前后水面线的变化幅度,项目组提供了渭河下游常流量、中常流量及20年一遇频率洪水流量的初始水面线。渭河下游初始水面线的计算主要是依据2001年汛后初始河床地形、潼关断面的控制水位及各主要河段的糙率(见表5-9),利用恒定流自下而上推求水面线。由于四家单位数学模型在进行初始实测大断面概化中采用的标准是依据各自模型的特点进行概化的,概化后断面各家不完全一致,因此在推求初始水面线时存在一定差别,但是差别不大,为了便于对比各家数学模型的计算结果,渭河下游常流量、中常流量及20年一遇频率洪水流量的初始水面线均采用四家单位计算初始水面线的平均值,渭河下游主要水文测站在不同流量级下的初始水位如表5-10所示。

表5-7 渭河下游各站流量 (单位:m^3/s)

站名	常流量	中常流量	20年一遇频率洪水流量
潼关	1 000	6 000	18 800
咸阳	200	6 000	7 080
临潼	200	6 000	10 100
华县	200	6 000	8 530

表5-8 在不同潼关高程下潼关站控制水位 (单位:m)

流量	326 m方案	327 m方案	328 m方案
1 000 m^3/s	326.00	327.00	328.00
6 000 m^3/s	328.28	328.65	328.91
18 800 m^3/s	329.73	330.87	331.12

表5-9 渭河下游主要河段主槽和滩地采用糙率

项目	渭淤1—渭淤17河段	渭淤17—渭淤24河段	渭淤24—渭淤27河段	渭淤27—渭淤29河段	渭淤29—渭淤35河段
主槽糙率	0.019	0.016 2	0.019 6	0.022 8	0.026 6
滩地糙率	0.035	0.035	0.035	0.035	0.035

表5-10 渭河下游不同流量级下的初始水位 (单位:m)

站名	常流量	中常流量	20年一遇频率洪水流量
华县	337.78	343.18	343.98
临潼	353.87	358.72	359.95
咸阳	384.27	389.89	390.62

二、方案计算成果及分析

(一)河道冲淤量计算结果分析

表5-11、表5-12分别给出了在系列Ⅰ和系列Ⅱ两个水沙系列条件下渭河下游和黄河

小北干流河道各个主要河段14年后累计计算的冲淤量、减淤量和减淤比。主要河段减淤量是指326 m方案或327 m方案累计冲淤量与328 m方案累计冲淤量之差；主要河段减淤比计算为各个方案的减淤量与328 m方案累计冲淤量之比。

表5-11　系列Ⅰ主要河段各个方案计算累计冲淤量

河段	冲淤量(亿 m^3)			减淤量(亿 m^3)		减淤比	
	326 m方案	327 m方案	328 m方案	326 m方案	327 m方案	326 m方案	327 m方案
黄淤41—黄淤45	-0.118	0.084	0.249	0.367	0.165	1.474	0.663
黄淤45—黄淤50	0.321	0.396	0.613	0.292	0.217	0.476	0.354
黄淤50—黄淤59	1.196	1.326	1.796	0.600	0.470	0.334	0.262
黄淤59—黄淤68	2.375	2.863	3.263	0.888	0.400	0.272	0.123
黄淤41—黄淤68	3.774	4.669	5.921	2.147	1.252	0.363	0.211
渭拦	-0.106	-0.035	0.025	0.131	0.060	5.240	2.400
渭淤1—渭淤10	0.247	0.421	0.834	0.587	0.413	0.704	0.495
渭淤10—渭淤26	0.775	1.005	1.248	0.473	0.243	0.379	0.195
渭淤26—渭淤37	0.291	0.312	0.354	0.063	0.042	0.178	0.119
渭河	1.207	1.703	2.461	1.254	0.758	0.509	0.308
合计	4.981	6.372	8.382	3.401	2.010	0.406	0.240

表5-12　系列Ⅱ主要河段各个方案计算累计冲淤量

河段	冲淤量(亿 m^3)			减淤量(亿 m^3)		减淤比	
	326 m方案	327 m方案	328 m方案	326 m方案	327 m方案	326 m方案	327 m方案
黄淤41—黄淤45	0.125	0.219	0.315	0.190	0.096	0.603	0.305
黄淤45—黄淤50	0.840	0.959	1.092	0.252	0.133	0.231	0.122
黄淤50—黄淤59	1.356	1.442	1.603	0.247	0.161	0.154	0.100
黄淤59—黄淤68	2.652	2.763	3.018	0.366	0.255	0.121	0.084
黄淤41—黄淤68	4.973	5.383	6.028	1.055	0.645	0.175	0.107
渭拦	-0.041	0.015	0.049	0.090	0.034	1.837	0.694
渭淤1—渭淤10	0.412	0.673	1.121	0.709	0.448	0.632	0.400
渭淤10—渭淤26	0.891	0.975	1.151	0.260	0.176	0.226	0.153
渭淤26—渭淤37	0.303	0.328	0.359	0.056	0.031	0.156	0.086
渭河	1.565	1.991	2.680	1.115	0.689	0.416	0.257
合计	6.538	7.374	8.708	2.170	1.334	0.249	0.153

由表5-11、表5-12计算结果可知，无论潼关高程是维持在326 m还是328 m，在系列Ⅰ和系列Ⅱ两个水沙系列条件下，黄河小北干流和渭河下游从整体上仍然处于淤积状态，在不同潼关高程下，各个河段冲淤量存在一定差别，在潼关附近河段不同方案计算累计冲淤量差别较大，河段距潼关越远，计算累计冲淤量的差别就越小，计算结果基本正确地反映了不同潼关高程对上游河段影响的演变特点。以下从河段累计冲淤量、减淤量和减淤比之间的关系分析不同潼关高程对上游河段冲淤的影响。

在系列Ⅰ水沙条件下，潼关高程分别为 326 m、327 m、328 m 时，渭拦、渭淤 1—渭淤 10、渭淤 10—渭淤 26、渭淤 26—渭淤 37、渭河各河段计算累计冲淤量变化幅度分别为 -0.106亿~0.025 亿 m^3、0.247 亿~0.834 亿 m^3、0.775 亿~1.248 亿 m^3、0.291 亿~0.354 亿 m^3、1.207 亿~2.461 亿 m^3；326 m 方案与 328 m 方案比较，各个河段减淤量分别为 0.131 亿 m^3、0.587 亿 m^3、0.473 亿 m^3、0.063 亿 m^3、1.254 亿 m^3，各个河段减淤比分别为 5.240、0.704、0.379、0.178、0.509；327 m 方案与 328 m 方案比较，各个河段减淤量分别为 0.060 亿 m^3、0.413 亿 m^3、0.243 亿 m^3、0.042 亿 m^3、0.758 亿 m^3，各个河段减淤比分别为 2.400、0.495、0.195、0.119、0.308。可以看出，潼关高程为 326 m 方案和 327 m 方案与 328 m 方案比较，对渭河下游河段具有较明显减淤作用，减淤比自下游向上游急剧减少，326 m 方案平均减淤比为 0.509，327 m 方案平均减淤比为 0.308。

在系列Ⅰ水沙条件下，潼关高程分别为 326 m、327 m、328 m 时，黄淤 41—黄淤 45、黄淤 45—黄淤 50、黄淤 50—黄淤 59、黄淤 59—黄淤 68、黄淤 41—黄淤 68 各河段计算累计冲淤量变化幅度分别为 -0.118 亿~0.249 亿 m^3、0.321 亿~0.613 亿 m^3、1.196 亿~1.796 亿 m^3、2.375 亿~3.263 亿 m^3、3.774 亿~5.921 亿 m^3；326 m 方案与 328 m 方案比较，各个河段减淤量分别为 -0.367亿 m^3、0.292 亿 m^3、0.600 亿 m^3、0.888 亿 m^3、2.147 亿 m^3，各个河段减淤比分别为 1.474、0.476、0.334、0.272、0.363；327 m 方案与 328 m 方案比较，各个河段减淤量分别为 0.165 亿 m^3、0.217 亿 m^3、0.470 亿 m^3、0.400 亿 m^3、1.252 亿 m^3，各个河段减淤比分别为 0.663、0.354、0.262、0.123、0.211。同样可以看出，潼关高程为 326 m 方案和 327 m 方案与 328 m 方案比较，对黄河小北干流河段具有减淤作用，减淤比自下游向上游逐渐减少，326 m 方案平均减淤比为 0.363，327 m 方案平均减淤比为 0.211。

在系列Ⅱ水沙条件下，潼关高程分别为 326 m、327 m、328 m 时，渭拦、渭淤 1—渭淤 10、渭淤 10—渭淤 26、渭淤 26—渭淤 37、渭河各河段计算累计冲淤量变化幅度分别为 -0.041亿~0.049 亿 m^3、0.412 亿~1.121 亿 m^3、0.891 亿~1.151 亿 m^3、0.303 亿~0.359 亿 m^3、1.565 亿~2.680 亿 m^3；326 m 方案与 328 m 方案比较，各个河段减淤量分别为 0.090 亿 m^3、0.709 亿 m^3、0.260 亿 m^3、0.056 亿 m^3、1.115 亿 m^3，各个河段减淤比分别为 1.837、0.632、0.226、0.156、0.416；327 m 方案与 328 m 方案比较，各个河段减淤量分别为 -0.034 亿 m^3、-0.448 亿 m^3、-0.176 亿 m^3、-0.031 亿 m^3、-0.689 亿 m^3，各个河段减淤比分别为 0.694、0.400、0.153、0.086、0.257。同样可以看出，潼关高程为 326 m 方案和 327 m 方案与 328 m 方案比较，对渭河下游河段具有较明显减淤作用，减淤比自下游向上游急剧减少，326 m 方案平均减淤比为 -0.416，327 m 方案平均减淤比为 -0.257。

在系列Ⅱ水沙条件下，潼关高程分别为 326 m、327 m、328 m 时，黄淤 41—黄淤 45、黄淤 45—黄淤 50、黄淤 50—黄淤 59、黄淤 59—黄淤 68、黄淤 41—黄淤 68 各河段计算累计冲淤量变化幅度分别为 0.125 亿~0.315 亿 m^3、0.840 亿~1.092 亿 m^3、1.356 亿~1.603 亿 m^3、2.652 亿~3.018 亿 m^3、4.973 亿~6.028 亿 m^3；326 m 方案与 328 m 方案比较，各个河段减淤量分别为 0.190 亿 m^3、0.252 亿 m^3、0.247 亿 m^3、0.366 亿 m^3、1.055 亿 m^3，各个河段减淤比分别为 0.603、0.231、0.154、0.121、0.175；327 m 方案与 328 m 方案比较，各个河段减淤量分别为 0.096 亿 m^3、0.133 亿 m^3、0.161 亿 m^3、0.255 亿 m^3、0.645亿 m^3，各个河段减淤比分别为 0.305、0.122、0.100、0.084、0.107。可以看出，潼关高程 326 m 方案和 327 m 方案与 328 m 方案比较，对黄河小北干流河段具有一定减淤作用，减淤比自下

游向上游逐渐减少,326 m 方案平均减淤比为 0.175, 327 m 方案平均减淤比为 0.107。

由以上结果分析表明:随着潼关高程的降低,渭河下游河段、黄河小北干流河段的比降逐渐增大,河道输沙能力随之增大,对渭河下游河段、黄河小北干流的减淤作用也随之增大,减淤比自下游向上游逐渐减少。在相同潼关高程下,系列Ⅰ来水量较系列Ⅱ丰,可以看出,系列Ⅰ渭河下游河段、黄河小北干流各个河段的减淤比与系列Ⅱ相应河段的减淤比相比,系列Ⅰ减淤比明显大于系列Ⅱ的减淤比,这也说明在丰水水沙条件下,潼关高程降低对渭河下游河段、黄河小北干流减淤作用大,而在枯水水沙条件下,潼关高程降低对渭河下游河段、黄河小北干流减淤作用相对较少。

图 5-6 和图 5-7 给出了两个水沙系列在不同潼关控制高程时,黄河小北干流河道的泥沙冲淤过程。可以看出:黄河小北干流各个河段的泥沙淤积是随时间发生了累积性淤积的。在系列Ⅰ水沙条件及不同潼关控制高程下,黄淤 50 断面以下河段在前 6 年发生冲刷,冲刷幅度随着潼关控制高程的降低而增大,6 年以后开始发生累积性淤积,黄淤 50 断面以上河段均发生累积性淤积;在系列Ⅱ水沙条件及不同潼关控制高程下,黄淤 45 断面以下河段在前 6 年发生冲刷,但冲刷幅度较系列Ⅰ小,6 年以后开始发生累积性淤积,黄淤 45断面以上河段均发生累积性淤积。在小北干流下段,由于黄淤 41—黄淤 50 河段与潼关控制断面比较近,其河道泥沙冲淤演变受潼关高程影响较大,潼关高程越低河段比降越大,遇到丰水系列,河道冲刷强度越大;反之,遇到枯水河道,冲刷减弱或发生淤积。因此,在不同潼关控制高程下,系列Ⅰ溯源冲刷范围比系列Ⅱ大,冲刷强度也比系列Ⅱ大。黄淤 50 断面以上河段受到来水来沙和潼关高程两个条件的影响,其河道演变过程比较复杂,但是从计算累计淤积量过程来看,来水来沙条件是主要影响因素。

图 5-8 和图 5-9 给出了两个水沙系列在不同潼关控制高程时,渭河下游河道的泥沙冲淤过程。可以看出:渭河下游淤积最严重的河段是渭淤 10—渭淤 26,渭淤 26—渭淤 37 河段淤积轻微,而渭淤 10 断面(华县)以下则有冲有淤。渭河下游河道冲淤特点一方面与来水来沙和河道形态密切相关,另一方面又受制于潼关控制高程。从各个河段累计冲淤量变化过程表明,渭淤 10 断面(华县)以上河段河道的冲淤主要取决于上游的来水来沙条件,受潼关高程影响较小;渭淤 10 断面(华县)以下河段河道的冲淤同时受到来水来沙和潼关高程两个因素的影响,系列Ⅰ渭淤 10 断面(华县)以下河段河道在前 6 年的累计冲刷幅度比系列Ⅱ大,持续时间较系列Ⅱ长。

(二)渭河下游洪水位计算结果及分析

表 5-13、表 5-14 给出了两个水沙系列(系列Ⅰ、系列Ⅱ)在不同潼关高程下渭河下游主要水文站 14 年前后不同流量级计算洪水位及升降值(14 年后计算水位与 14 年前初始水位的差),以及潼关控制高程 326 m 方案、327 m 方案与潼关控制高程 328 m 方案相比不同流量级水位降低幅度;图 5-10、图 5-11 描述了两个水沙系列在不同潼关高程下渭河下游 14 年前后不同流量级水位升降值沿程变化情况;表 5-15 为系列Ⅰ、系列Ⅱ渭河下游各主要河段潼关控制高程 326 m 方案、327 m 方案与潼关控制高程 328 m 方案相比不同流量级水位降低幅度;图 5-12 ~ 图 5-15 为系列Ⅰ、系列Ⅱ渭河下游各主要河段潼关控制高程 326 m 方案、327 m 方案与潼关控制高程 328 m 方案相比不同流量级水位降低幅度的沿程变化情况。

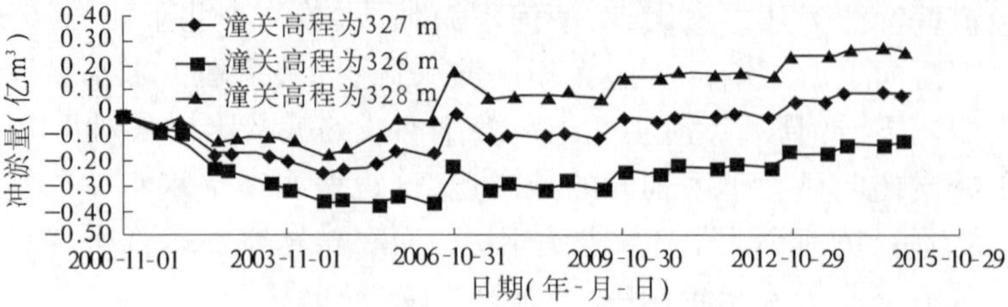

(a)黄淤41—黄淤45河段

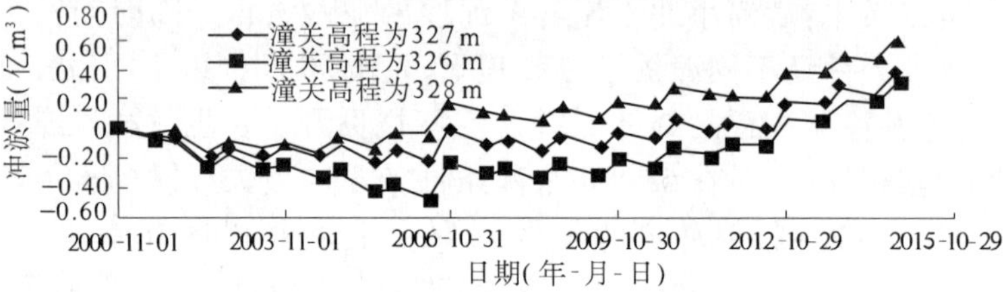

(b)黄淤45—黄淤50河段

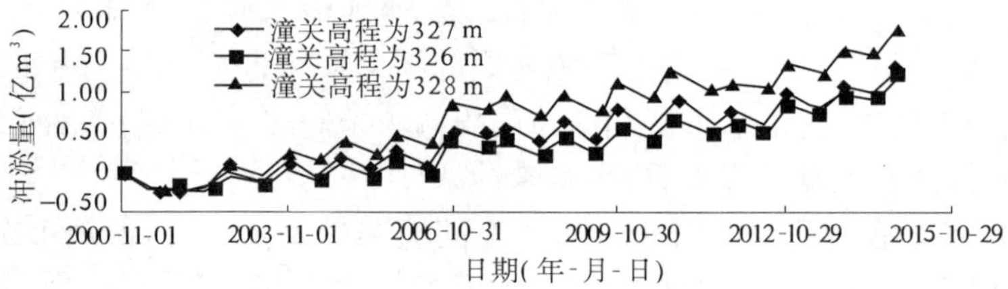

(c)黄淤50—黄淤59河段

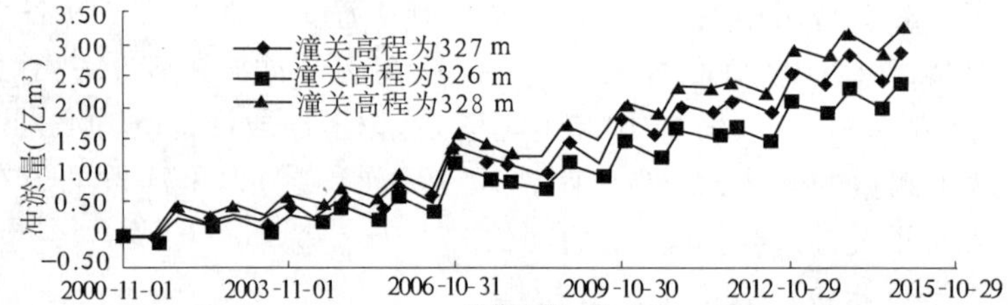

(d)黄淤59—黄淤68河段

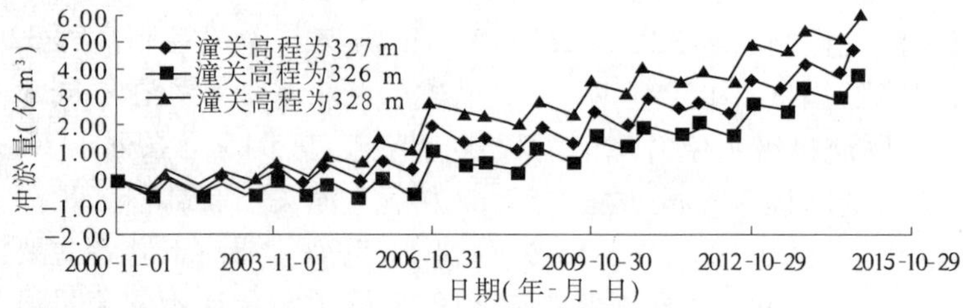

(e)黄淤41—黄淤68河段

图5-6 系列Ⅰ黄河小北干流各河段累计冲淤量过程

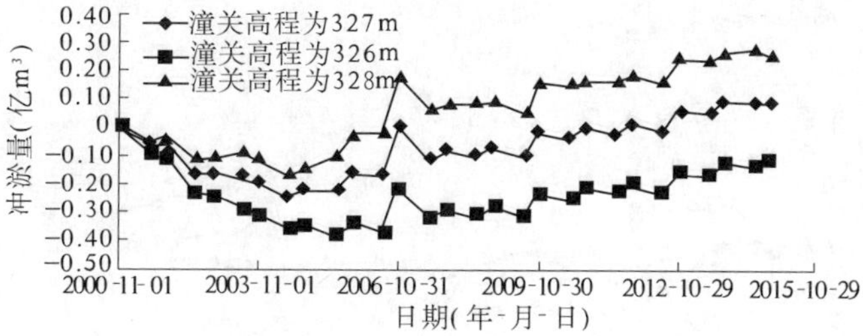

(a)黄淤41—黄淤45河段

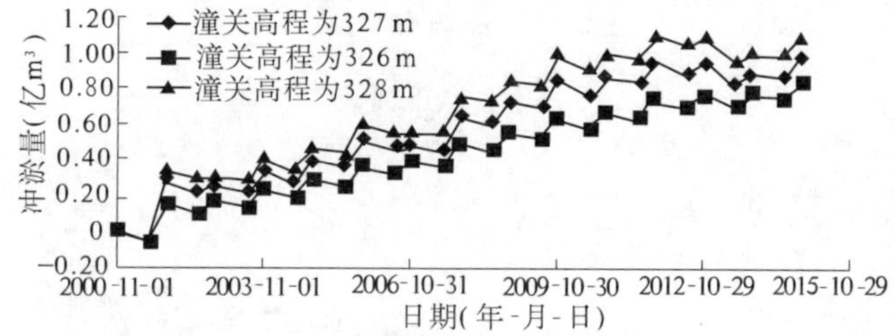

(b)黄淤45—黄淤50河段

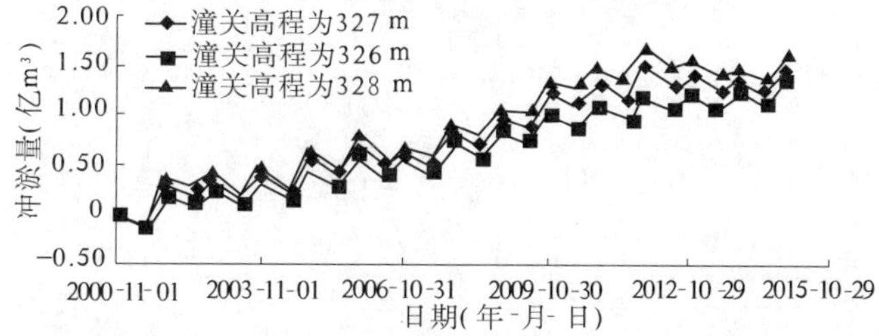

(c)黄淤50—黄淤59河段

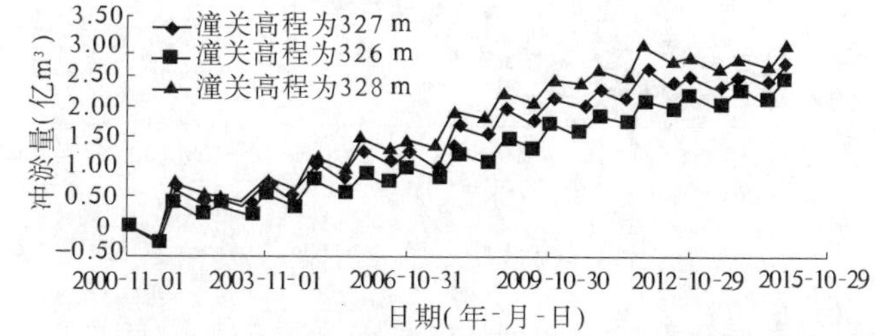

(d)黄淤59—黄淤68河段

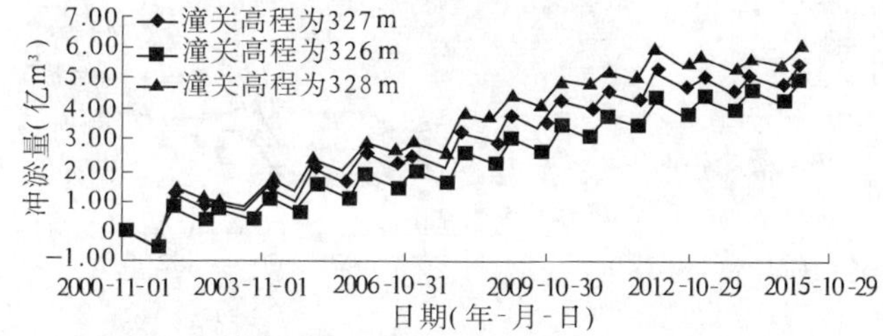

(e)黄淤41—黄淤68河段

图5-7　系列Ⅱ黄河小北干流各河段累计冲淤量过程

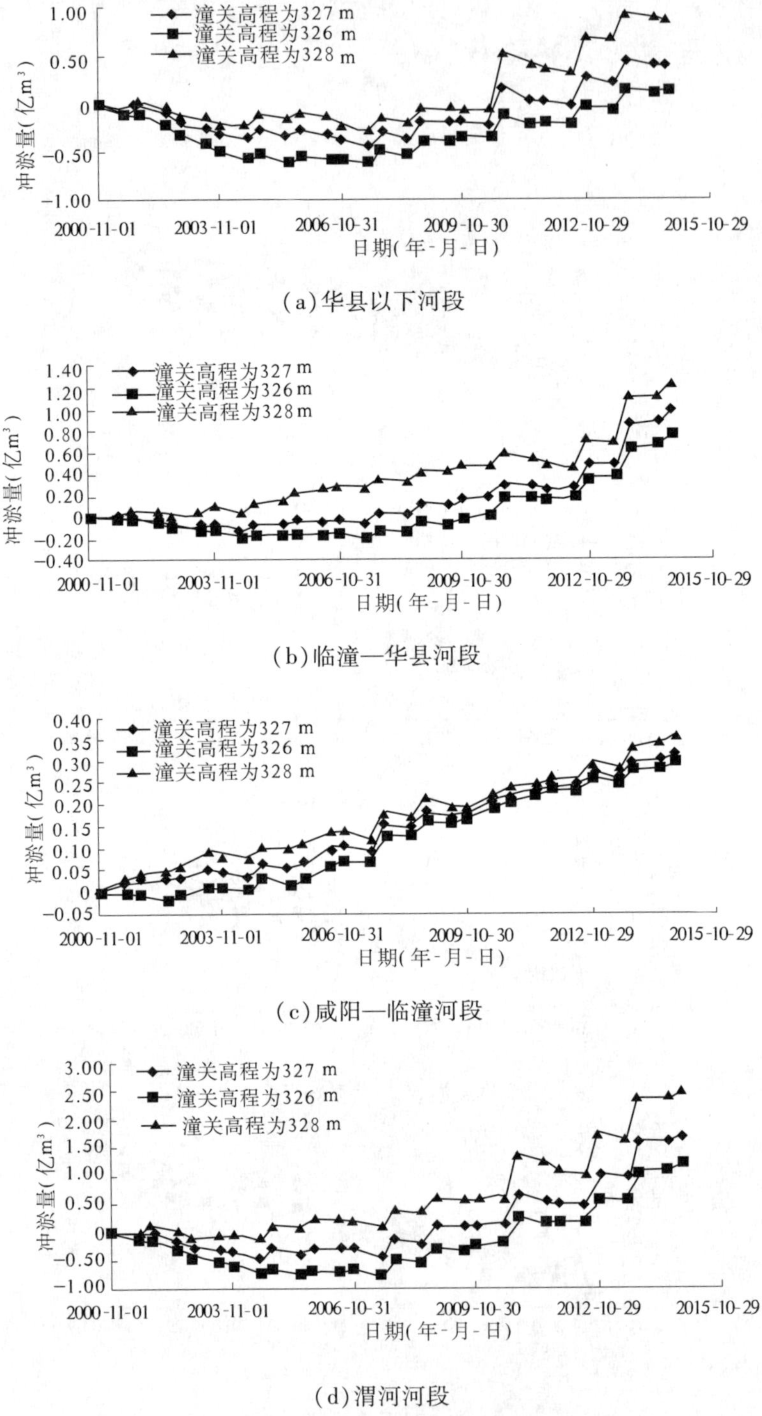

(a)华县以下河段

(b)临潼—华县河段

(c)咸阳—临潼河段

(d)渭河河段

图 5-8　系列Ⅰ渭河下游各河段累计冲淤量过程

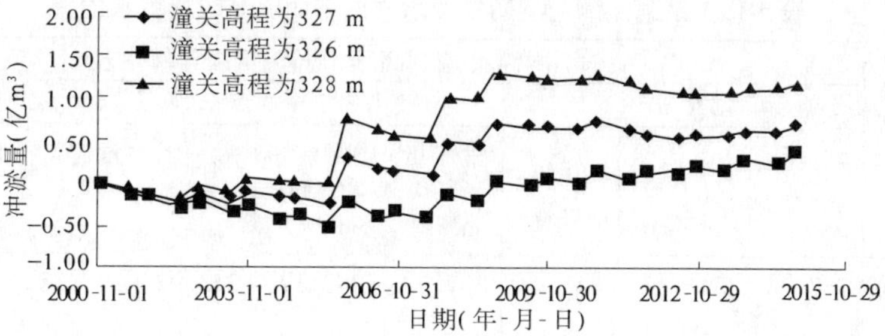

(a)华县以下河段

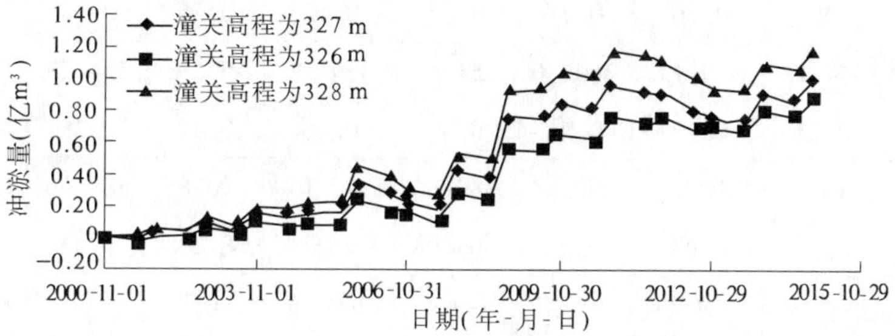

(b)临潼—华县河段

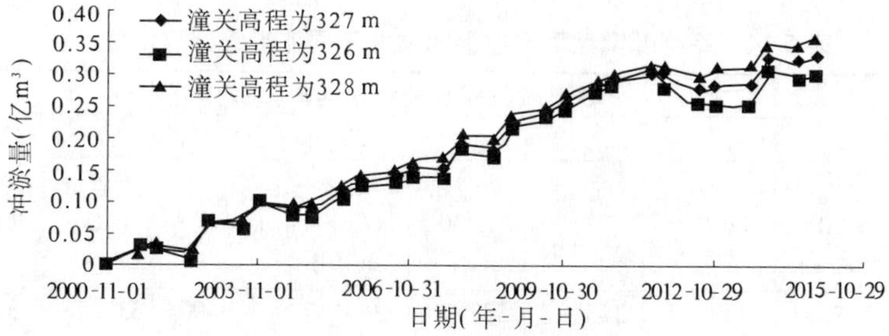

(c)咸阳—临潼河段

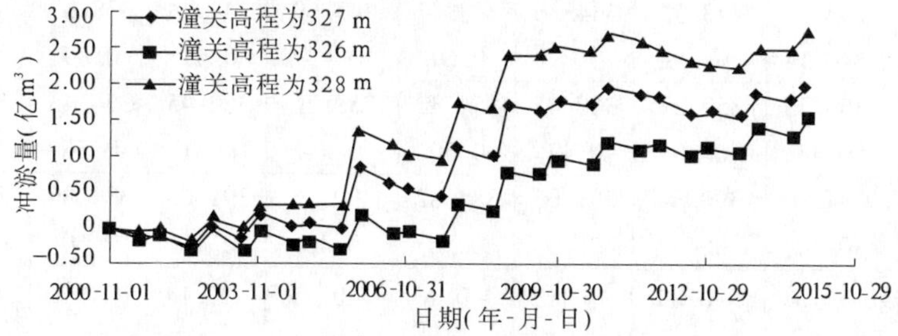

(d)渭河河段

图 5-9　系列Ⅱ渭河下游各河段累计冲淤量过程

表 5-13　系列Ⅰ渭河下游主要水文站不同流量级计算水位　（单位:m）

项目		不同潼关控制高程不同流量级计算水位								
		326 m			327 m			328 m		
		常流量（200 m^3/s）	中常流量（6 000 m^3/s）	20 年一遇	常流量（200 m^3/s）	中常流量（6 000 m^3/s）	20 年一遇	常流量（200 m^3/s）	中常流量（6 000 m^3/s）	20 年一遇
华县站初始水位		337.78	343.17	343.97	337.78	343.17	343.97	337.78	343.17	343.97
临潼站初始水位		353.87	358.72	359.94	353.87	358.72	359.94	353.87	358.72	359.94
咸阳站初始水位		384.26	389.88	390.62	384.26	389.88	390.62	384.26	389.88	390.62
华县站	水位	337.51	343.43	344.18	338.25	343.59	344.33	338.49	343.82	344.60
	升降值	−0.27	0.26	0.21	0.47	0.42	0.36	0.71	0.65	0.63
临潼站	水位	354.12	359.12	360.30	354.17	359.18	360.35	354.25	359.26	360.42
	升降值	0.25	0.40	0.36	0.30	0.46	0.41	0.38	0.54	0.48
咸阳站	水位	384.64	390.11	390.84	384.66	390.13	390.85	384.69	390.17	390.89
	升降值	0.38	0.23	0.22	0.40	0.25	0.23	0.43	0.29	0.27
华县站与 328 m 差		−0.98	−0.39	−0.42	−0.24	−0.23	−0.27	0	0	0
临潼站与 328 m 差		−0.13	−0.14	−0.12	−0.08	−0.08	−0.07	0	0	0
咸阳站与 328 m 差		−0.05	−0.06	−0.05	−0.03	−0.04	−0.04	0	0	0

表 5-14　系列Ⅱ渭河下游主要水文站不同流量级计算水位　（单位:m）

项目		不同潼关控制高程不同流量级计算水位								
		326 m			327 m			328 m		
		常流量（200 m^3/s）	中常流量（6 000 m^3/s）	20 年一遇	常流量（200 m^3/s）	中常流量（6 000 m^3/s）	20 年一遇	常流量（200 m^3/s）	中常流量（6 000 m^3/s）	20 年一遇
华县站初始水位		337.78	343.17	343.97	337.78	343.17	343.97	337.78	343.17	343.97
临潼站初始水位		353.87	358.72	359.94	353.87	358.72	359.94	353.87	358.72	359.94
咸阳站初始水位		384.26	389.88	390.62	384.26	389.88	390.62	384.26	389.88	390.62
华县站	水位	337.64	343.52	344.36	338.47	343.60	344.44	338.67	343.75	344.58
	升降值	−0.14	0.35	0.39	0.69	0.43	0.47	0.89	0.58	0.61
临潼站	水位	354.35	359.22	360.41	354.37	359.26	360.45	354.43	359.31	360.48
	升降值	0.48	0.50	0.47	0.50	0.54	0.51	0.56	0.59	0.54
咸阳站	水位	384.80	390.34	391.05	384.82	390.36	391.08	384.86	390.39	391.09
	升降值	0.54	0.46	0.43	0.56	0.48	0.46	0.60	0.51	0.47
华县站与 328 m 差		−1.03	−0.23	−0.22	−0.20	−0.15	−0.14	0	0	0
临潼站与 328 m 差		−0.08	−0.09	−0.07	−0.06	−0.05	−0.03	0	0	0
咸阳站与 328 m 差		−0.06	−0.05	−0.04	−0.04	−0.03	−0.01	0	0	0

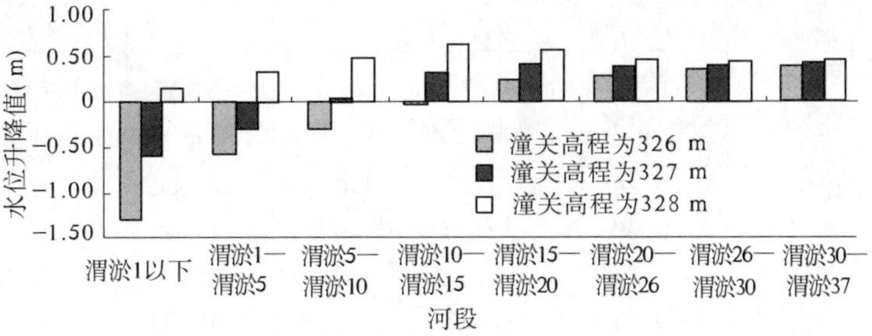

(a) $Q = 200\ m^3/s$

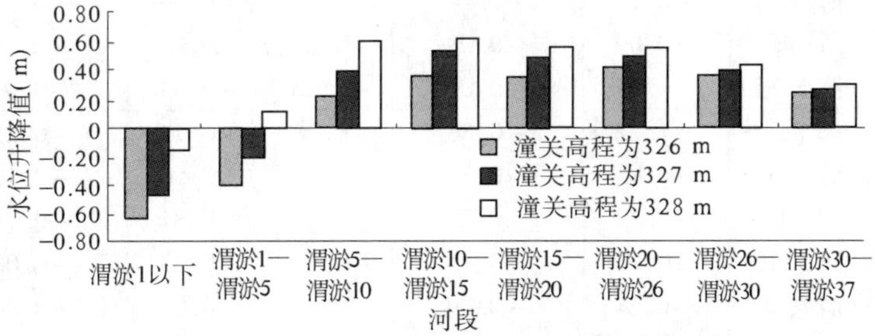

(b) $Q = 6\ 000\ m^3/s$

图 5-10　系列Ⅰ渭河下游河段 14 年前后沿程水位升降值比较

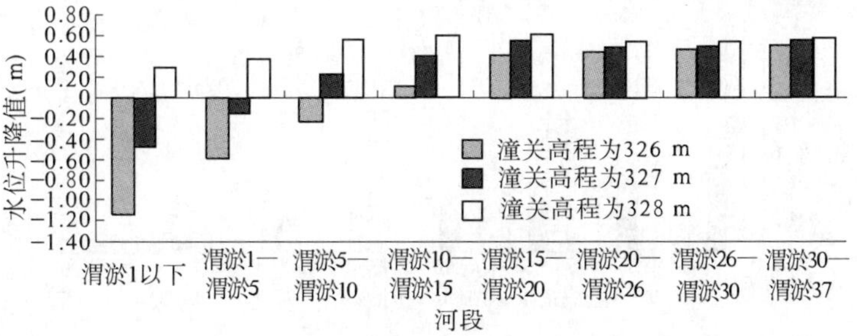

(a) $Q = 200\ m^3/s$

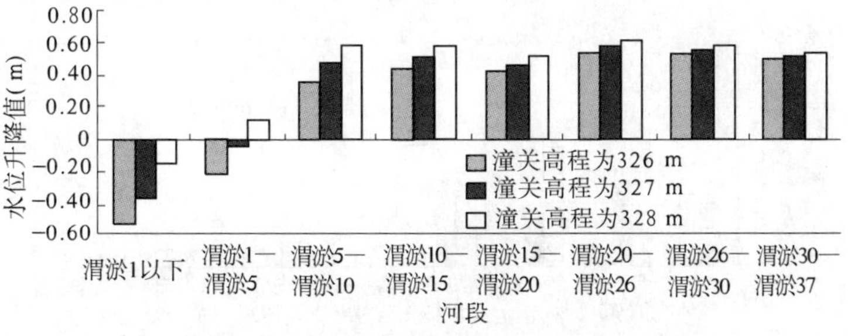

(b) $Q = 6\ 000\ m^3/s$

图 5-11　系列Ⅱ渭河下游河段 14 年前后沿程水位升降值比值

表 5-15　潼关高程 326 m 方案、327 m 方案与 328 m 方案比较

水沙系列	河段	326 m 方案与 328 m 方案相比（相当于潼关降低 2 m）各流量级水位差(m)			327 m 方案与 328 m 方案相比（相当于潼关降低 1 m）各流量级水位差(m)		
		常流量 (200 m^3/s)	中常流量 (6 000 m^3/s)	20 年一遇	常流量 (200 m^3/s)	中常流量 (6 000 m^3/s)	20 年一遇
Ⅰ	渭淤 1 以下	-1.36	-0.47	-0.43	-0.84	-0.30	-0.26
	渭淤 1—渭淤 5	-0.98	-0.50	-0.29	-0.58	-0.31	-0.15
	渭淤 5—渭淤 10	-0.79	-0.38	-0.34	-0.44	-0.20	-0.21
	渭淤 10—渭淤 15	-0.65	-0.26	-0.29	-0.32	-0.10	-0.15
	渭淤 15—渭淤 20	-0.32	-0.22	-0.19	-0.17	-0.08	-0.11
	渭淤 20—渭淤 26	-0.19	-0.14	-0.10	-0.08	-0.06	-0.05
	渭淤 26—渭淤 30	-0.09	-0.08	-0.09	-0.05	-0.05	-0.05
	渭淤 30—渭淤 37	-0.07	-0.07	-0.06	-0.04	-0.04	-0.03
Ⅱ	渭淤 1 以下	-1.22	-0.38	-0.28	-0.74	-0.21	-0.16
	渭淤 1—渭淤 5	-0.85	-0.33	-0.25	-0.50	-0.16	-0.13
	渭淤 5—渭淤 10	-0.72	-0.23	-0.21	-0.31	-0.11	-0.12
	渭淤 10—渭淤 15	-0.50	-0.15	-0.15	-0.20	-0.08	-0.09
	渭淤 15—渭淤 20	-0.21	-0.09	-0.07	-0.07	-0.06	-0.04
	渭淤 20—渭淤 26	-0.10	-0.08	-0.06	-0.07	-0.04	-0.04
	渭淤 26—渭淤 30	-0.07	-0.05	-0.06	-0.04	-0.03	-0.03
	渭淤 30—渭淤 37	-0.07	-0.04	-0.05	-0.03	-0.02	-0.02

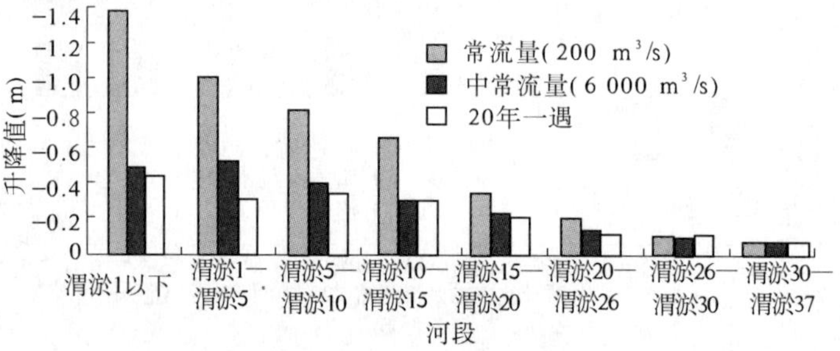

图 5-12　系列Ⅰ渭河下游河段 326 m 升降值与 328 m 升降值之差比较

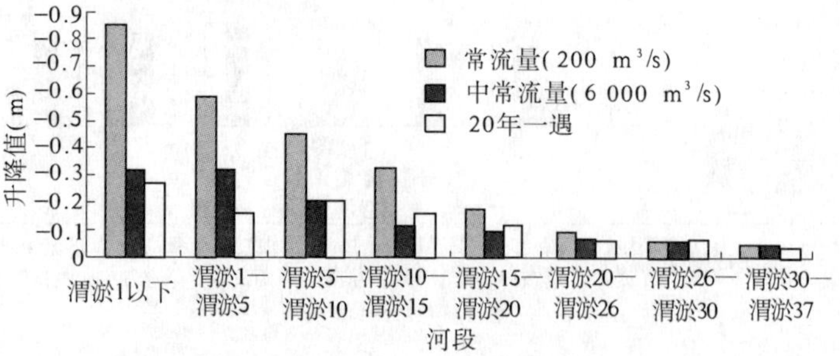

图 5-13　系列Ⅰ渭河下游河段 327 m 升降值与 328 m 升降值之差比较

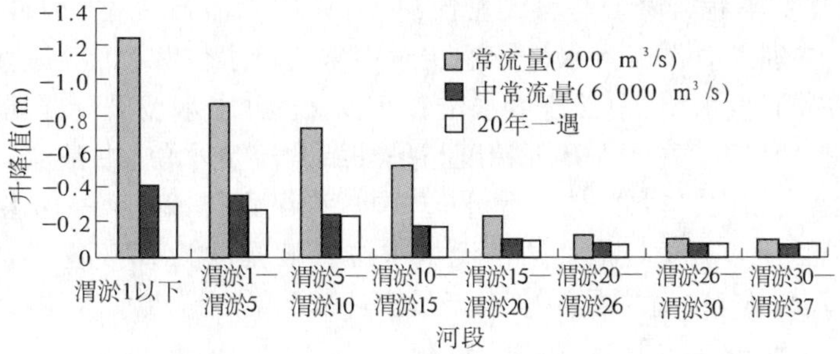

图 5-14　系列Ⅱ渭河下游河段 326 m 升降值与 328 m 升降值之差比较

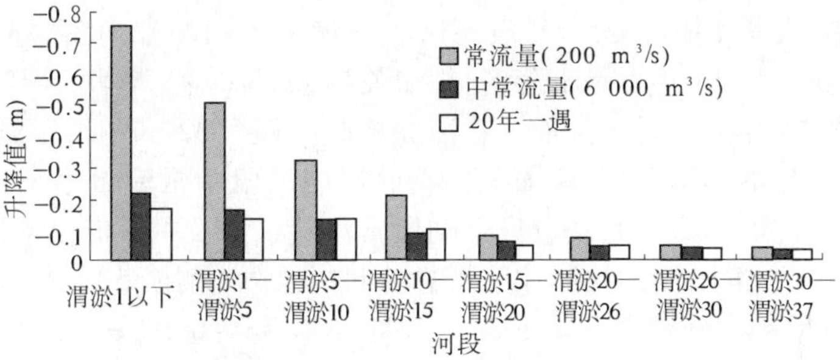

图 5-15　系列Ⅱ渭河下游河段 327 m 升降值与 328 m 升降值之差比较

1. 系列Ⅰ渭河下游洪水位变化分析

潼关不同控制高程分别为 326 m、327 m、328 m 时，咸阳站在常流量(200 m^3/s)水位上升幅度为 0.38～0.43 m，在中常流量(6 000 m^3/s)水位上升幅度为 0.23～0.29 m，在 20 年一遇洪水(临潼流量 10 100 m^3/s)水位上升幅度为 0.22～0.27 m，326 m 方案与 328 m 方案比较(相当于潼关高程下降 2 m)，咸阳站常流量水位、中常流量水位、20 年一遇洪水的水位仅多下降 0.05 m 左右，327 m 方案与 328 m 方案比较(相当于潼关高程下降 1 m)，咸阳站常流量水位、中常流量水位、20 年一遇洪水水位仅多下降 0.04 m 左右，这说明咸阳站常流量水位、中常流量水位、20 年一遇洪水水位升降主要由来水来沙条件决定，与潼关高程升降没有直接关系。

潼关不同控制高程分别为 326 m、327 m、328 m 时，临潼站常流量水位上升幅度为 0.25 ～0.38 m，中常流量水位上升幅度为 0.40～0.54 m，20 年一遇洪水水位上升幅度为 0.36～0.48 m，326 m 方案与 328 m 方案比较，临潼站常流量水位、中常流量水位、20 年一遇洪水水位多下降 0.13 m 左右，327 m 方案与 328 m 方案比较，临潼站常流量水位、中常流量水位、20 年一遇洪水水位多下降 0.08 m 左右，这说明临潼站常流量水位、中常流量水位、20 年一遇洪水水位升降主要是由来水来沙条件决定的，潼关高程升降对临潼洪水升降有一定影响，但是影响不明显。

潼关不同控制高程分别为 326 m、327 m、328 m 时，华县站常流量水位上升幅度为 -0.27～0.71 m，中常流量水位上升幅度为 0.26～0.65 m，20 年一遇洪水水位上升幅度为 0.21～0.63 m。326 m 方案与 328 m 方案比较，华县站常流量水位多下降 0.98 m，中常流量水位多下降 0.39 m，20 年一遇洪水水位多下降 0.42 m；327 m 方案与 328 m 方案比较，华县站常流量水位多下降 0.24 m，中常流量水位多下降 0.23 m，20 年一遇洪水水位多下降 0. 27 m。潼关高程升降对华县站常流量水位、中常流量水位、20 年一遇洪水水位升降有一定影响，特别是对常流量水位影响比对中常流量水位和 20 年一遇洪水水位影响大。因此，华县站常流量水位、中常流量水位、20 年一遇洪水水位升降是由来水来沙条件和潼关高程决定的，但是潼关高程升降幅度与华县站常流量水位、中常流量水位、20 年一遇洪水水位升降幅度相比，华县站常流量水位、中常流量水位、20 年一遇洪水水位升降幅度比较小，潼关高程升降幅度对华县站常流量水位影响幅度为 27% 左右，反过来来水来沙条件的影响占 73% 左右，对华县站中常流量水位、20 年一遇洪水水位影响幅度为 20% 左右，反过来来水来沙条件的影响占 80% 左右。

从方案计算的 14 年前后渭河下游各河段的常流量水位、中常流量水位、20 年一遇洪水水位升降幅度看（见图 5-10、表 5-13、表 5-15），在潼关控制高程为 326 m 时，距潼关 60 km 以内河段常流量水位 14 年后是下降的，距潼关越近下降幅度越大，距潼关 40 km 以内河段中常流量水位 14 年后也是下降的。在潼关控制高程为 327 m 时，距潼关 30 km 以内河段常流量水位 14 年后是下降的，距潼关 25 km 以内河段中常流量水位 14 年后是下降的。在潼关控制高程为 328 m 时，华县以下河段常流量水位及中常流量水位均是抬升的。326 m 方案与 328 m 方案比较，渭淤 1 以下、渭淤 1—渭淤 5、渭淤 5—渭淤 10 各个河段常流量水位和中常流量水位分别多下降 1. 36 ~ 0. 47 m、0. 98 ~ 0. 50 m、0. 79 ~ 0. 38 m，潼关高程影响分别占 68% ~24%、49% ~25%、40% ~19%，其中潼关高程对常流量水位影响大于对中常流量水位、20 年一遇洪水水位的影响。渭河下游华县以上河段在不同潼关控制高程下常流量水位、中常流量水位、20 年一遇洪水水位均是抬升的，华县—临潼河段在不同潼关控制高程下的抬升幅度有一定差别，但自下游向上游是逐渐减少的，326 m 方案与 328 m 方案比较，渭淤 10—渭淤 15 河段多下降 0. 65 ~0. 26 m，潼关高程影响占 32% ~ 13%。渭淤 15—渭淤 20 河段多下降 0. 32 ~0. 22 m，潼关高程影响占 16% ~11%。渭淤 20—渭淤 26河段多下降 0. 19 ~0. 14 m，潼关高程影响占 9% ~7%。327 m 方案与 328 m 方案比较，渭淤 10—渭淤 15 河段平均多下降 0. 21 m 左右，潼关高程影响占 21%。渭淤 15—渭淤 20 河段平均多下降 0. 12 m 左右，潼关高程影响占 12%。渭淤 20—渭淤 26 河段多下降 0. 07 m 左右，潼关高程影响占 7%。临潼以上常流量水位、中常流量水位、20 年一遇洪水水位基本上都是平行抬高的，对潼关高程基本没有影响。

2. 系列Ⅱ渭河下游洪水位变化分析

潼关不同控制高程分别为 326 m、327 m、328 m 时，咸阳站常流量水位上升幅度为 0. 54 ~0. 60 m，中常流量水位上升幅度为 0. 46 ~0. 51 m，20 年一遇洪水水位上升幅度为 0. 43 ~0. 47 m，326 m 方案与 328 m 方案比较，咸阳站常流量水位、中常流量水位、20 年一遇洪水水位仅多下降 0. 05 m 左右，327 m 方案与 328 m 方案比较，咸阳站常流量水位、中常流量水位、20 年一遇洪水水位仅多下降 0. 03 m 左右，这说明咸阳站常流量水位、中常流量水位、20 年一遇洪水水位升降主要由来水来沙条件决定，与潼关高程升降没有直接关系。

潼关不同控制高程分别为 326 m、327 m、328 m 时，临潼站常流量水位上升幅度为 0. 48 ~0. 56 m，中常流量水位上升幅度为 0. 50 ~0. 59 m，20 年一遇洪水水位上升幅度为 0. 47 ~0. 54 m，326 m 方案与 328 m 方案比较，临潼站常流量水位、中常流量水位、20 年一遇洪水水位多下降 0. 08 m 左右，327 m 方案与 328 m 方案比较，临潼站常流量水位、中常流量水位、20 年一遇洪水水位多下降 0.05 m 左右，这说明临潼站常流量水位、中常流量水位、20 年一遇洪水水位升降主要由来水来沙条件决定，潼关高程升降对临潼洪水升降有一定影响，但是影响不明显。

潼关不同控制高程分别为 326 m、327 m、328 m 时，华县站常流量水位上升幅度为 -0.14 ~ 0.89 m，中常流量水位上升幅度为 0.35 ~ 0.58 m，20 年一遇洪水水位上升幅度为 0.39 ~ 0.61 m。326 m 方案与 328 m 方案比较，华县站常流量水位多下降 1.03 m，中常流量水位多下降 0.23 m，20 年一遇洪水水位多下降 0.22 m；327 m 方案与 328 m 方案比较，华县站常流量水位多下降 0.20 m，中常流量水位多下降 0.15 m，20 年一遇洪水水位多下降 0.14 m。潼关高程升降对华县站常流量水位、中常流量水位、20 年一遇洪水水位升降有一定影响，特别是对常流量水位影响比对中常流量水位和 20 年一遇洪水水位影响大。因此，华县站常流量水位、中常流量水位、20 年一遇洪水水位升降是由来水来沙条件和潼关高程决定的，但是潼关高程升降幅度与华县站常流量水位、中常流量水位、20 年一遇洪水水位升降幅度相比，华县站常流量水位、中常流量水位、20 年一遇洪水水位升降幅度比较小，潼关高程升降幅度对华县站常流量水位影响幅度为 20% 左右，反过来来水来沙条件的影响占 80% 左右，对华县站中常流量水位、20 年一遇洪水水位影响幅度为 11% ~ 15%，反过来来水来沙条件的影响占 85% ~ 89%。

从方案计算的 14 年前后渭河下游各河段的常流量水位、中常流量水位、20 年一遇洪水水位升降幅度看(见图 5-11、表 5-14、表 5-15)，在潼关控制高程为 326 m 时，距潼关 25 km 以内河段常流量水位 14 年后是下降的，距潼关越近下降幅度越大，距潼关 20 km 以内河段中常流量水位 14 年后也是下降的。在潼关控制高程为 327 m 时，距潼关 10 km 以内河段常流量水位和中常流量水位 14 年后是下降的。在潼关控制高程为 328 m 时，华县以下河段常流量水位及中常流量水位均是抬升的。326 m 方案与 328 m 方案比较，渭淤 1 以下、渭淤 1—渭淤 5、渭淤 5—渭淤 10 各个河段常流量水位和中常流量水位分别多下降 1.22 ~ 0.38 m、0.85 ~ 0.33 m、0.72 ~ 0.23 m，潼关高程影响分别占 61% ~ 19%、43% ~ 17%、36% ~ 12%，其中潼关高程对常流量水位影响大于对中常流量水位、20 年一遇洪水水位的影响；渭河下游华县以上河段在不同潼关控制高程下常流量水位、中常流量水位、20 年一遇洪水水位均是抬升的，华县—临潼河段在不同潼关控制高程下的抬升幅度有一定差别，但自下游向上游是逐渐减少的，326 m 方案与 328 m 方案比较，渭淤 10—渭淤 15 河段多下降 0.50 ~ 0.15 m，潼关高程影响占 25% ~ 5%；渭淤 15—渭淤 20 河段多下降 0.21 ~ 0.09 m，潼关高程影响占 11% ~ 4%；渭淤 20—渭淤 26 河段多下降 0.10 ~ 0.08 m，潼关高程影响占 5% ~ 4%；327 m 方案与 328 m 方案比较，渭淤 10—渭淤 15 河段平均多下降 0.14 m 左右，潼关高程影响占 14%；渭淤 15—渭淤 20 河段平均多下降 0.06 m 左右，潼关高程影响占 13%；渭淤 20—渭淤 26 河段平均多下降 0.05 m 左右，潼关高程影响占 5%。临潼以上常流量水位、中常流量水位、20 年一遇洪水水位基本上都是平行抬高，对潼关高程基本没有影响。

第三节　主要结论与认识

通过不同潼关控制高程对渭河下游河道泥沙冲淤及洪水位影响的数学模型计算和分

析,可以初步得到以下几点认识:

(1)在黄河中游一维水沙数学模型基础上,对模型进行改进和完善,利用黄河小北干流和渭河下游大量实测大断面资料和水沙资料,对黄河小北干流、渭河下游断面形态进行了分析研究,建立了经验河相关系,使数学模型能够模拟断面形态随流量的变化关系。通过数学模型的率定和验证,结果表明:数学模型能够较好地模拟计算河段的泥沙冲淤过程,计算的冲淤量也与实测资料比较接近,可以用于不同潼关控制高程对渭河下游河道冲淤影响的研究。

(2)黄河小北干流河段在系列Ⅰ条件下,潼关控制高程分别为326 m、327 m和328 m时,14年后黄河小北干流累计淤积量分别为3.774亿 m^3、4.669亿 m^3、5.921亿 m^3,326 m方案与328 m方案相比(相当于潼关高程下降2 m),黄河小北干流河段减淤量为2.147亿 m^3,减淤比平均为0.363,327 m方案与328 m方案相比(相当于潼关高程下降1 m),黄河小北干流河段减淤量为1.252亿 m^3,减淤比平均为0.211;黄河小北干流河段在系列Ⅱ条件下,潼关控制高程分别为326 m、327 m和328 m时,14年后黄河小北干流累计淤积量分别为4.973亿 m^3、5.383亿 m^3、6.028亿 m^3,326 m方案与328 m方案相比(相当于潼关高程下降2 m),黄河小北干流河段减淤量为1.055亿 m^3,减淤比平均为0.175,327 m方案与328 m方案相比(相当于潼关高程下降1 m),黄河小北干流河段减淤量为0.645亿 m^3,减淤比平均为0.107。

(3)渭河下游河段在系列Ⅰ条件下,潼关控制高程分别为326 m、327 m和328 m时,14年后渭河下游河段累计淤积量分别为1.207亿 m^3、1.703亿 m^3、2.461亿 m^3,326 m方案与328 m方案相比(相当于潼关高程下降2 m),渭河下游河段减淤量为1.254亿 m^3,减淤比平均为0.509,327 m方案与328 m方案相比(相当于潼关高程下降1 m),渭河下游河段减淤量为0.758亿 m^3,减淤比平均为0.308;渭河下游河段在系列Ⅱ条件下,潼关控制高程分别为326 m、327 m和328 m时,14年后渭河下游河段累计淤积量分别为1.565亿 m^3、1.991亿 m^3、2.680亿 m^3,326 m方案与328 m方案相比(相当于潼关高程下降2 m),渭河下游河段减淤量为1.115亿 m^3,减淤比平均为0.416,327 m方案与328 m方案相比(相当于潼关高程下降1 m),渭河下游河段减淤量为0.689亿 m^3,减淤比平均为0.257。

(4)渭河下游华县站水文站常流量水位、中常流量水位、20年一遇洪水水位升降是由来水来沙条件和潼关高程决定的,但是潼关高程升降幅度与华县站常流量水位、中常流量水位、20年一遇洪水水位升降幅度相比,华县站常流量水位、中常流量水位、20年一遇洪水水位升降幅度比较小,潼关高程升降幅度对华县站常流量水位影响幅度为27%左右,即潼关高程下降1 m,华县站常流量水位下降0.27 m左右;对华县站中常流量水位、20年一遇洪水水位影响幅度为20%左右,即潼关高程下降1 m,华县站常流量水位下降0.20 m左右。临潼站常流量水位、中常流量水位、20年一遇洪水水位升降主要由来水来沙条件决定,潼关高程升降对临潼洪水升降有一定影响,但是影响不明显。咸阳站常流量水位、中常流量水位、20年一遇洪水水位升降主要由来水来沙条件决定,与潼关高程升降没有直接关系。

第六章　北洛河改道入黄效果数学模型分析计算

第一节　问题提出与研究内容

一、问题提出

2003年3月，原水利部部长汪恕诚在给水利部规划计划司"关于潼关高程控制及三门峡水库运用方式问题"请示报告的批示中指出：降低潼关高程必须采取综合治理、重点突破的办法，把裁弯取直作为重要措施之一，并批转黄河水利委员会。北洛河下游改道入黄是控制潼关高程的综合措施之一，黄委会要求开展北洛河下游改道入黄项目建议书阶段工作。北洛河改道入黄涉及到潼关高程问题及渭河下游防洪，黄河、渭河、北洛河汇流区河床演变等问题，社会影响较大，因此本项目利用物理模型试验、数学模型计算和经验分析等科学手段分析研究北洛河改道入黄的前期研究工作。

二、研究内容

通过数学模型计算，分析北洛河改道直接入黄对周边环境的影响，即改道对潼关高程、渭河下游冲淤、黄河小北干流的影响。研究改道后新河道冲淤变化及新河道口门淤堵、受大河顶托倒灌后对北洛河的影响。主要研究内容包括以下几个方面：

(1)在不同水沙系列条件下，分析计算北洛河改道对潼关高程的影响。

(2)在不同水沙系列条件下，分析计算北洛河改道对渭河下游河道的减淤效果。

(3)在渭河、北洛河和黄河小北干流不同的洪水遭遇条件下，根据2003年渭河、北洛河和黄河小北干流河道地形，分析计算北洛河改道与不改道对渭河下游防洪的影响。

(4)在北洛河设计水沙条件下，分析计算北洛河改道后的河道冲淤变化。

第二节　北洛河改道入黄对渭河下游减淤及潼关高程的影响

一、数学模型计算河段、初始条件、设计水沙系列及计算方案

数学模型计算范围为渭河自咸阳水文站、泾河自张家山水文站至渭河河口，黄河自龙门水文站至三门峡大坝，北洛河洑头水文站至北洛河河口(或北洛河改道入黄口)。计算河段上游龙门、河津、咸阳、张家山、洑头作为数学模型的入口水沙条件，计算下游边界条件为史家滩控制断面；初始河床地形条件采用2003年汛后实测大断面资料及相应河床质级配，2003年汛后实测潼关高程为327.94 m。

设计水沙系列的统计分析与本书第五章第二节相同，三门峡水库运用方式及史家滩

控制水位由下述确定：

三门峡水库运用方式采用非汛期最高控制水位为 318 m，汛期入库流量大于 1 500 m^3/s 时敞泄运用，否则水库按 305 m 水位控制运用。三门峡水库史家滩控制水位具体计算方法为非汛期史家滩按最高水位 318 m 和逐日最高控制水位曲线（见图 4-2）进行控制。当运用水位小于允许水位（取最高控制水位与 318 m 的最小值）时，出库流量按 200 m^3/s（若入库流量小于 200 m^3/s，则采用实测值）控制；汛期入库流量大于 1 500 m^3/s 时，水库敞泄运用，史家滩水位根据水库泄流曲线（见图 3-3）确定，小于 1 500 m^3/s 时史家滩水位按 305 m 控制运用。

二、北洛河改道入黄的效果计算成果及分析

现状方案是指北洛河没有改道，改道方案是指北洛河改道方案 2，两边围堤间距为 1 200 m。

（一）河道冲淤量计算结果分析

表 6-1、表 6-2 分别给出了在系列Ⅰ和系列Ⅱ两个水沙系列条件下，北洛河现状及改道后渭河下游、黄河小北干流、潼关以下各个主要河段 14 年后累计计算的冲淤量、减淤量。主要河段减淤量是指北洛河现状累计冲淤量与改道后累计冲淤量之差。

由表 6-1 中可以看出，北洛河改道后对渭河下游具有明显减淤作用，在系列Ⅰ水沙条件下，北洛河改道与现状比较，渭河下游总减淤比为 26.4%，且主要减淤部位在渭淤 1—

表 6-1　系列Ⅰ主要河段累计计算的冲淤量、减淤量　（单位：亿 m^3）

河流	河段	冲淤量		减淤量
		现状	改道	
黄河小北干流	黄淤 41—黄淤 45	-0.139 7	-0.091 7	0.048 0
	黄淤 45—黄淤 50	0.424 7	0.502 7	0.078 0
	黄淤 50—黄淤 59	1.529 9	1.571 1	0.041 2
	黄淤 59—黄淤 68	2.728 3	2.761 0	0.032 7
	黄淤 41—黄淤 68	4.543 2	4.743 1	0.199 9
潼关以下	黄淤 41—黄淤 1	-2.076 7	-2.211 6	-0.134 9
渭河	渭拦	-0.010 9	-0.024 9	-0.014 0
	渭淤 1—渭淤 5	0.140 0	-0.060 9	-0.200 9
	渭淤 5—渭淤 10	0.516 9	0.411 7	-0.105 2
	渭淤 10—渭淤 15	0.336 8	0.292 5	-0.044 3
	渭淤 15—渭淤 20	0.270 1	0.237 6	-0.032 5
	渭淤 20—渭淤 26	0.026 2	0.025 4	-0.000 8
	渭淤 26—渭淤 30	0.126 8	0.120 8	-0.006 0
	渭淤 30—渭淤 37	0.151 5	0.143 8	-0.007 7
	渭河	1.557 4	1.146 0	-0.411 4
北洛河	河口—洛淤 10	0.879 8	0.963 3	0.083 5
	洛淤 10—洛淤 21	0.039 4	0.039 6	0.000 2
	北洛河	0.919 2	1.002 9	0.083 7
合计		4.943 1	4.680 4	-0.262 7

表 6-2 系列Ⅱ主要河段计算累计冲淤量 （单位:亿 m^3）

河流	河段	冲淤量		减淤量
		现状	改道	
黄河小北干流	黄淤 41—黄淤 45	0.493 3	0.564 3	0.071 0
	黄淤 45—黄淤 50	1.245 2	1.336 2	0.091 0
	黄淤 50—黄淤 59	1.745 2	1.796 0	0.050 8
	黄淤 59—黄淤 68	3.081 2	3.123 9	0.042 7
	黄淤 41—黄淤 68	6.564 9	6.820 4	0.255 5
潼关以下	黄淤 41—黄淤 1	-0.922 0	-0.963 5	-0.041 5
渭河	渭拦	0.009 1	-0.005 1	-0.014 2
	渭淤 1—渭淤 5	0.277 9	0.084 4	-0.193 5
	渭淤 5—渭淤 10	0.675 7	0.596 0	-0.079 7
	渭淤 10—渭淤 15	0.375 2	0.324 1	-0.051 1
	渭淤 15—渭淤 20	0.332 6	0.301 0	-0.031 6
	渭淤 20—渭淤 26	0.033 0	0.031 1	-0.001 9
	渭淤 26—渭淤 30	0.170 3	0.165 8	-0.004 5
	渭淤 30—渭淤 37	0.226 2	0.219 6	-0.006 6
	渭河	2.100 0	1.716 9	-0.383 1
北洛河	河口—洛淤 10	1.062 1	1.182 5	0.120 4
	洛淤 10—洛淤 21	0.281 6	0.287 6	0.006 0
	北洛河	1.343 7	1.470 1	0.126 4
合计		9.086 6	9.043 9	-0.042 7

渭淤 10 河段,自下而上河段的减淤比逐渐减少,渭淤 10 以上河段减淤比急剧减少,说明北洛河改道对渭淤 10 以上河段影响较少;北洛河改道后对黄河小北干流河段具有一定增淤作用,总增淤比为 4.4%,主要增淤部位为黄淤 50 以下河段;北洛河改道后对潼关以下河段的减淤比为 6.5%。

由表 6-2 可以看出,北洛河改道后对渭河下游具有明显减淤作用,在系列Ⅱ水沙条件下,北洛河改道与现状比较,渭河下游总减淤比为 18.2%,并且主要减淤部位也在渭淤 1—渭淤 10 河段,自下而上河段的减淤比也是逐渐减少的,渭淤 10 以上河段减淤比急剧减少,说明北洛河改道对渭淤 10 以上河段影响较少;北洛河改道后对黄河小北干流河段具有一定增淤作用,总增淤比为 3.9%,主要增淤部位为黄淤 50 以下河段;北洛河改道后对潼关以下河段的减淤比为 4.5%。

(二)渭河下游洪水位计算结果及分析

表 6-3 给出了在两个水沙系列(系列Ⅰ、系列Ⅱ)条件下,渭河下游主要河段 14 年前后 200 m^3/s 流量及 6 000 m^3/s 流量相应水位升降值(14 年后计算水位与 14 年前初始水位的差)及改道升降值与现状升降值之差。

由表 6-3 可知,北洛河改道入黄后渭河河道主槽过洪能力增大,渭河下游中常流量洪水水位下降,相应渭河下游防洪能力也有所提高。在系列Ⅰ条件下,北洛河改道入黄后,可使得渭淤 1 以下河段、渭淤 1—渭淤 5、渭淤 5—渭淤 10 河段 200 m^3/s 同流量水位分别多下降 0.21 m、0.35 m 和 0.14 m,平均 0.23 m;6 000 m^3/s 同流量水位分别多下降 0.14 m、0.22 m 和 0.09 m,平均 0.15 m,200 m^3/s 和 6 000 m^3/s 同流量水位下降值在渭淤 1—

渭淤5最大;在系列Ⅱ条件下,北洛河改道入黄后,可使得渭淤1以下河段、渭淤1—渭淤5河段、渭淤5—渭淤10河段200 m^3/s同流量水位分别多下降0.15 m、0.26 m和0.12 m,平均0.18 m;6 000 m^3/s同流量水位分别多下降0.11 m、0.17 m和0.08 m,平均0.12 m,200 m^3/s和6 000 m^3/s同流量水位下降值在渭淤1—渭淤5河段最大。图6-1、图6-2分别为系列Ⅰ和系列Ⅱ条件下,北洛河改道入黄后对渭河下游中常流量洪水水位多下降的沿程分布,可以明显看出,北洛河改道入黄后对渭河下游洪水位降低的影响最大河段在渭淤1—渭淤5河段,其次在渭淤1以下河段。

表6-3 渭河下游水位升降值计算成果

水沙系列	河段	现状水位升降值(m)		改道水位升降值(m)		改道水位升降值-现状水位升降值(m)	
		常流量(200 m^3/s)	中常流量(6 000 m^3/s)	常流量(200 m^3/s)	中常流量(6 000 m^3/s)	常流量(200 m^3/s)	中常流量(6 000 m^3/s)
		(1)	(2)	(3)	(4)	(3)-(1)	(4)-(2)
Ⅰ	渭淤1以下	-0.13	-0.03	-0.34	-0.17	-0.21	-0.14
	渭淤1—渭淤5	0.31	0.12	-0.04	-0.10	-0.35	-0.22
	渭淤5—渭淤10	0.46	0.35	0.32	0.26	-0.14	-0.09
	渭淤10—渭淤15	0.58	0.39	0.49	0.34	-0.09	-0.05
	渭淤15—渭淤20	0.52	0.33	0.46	0.29	-0.06	-0.04
	渭淤20—渭淤26	0.44	0.31	0.40	0.30	-0.04	-0.01
	渭淤26—渭淤30	0.39	0.26	0.36	0.25	-0.03	-0.01
	渭淤30—渭淤37	0.33	0.21	0.31	0.20	-0.02	-0.01
Ⅱ	渭淤1以下	0.13	0.06	-0.02	-0.05	-0.15	-0.11
	渭淤1—渭淤5	0.44	0.24	0.18	0.07	-0.26	-0.17
	渭淤5—渭淤10	0.57	0.46	0.45	0.38	-0.12	-0.08
	渭淤10—渭淤15	0.69	0.43	0.61	0.37	-0.08	-0.06
	渭淤15—渭淤20	0.61	0.41	0.56	0.37	-0.05	-0.04
	渭淤20—渭淤26	0.55	0.39	0.52	0.37	-0.03	-0.02
	渭淤26—渭淤30	0.52	0.35	0.51	0.34	-0.01	-0.01
	渭淤30—渭淤37	0.46	0.32	0.45	0.31	-0.01	-0.01

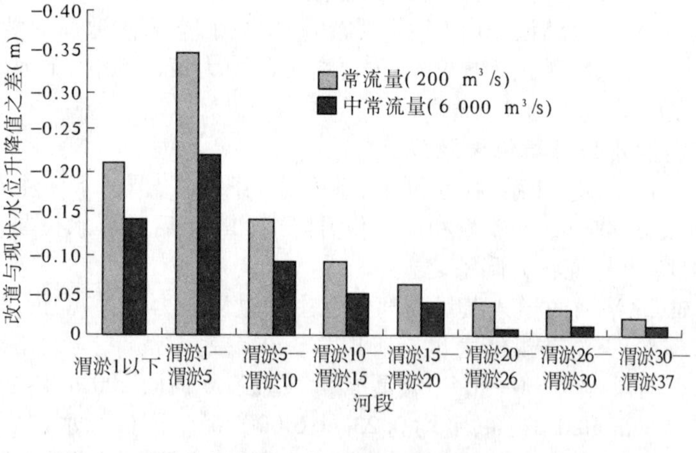

图6-1 系列Ⅰ北洛河改道对渭河下游中常流量水位的影响

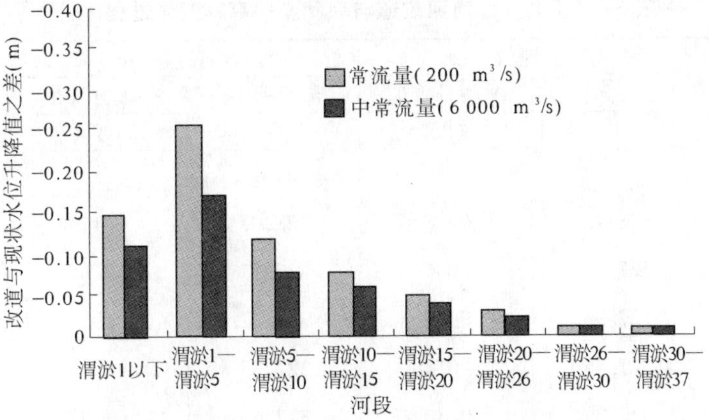

图6-2　系列Ⅱ北洛河改道对渭河下游中常流量水位的影响

(三)潼关高程计算结果及分析

表6-4、表6-5分别给出了系列Ⅰ、系列Ⅱ水沙条件下,潼关高程及潼关高程升降值。

表6-4　系列Ⅰ北洛河改道与现状潼关高程变化过程比较

时间(年-月-日)	北洛河现状(m)		北洛河改道(m)		改道与现状时段升降值的差(m)
	潼关高程	时段升降值	潼关高程	时段升降值	
	(1)	(2)	(3)	(4)	(4)-(2)
2003-11-01	327.94		327.94		
2004-06-30	328.15	0.21	328.07	0.13	-0.08
2004-10-31	327.40	-0.75	327.39	-0.68	0.07
2005-06-30	327.74	0.34	327.64	0.25	-0.09
2005-10-31	327.29	-0.45	327.08	-0.56	-0.11
2006-06-30	327.69	0.40	327.64	0.56	0.16
2006-10-31	326.98	-0.71	326.79	-0.85	-0.14
2007-06-30	327.13	0.15	327.10	0.31	0.16
2007-10-31	327.09	-0.04	326.93	-0.17	-0.13
2008-06-30	327.28	0.19	327.02	0.09	-0.10
2008-10-31	327.37	0.09	327.31	0.29	0.20
2009-06-30	327.65	0.28	327.48	0.17	-0.11
2009-10-31	326.86	-0.79	326.91	-0.57	0.22
2010-06-30	327.12	0.26	327.06	0.15	-0.11
2010-10-31	326.45	-0.67	326.26	-0.80	-0.13
2011-06-30	326.55	0.10	326.52	0.26	0.16
2011-10-31	326.07	-0.48	325.93	-0.59	-0.11
2012-06-30	326.38	0.31	326.44	0.51	0.20
2012-10-31	326.31	-0.07	326.23	-0.21	-0.14
2013-06-30	326.72	0.41	326.55	0.32	-0.09
2013-10-31	326.17	-0.55	326.24	-0.31	0.24
2014-06-30	326.47	0.30	326.43	0.19	-0.11
2014-10-31	326.42	-0.05	326.26	-0.17	-0.12
2015-06-30	326.87	0.45	326.60	0.34	-0.11
2015-10-31	326.74	-0.13	326.84	0.24	0.37
2016-06-30	327.13	0.39	327.10	0.26	-0.13
2016-10-31	326.90	-0.23	326.76	-0.34	-0.11
2017-06-30	327.25	0.35	327.23	0.47	0.12
2017-10-31	326.96	-0.29	326.82	-0.41	-0.12

表 6-5 系列Ⅱ北洛河改道与现状潼关高程变化过程比较

时间（年-月-日）	北洛河现状（m）		北洛河改道（m）		改道与现状时段升降值的差（m）
	潼关高程	时段升降值	潼关高程	时段升降值	
	（1）	（2）	（3）	（4）	（4）-（2）
2003-11-01	327.94		327.94		
2004-06-30	328.12	0.18	328.05	0.11	-0.07
2004-10-31	327.48	-0.64	327.57	-0.48	0.16
2005-06-30	327.93	0.45	327.92	0.35	-0.10
2005-10-31	327.45	-0.48	327.37	-0.55	-0.07
2006-06-30	327.79	0.34	327.66	0.29	-0.05
2006-10-31	327.54	-0.25	327.47	-0.19	0.06
2007-06-30	327.90	0.36	327.80	0.33	-0.03
2007-10-31	327.71	-0.19	327.52	-0.28	-0.09
2008-06-30	327.95	0.24	327.83	0.31	0.07
2008-10-31	327.28	-0.67	327.37	-0.46	0.21
2009-06-30	327.54	0.26	327.55	0.18	-0.08
2009-10-31	327.28	-0.26	327.28	-0.27	-0.01
2010-06-30	327.79	0.51	327.69	0.41	-0.10
2010-10-31	327.37	-0.42	327.61	-0.08	0.34
2011-06-30	327.79	0.42	327.98	0.37	-0.05
2011-10-31	327.60	-0.19	327.73	-0.25	-0.06
2012-06-30	327.94	0.34	328.12	0.39	0.05
2012-10-31	327.47	-0.47	327.56	-0.56	-0.09
2013-06-30	327.99	0.52	327.98	0.42	-0.10
2013-10-31	327.52	-0.47	327.57	-0.41	0.06
2014-06-30	328.04	0.52	328.06	0.49	-0.03
2014-10-31	327.79	-0.25	327.75	-0.31	-0.06
2015-06-30	328.09	0.30	328.08	0.33	0.03
2015-10-31	327.68	-0.41	327.72	-0.36	0.05
2016-06-30	328.14	0.46	328.12	0.40	-0.06
2016-10-31	327.86	-0.28	327.77	-0.35	-0.07
2017-06-30	328.27	0.41	328.22	0.45	0.04
2017-10-31	327.68	-0.59	327.59	-0.63	-0.04

由表6-4 可以看出，在系列Ⅰ条件下，现状潼关高程从14 年前327.94 m下降到326.96 m，下降幅度为0.98 m，北洛河改道入黄后潼关高程从14 年前327.94 m下降到326.82 m，下降幅度为1.12 m，即北洛河改道入黄后潼关高程下降幅度比现状多下降0.14 m。由表6-4 在14 年潼关高程汛期和非汛期升降幅度分析可知，北洛河改道入黄对潼关高程下降有利有弊，有利共19 次，占67.8%，不利占32.2%，其中最不利年份有3 年，均发生在汛期，其原因是这3 年洑头汛期来沙量超过1 亿t，1994 年洑头实测来沙量为2.59 亿t，由于来沙量大、沙量较高，造成汇流区淤积增加使得潼关高程下降幅度较现状大0.22～0.37 m。

由表6-5 可以看出，在系列Ⅱ条件下，现状潼关高程从14 年前327.94 m下降到327.68 m，下降幅度为0.26 m，北洛河改道入黄后潼关高程从14 年前327.94 m下降到327.59 m，下降幅度为0.35 m，即北洛河改道入黄后潼关高程下降幅度比现状多下降0.09 m。由表6-5 在14 年潼关高程汛期和非汛期升降幅度分析可知，北洛河改道入黄对潼关高程下降也是有利有弊，有利共18 次，占64.3%，不利占35.7%，其中最不利年份有2 年，均发生在汛期，其原因是这2 年洑头汛期来沙量超过1 亿t，1994 年洑头实测为2.59 亿t，由于来沙量大，含沙量较高，造成汇流区淤积增加使得潼关高程下降幅度较现状大0.21～0.34 m。

（四）北洛河改道后河道冲淤变化分析计算

计算水沙条件为实测1988 年11 月1 日～1993 年10 月31 日，重点研究北洛河改道后河道冲淤变化过程。

表6-6 为北洛河改道入黄后北洛河主要河段汛期、非汛期河段累计冲淤量及其他主要河段冲淤量。图6-3、图6-4 为北洛河河口—洛淤1 河段及北洛河河口—洛淤21 河段汛期和非汛期冲淤量随时间变化，可以看出河口—洛淤1 河段在前2 年均发生累积性淤积，其原因是北洛河来水量与黄河小北干流河段来水量相比，来水量明显偏小，由于黄河小北干流来沙量相对较大，因此造成北洛河河口倒灌淤积。

表6-6　北洛河改道后北洛河、渭河、黄河小北干流河道汛期、非汛期计算累计冲淤量成果　（单位：亿m^3）

时间 （年-月-日）	黄淤1— 黄淤41	黄淤41— 黄淤68	渭河	河口— 洛淤1	洛淤1— 洛淤5	洛淤5— 洛淤10	洛淤10— 洛淤21	北洛河
2003-11-01	0	0	0	0	0	0	0	0
2004-06-30	1.252 1	-0.425 5	-0.136 2	0.004 4	0.013 6	0.018 1	0.005 0	0.041 1
2004-10-31	-0.231 3	-0.269 8	0.198 1	0.006 2	0.019 4	0.024 8	0.015 2	0.065 6
2005-06-30	1.126 7	-0.571 8	0.049 7	0.013 0	-0.002 0	0.004 1	0.014 5	0.029 6
2005-10-31	-0.517 5	0.375 7	0.352 4	0.007 3	0.015 7	-0.005 6	0.016 2	0.033 6
2006-06-30	0.919 6	-0.108 2	0.269 5	0.009 7	0.022 8	-0.000 5	0.027 0	0.059 0
2006-10-31	-0.644 9	1.169 4	0.370 9	0.008 0	0.017 7	-0.011 7	0.001 9	0.015 9
2007-06-30	0.575 1	0.661 0	0.329 1	0.011 0	0.008 2	0.010 7	0.001 7	0.031 6
2007-10-31	-0.924 0	1.748 6	1.150 3	0.048 4	0.143 0	0.153 1	0.083 9	0.428 4
2008-06-30	0.492 5	1.360 2	0.956 3	0.054 6	0.162 2	0.141 4	0.077 8	0.436 0
2008-10-31	-1.245 6	1.762 3	0.903 3	0.049 5	0.146 2	0.124 4	0.070 8	0.390 9

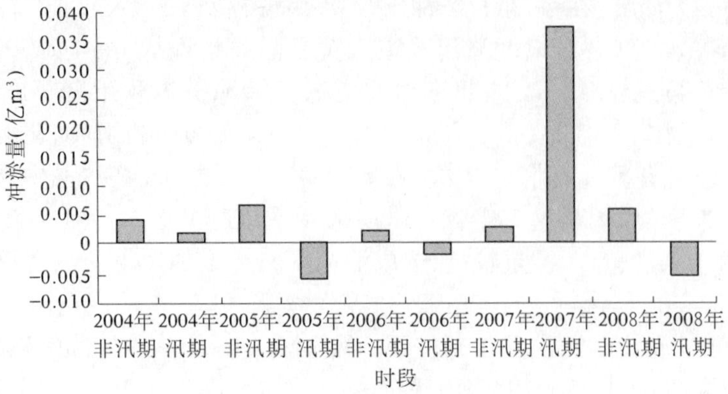

图 6-3　北洛河改道后河口—洛淤 1 汛期、非汛期冲淤量

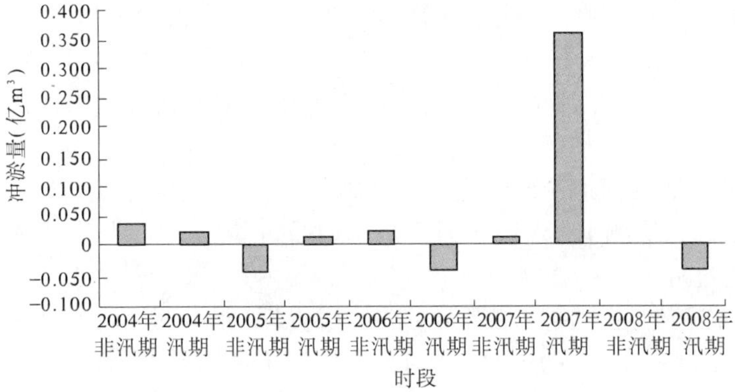

图 6-4　北洛河改道后河口—洛淤 21 汛期、非汛期冲淤量

第三节　主要结论

(1)北洛河改道入黄对渭河下游河道具有明显减淤作用,减淤比为 26.4% ~18.2%,主要减淤部位在渭淤 10 以下河段,减淤重心在渭淤 1—渭淤 5 河段。

(2)北洛河改道入黄可以降低或少抬升渭河 6 000 m^3/s 流量洪水水位,200 m^3/s 流量水位和6 000 m^3/s流量水位可以较现状分别平均多下降 0.23 ~0.18 m 和 0.15 ~0.12 m,渭河下游中常流量洪水水位变化值最大在渭淤 1—渭淤 5 河段。

(3)北洛河改道入黄对黄河小北干流河段具有增淤作用,但是影响幅度较少,增淤在 4.4% 以内。

(4)北洛河改道入黄对潼关高程汛期、非汛期下降有利有弊,利大于弊,北洛河改道入黄可使潼关高程较现状多下降或少上升 0.09 ~0.14 m。北洛河改道入黄对潼关高程下降不利因素主要是北洛河来沙量大、含沙量高造成的。

(5)北洛河改道入黄后在开始几年内,黄河小北干流河段来水和来沙较北洛河大,可能会造成黄河倒灌北洛河入黄河口。

第七章 黄河淤区数学模型的研究及其应用

第一节 问题提出与研究内容

泥沙问题是黄河难治的症结所在,处理泥沙的任务异常艰巨,总结多年来的治黄实践经验,处理和利用泥沙的基本思路是“拦、排、放、调、挖”综合治理。通过多年的治理,水土保持及中游骨干工程“拦”沙已取得较大成效,下游河道一直在“排”沙入海,近年来实施了“挖”河固堤工程,2002 年又成功地开展了黄河首次大规模的调水调沙试验。目前,处理黄河泥沙问题仍然是黄河治理的难题,因此研究在广阔低洼地或滩地实施大规模放淤工程是当务之急。

实施的黄河小北干流放淤试验工程是继 2002 年、2003 年黄河调水调沙试验之后又一项处理黄河泥沙的战略措施,黄河小北干流在整个黄河治理的战略布局中占有十分重要的地位,应成为黄河治理不容忽视的主战场之一,黄委会党组已决定在 2004 年进行原型放淤试点工程试验,为今后大规模开展放淤积累经验。

黄河小北干流放淤试验成功与否的判别标准是“淤粗排细”,其中“粗”特指粒径大于 0.05 mm 的泥沙。要实现“淤粗排细”,需要分析研究黄河小北干流放淤试验工程中的淤区平面布置方案和淤区运用方式。由于受原型试验和模型试验条件与时间的限制,所以不可能对各种淤区平面布置方案和淤区运用方式进行多种方案的模型试验,最终提出一套优化的实施方案。数学模型可以既容易又经济地进行多种方案的分析计算,然后通过对各种方案进行分析比较,最终推荐一种或几种可能比较优选的方案,最后通过物理模型对优选方案进行试验研究,提出最终优选方案,为现场放淤试验工程提供科学依据,确保放淤试验达到“淤粗排细”的目的。因此,利用数学模型分析研究黄河小北干流连伯滩放淤试验工程淤区平面布置及运用方式是非常必要的,也是比较经济可行的。

第二节 淤区水沙数学模型的验证

水沙数学模型验证采用人民胜利渠沉沙池第四条渠试验资料。第四条渠 1955 年 6 月5 日 ~8 月 4 日共放水两次,第一次在 6 月 6 日 ~7 月 2 日,第二次在 7 月 22 日 ~8 月 4 日(7 月 31 日没有放水)共 40 d。

表 7-1、图 7-1 为淤区冲淤量计算值与实测值比较,图 7-2 为不同时间悬移质平均粒径计算值与实测值沿程变化比较。可以看出,水沙数学模型比较好地反映了淤区泥沙的运动规律和淤积分布,以及悬移质平均粒径沿程随时间的变化。模型可以用于黄河小北

干流淤区运用方式的研究。

表 7-1　淤区冲淤量计算值与实测值比较

断面	距离(m)	冲淤量(m^3)	
		实测值	计算值
进水口	445		
1+500	1 500	-165	-170
1+900	1 900	-266	-289
2+400	2 400	1 180	1 230
3+400	3 400	12 971	12 380
4+100	4 100	33 347	33 858
4+300	4 300	15 274	14 890
4+500	4 500	24 078	25 560
4+700	4 700	15 250	14 893
4+900	4 900	16 772	17 834
5+100	5 100	16 593	16 156
5+900	5 900	34 805	34 110
出水口		3 510	3 201
合计		173 349	173 653

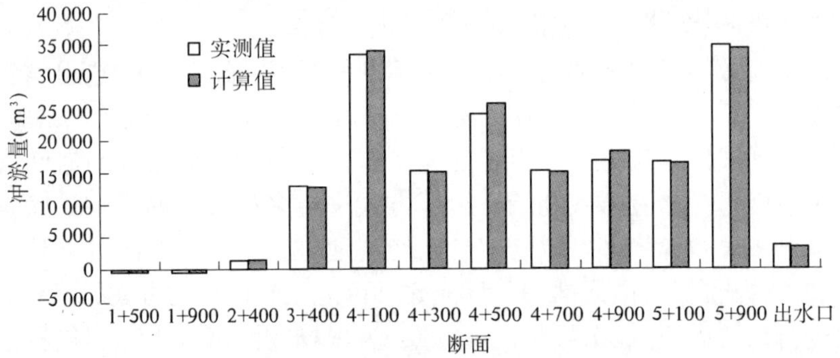

图 7-1　淤区冲淤量计算值与实测值比较

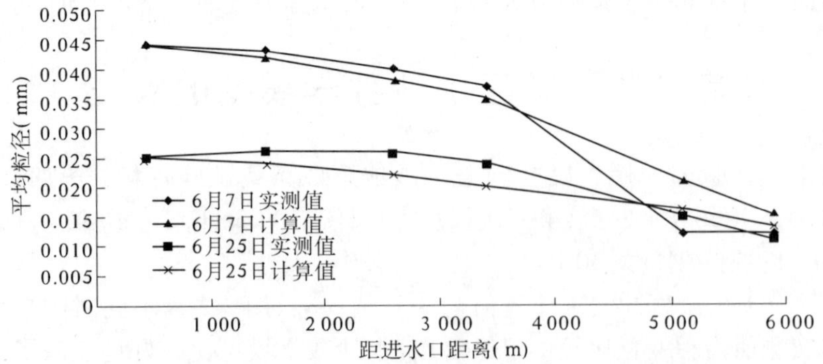

图 7-2　不同时间悬移质平均粒径计算值与实测值沿程变化比较

第三节　淤区运用方式计算结果分析

淤区由一条长的纵向隔堤和 4.4 km 处的横向格堤分成 2 条 3 块运行，如图 7-3 所示。

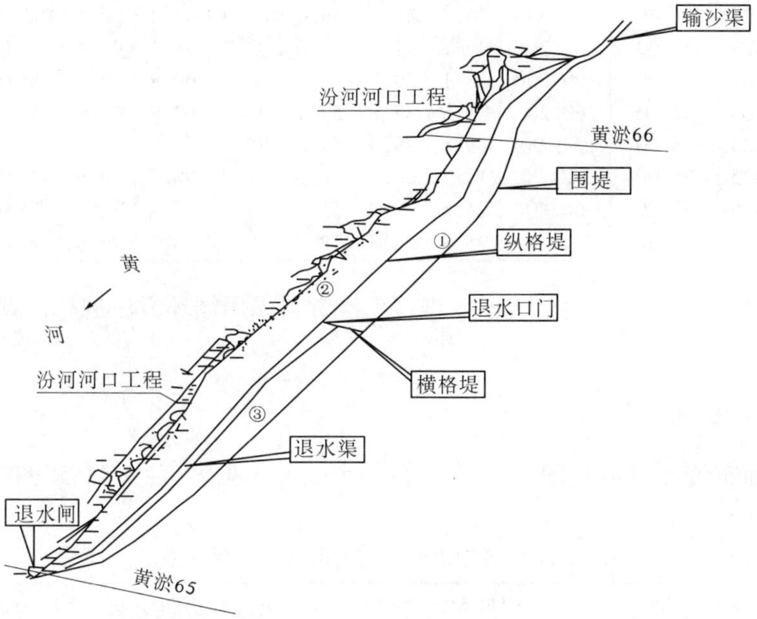

图 7-3　淤区分块运行示意

一、淤区进口水沙条件

从引水闸引出的水流泥沙，有一部分经输沙渠溢流堰直接回大河，剩下的进入淤区。由于本模型计算范围为淤区入口处至淤区退水闸处，全长 8 600 m。因此，淤区进口水沙及级配采用黄河勘测规划设计有限公司提供的设计水沙条件及悬移质级配资料，如表7-2所示，表中考虑了输沙区引水和引沙的影响。

表 7-2　淤区进口水沙条件及悬移质级配

序号	日期 (年-月-日)	流量 (m^3/s)	含沙量 (kg/m^3)	不同粒径悬移质级配(%)							D_{50} (mm)
				0.005 mm	0.010 mm	0.025 mm	0.050 mm	0.100 mm	0.250 mm	0.500 mm	
1	1998-07-06	49.40	148.60	22.3	32.2	49.2	73.4	98.8	100.0	100.0	0.026
2	1998-07-07	49.60	225.40	18.2	26.4	43.3	70.0	97.7	99.9	100.0	0.030
3	1998-07-13	77.60	310.80	16.6	24.1	39.7	66.9	95.0	99.6	100.0	0.033
4	1998-07-14	71.30	361.80	17.6	25.5	37.3	63.6	92.5	99.3	100.0	0.035
5	1998-07-15	55.40	173.40	28.2	41.0	54.2	76.8	99.2	100.0	100.0	0.019
6	1998-07-16	55.70	99.50	30.6	44.4	56.0	78.4	99.5	100.0	100.0	0.016

续表 7-2

序号	日期（年-月-日）	流量（m^3/s）	含沙量（kg/m^3）	不同粒径悬移质级配（%）							D_{50}（mm）
				0.005 mm	0.010 mm	0.025 mm	0.050 mm	0.100 mm	0.250 mm	0.500 mm	
7	1998-07-17	51.00	95.20	31.4	45.6	60.8	80.3	99.9	100.0	100.0	0.013
8	1998-07-18	50.60	54.40	31.3	45.4	56.7	78.8	98.6	99.6	100.0	0.015
9	1998-07-20	49.50	55.80	33.2	49.0	62.8	82.2	99.4	100.0	100.0	0.011
10	1998-07-21	51.40	57.90	34.5	50.6	59.0	82.0	97.3	99.1	100.0	0.009
11	1998-07-22	49.90	62.20	36.1	52.3	61.6	83.7	98.7	99.9	100.0	0.008
12	1998-08-02	51.90	70.00	28.1	29.7	53.9	90.1	99.8	100.0	100.0	0.022
13	1998-08-03	52.10	60.20	21.5	32.8	57.1	93.7	99.8	100.0	100.0	0.019
14	1998-08-24	65.00	182.90	19.8	29.0	51.6	88.7	98.8	99.9	100.0	0.023
15	1998-08-25	56.90	240.70	17.7	26.2	46.6	87.0	98.7	99.9	100.0	0.027
16	1998-08-26	52.00	66.40	25.5	33.9	53.2	91.4	99.7	100.0	100.0	0.021
平均		55.6	141.6	25.8	36.8	52.7	80.4	98.3	99.8	100.0	0.020

在进行淤区运用方式计算中，淤区进口水沙资料采用循环方法进行计算，计算时间步长采用 2 h。

二、淤区断面布置

淤区断面布置如表 7-3、图 7-4 所示，每一个断面根据淤区数字高程图提取断面起点距和高程。

表 7-3　黄河小北干流淤区断面布置一览

编号	断面号	距离（m）	淤区左边线交点		淤区右边线交点		隔堤交点	
1	Z0 +000	0						
2	Z0 +200	200	7 231	9 226	7 103	9 293	7 145	9 271
3	Z0 +400	400	7 140	9 047	6 929	9 158	7 041	9 099
4	Z0 +600	600	7 048	8 869	6 771	9 014	6 922	8 935
5	Z0 +800	800	6 957	8 691	6 635	8 860	6 819	8 764
6	Z1 +000	1 000	6 867	8 512	6 535	8 686	6 729	8 584
7	Z1 +200	1 200	6 812	8 319	6 469	8 498	6 662	8 397
8	Z1 +400	1 400	6 791	8 119	6 424	8 312	6 614	8 212
9	Z1 +600	1 600	6 765	7 922	6 378	8 124	6 570	8 024
10	Z1 +800	1 800	6 732	7 723	6 317	7 941	6 524	7 832
11	Z2 +000	2 000	6 690	7 528	6 251	7 757	6 475	7 640
12	Z2 +200	2 200	6 642	7 334	6 186	7 573	6 422	7 449
13	ZW2 +400	2 400	6 576	7 145	6 139	7 373	6 359	7 258
14	ZW2 +600	2 600	6 501	6 959	6 031	7 205	6 275	7 077
15	ZW2 +800	2 800	6 416	6 778	5 837	7 081	6 174	6 904
16	ZW2 +900	2 900	6 370	6 688	5 732	7 023	6 121	6 819
17	ZW3 +200	3 200	6 229	6 424	5 615	6 745	5 961	6 564
18	ZW3 +400	3 400	6 102	6 190	5 460	6 526	5 818	6 338
19	ZW3 +600	3 600	6 038	6 071	5 376	6 418	5 747	6 224
20	ZW3 +700	3 700	5 991	5 983	5 302	6 343	5 694	6 138
21	ZW3 +900	3 900	5 895	5 807	5 261	6 138	5 589	5 967
22	ZW4 +100	4 100	5 799	5 630	5 157	5 966	5 485	5 794
23	ZW4 +300	4 300	5 702	5 454	5 053	5 794	5 384	5 621

续表 7-3

编号	断面号	距离(m)	淤区左边线交点		淤区右边线交点		隔堤交点	
24	ZW4 + 500	4 500	5 606	5 279	4 949	5 622	5 285	5 447
25	ZW4 + 700	4 700	5 510	5 104	4 846	5 451	5 188	5 272
26	ZW4 + 900	4 900	5 413	4 928	4 742	5 279	5 091	5 096
27	ZW5 + 100	5 100	5 316	4 752	4 638	5 107	4 996	4 920
28	ZW5 + 250	5 250	5 244	4 621	4 560	4 978	4 927	4 787
29	ZW5 + 400	5 400	5 173	4 489	4 482	4 850	4 855	4 655
30	ZW5 + 600	5 600	5 078	4 312	4 375	4 680	4 760	4 479
31	ZW5 + 800	5 800	4 982	4 136	4 294	4 496	4 664	4 302
32	ZW6 + 000	6 000	4 887	3 960	4 238	4 299	4 569	4 126
33	ZW6 + 200	6 200	4 790	3 784	4 182	4 103	4 473	3 950
34	ZW6 + 400	6 400	4 694	3 609	4 110	3 914	4 377	3 774
35	ZW6 + 600	6 600	4 597	3 433	4 027	3 732	4 282	3 598
36	ZW6 + 800	6 800	4 501	3 257	3 944	3 549	4 186	3 422
37	ZW7 + 000	7 000	4 405	3 082	3 861	3 366	4 091	3 246
38	ZW7 + 200	7 200	4 308	2 906	3 778	3 184	3 995	3 070
39	ZW7 + 400	7 400	4 212	2 730	3 695	3 001	3 899	2 894
40	ZW7 + 600	7 600	4 101	2 563	3 612	2 818	3 804	2 718
41	ZW7 + 800	7 800	3 990	2 397	3 530	2 638	3 710	2 544
42	ZW8 + 000	8 000	3 877	2 230	3 447	2 455	3 614	2 368
43	ZW8 + 200	8 200	3 764	2 065	3 368	2 272	3 519	2 193
44	ZW8 + 400	8 400	3 639	1 909	3 290	2 091	3 425	2 020
45	ZW8 + 600	8 600	3 513	1 752	3 203	1 914	3 317	1 855

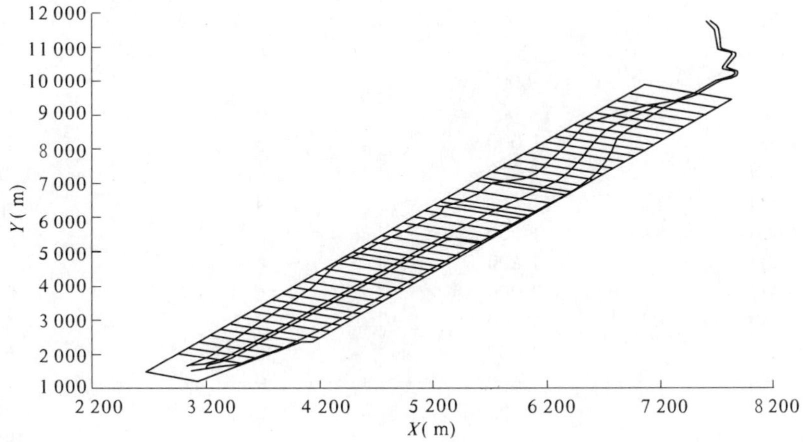

图 7-4　淤区断面布置示意

三、淤区计算结果及分析

在进行淤区运用方案计算时，淤区入口处上游段添加两个断面参与数学模型计算，两个断面形状及布置采用输沙区给定断面及河床比降。由于在淤区入口处上游比降较大，河段在运用开始阶段基本上不发生累积性淤积，所以在淤区运用方案计算时，若淤区入口上游河段发生累积性淤积，且淤积厚度大于 0.2 m 时，表示淤区淤粗排细运用方式已完成。

（一）①号淤区（见图 7-3）运用方式

①号淤区在淤粗排细运用时期，为了取得好的拦粗的运用，应增大该淤区水力坡降，尽量降低退水口水位。退水口门河床高程为 371.8 m，为了尽可能地多淤粗沙，初始水位取为 372.55 m，以后下游边界水位由程序自动计算，计算原则根据下游边界淤积厚度和比降及流量确定。

由表 7-4 可知，对①号淤区进行测验的共有 4 天，从第 1 天到第 4 天其排沙比是逐渐增大的，测验的第 2 天以后排沙比在 45% 以上，最后一天排沙比达到 70% 以上，平均排沙比为 48.6%。统计测验的最后一天下游 Q4 + 300 断面和入口处 Q0 + 000 断面的水位分别为 374.68 m 和 376.79 m，河槽水面比降约为 4.8‰。由表 7-5 可知，①号淤区 4 天共淤积泥沙 185.7 万 m^3。图 7-5 为进口和出口 4 天平均悬移质级配变化比较图，可以明显看出，出口悬移质级配比进口悬移质级配细很多，小于 0.025 mm 粒径沙重百分数由进口 42.4% 增大到 88.8%，大于 0.05 mm 粒径沙重百分数由进口的 31.5% 降到 6.2%。

表 7-4　①号淤区泥沙冲淤计算结果

序号	日期（年-月-日）	流量（m^3/s）	水位（m）	进口含沙量（kg/m^3）	出口含沙量（kg/m^3）	淤积量（万 m^3）	排沙比（%）
1	1998-07-06	49.40	372.55	148.60	33.40	35.0	22.48
2	1998-07-07	49.60	373.18	225.40	105.60	36.7	46.85
3	1998-07-13	77.60	373.85	310.80	168.30	68.0	54.15
4	1998-07-14	71.30	374.68	361.80	256.20	46.0	70.81

表 7-5　①号淤区河段淤积量计算结果

断面号	间距（m）	淤积量（万 m^3）	累计淤积量（万 m^3）
Q0 + 000	0		
Z0 + 200	200	1.7	1.7
Z0 + 400	400	6.2	7.9
Z0 + 600	600	3.6	11.5
Z0 + 800	800	3.6	15.1
Z1 + 000	1 000	3.8	18.9
Z1 + 200	1 200	4.0	22.9
Z1 + 400	1 400	4.8	27.7
Z1 + 600	1 600	5.7	33.4
Z1 + 800	1 800	6.4	39.8
Z2 + 000	2 000	6.8	46.6
Z2 + 200	2 200	7.1	53.7
ZW2 + 400	2 400	8.0	61.7
ZW2 + 600	2 600	9.3	71.0
ZW2 + 800	2 800	10.6	81.6
ZW2 + 900	2 900	5.6	87.2
ZW3 + 200	3 200	18.1	105.3
ZW3 + 400	3 400	13.4	118.7
ZW3 + 600	3 600	14.2	132.9
ZW3 + 700	3 700	7.8	140.7
ZW3 + 900	3 900	14.9	155.6
ZW4 + 100	4 100	14.4	170.0
ZW4 + 300	4 300	15.7	185.7

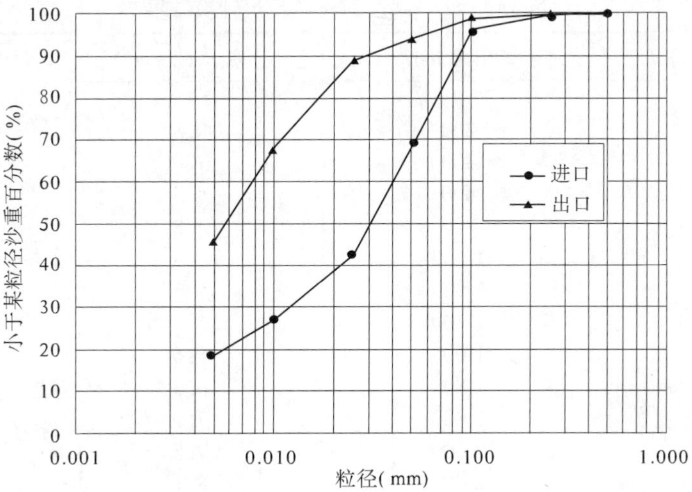

图 7-5　①号淤区进出口断面平均悬移质级配变化比较

(二)②号淤区(见图 7-3)的运用方式

②号淤区在淤粗排细运用时期,为了增大淤区水力坡降,获得好的拦粗作用,退水闸平底堰高程为 368.3 m,淤区初始水位取 369.90 m。

由表 7-6 可知,对②号淤区共进行 16 天的测验,其排沙比是随着淤区不断淤积而逐渐增大的,但排沙比相对较小,且增加较缓慢,直到第 15 天以后排沙比才到 40% 以上,平均排沙比为 28.9%。统计最后一天下游 ZW8 + 600 断面和入口处 Q0 + 000 断面的水位分别为 373.65 m 和 376.75 m,河槽水面比降平均为 3.5‰,且下段比降较缓,上段比降仍在 5‰左右。由表 7-7 可知,②号淤区 16 天共淤积泥沙 544.2 万 m^3。图 7-6 为进口和出口平均悬移质级配变化比较图,可以明显看出,出口悬移质级配比进口悬移质级配细,小于 0.025 mm 粒径沙重百分数由进口的 52.7% 增大到 95.8%,大于 0.05 mm 粒径沙重百分数由进口的 19.6% 降到 1.8%。

表 7-6　②号淤区泥沙冲淤计算结果

序号	日期(年-月-日)	流量(m^3/s)	水位(m)	进口含沙量(kg/m^3)	出口含沙量(kg/m^3)	淤积量(万 m^3)	排沙比(%)
1	1998-07-15	55.40	369.90	173.40	19.69	52.5	11.36
2	1998-07-16	55.70	369.95	99.50	17.96	28.0	18.05
3	1998-07-17	51.00	369.98	95.20	22.32	22.0	23.44
4	1998-07-18	50.60	370.04	54.40	13.06	12.9	24.00
5	1998-07-20	49.50	370.27	55.80	13.20	13.0	23.66
6	1998-07-21	51.40	370.51	57.90	13.80	13.9	23.83
7	1998-07-22	49.90	370.77	62.20	14.85	14.5	23.87
8	1998-08-02	51.90	371.05	70.00	17.61	16.7	25.16
9	1998-08-03	52.10	371.35	60.20	15.53	14.3	25.80
10	1998-08-24	65.00	371.66	182.90	50.92	52.9	27.84
11	1998-08-25	56.90	371.98	240.70	71.58	59.3	29.74
12	1998-08-26	52.00	372.33	66.40	23.15	13.8	34.86
13	1998-07-06	49.40	372.71	148.60	54.86	28.5	36.92
14	1998-07-07	49.60	373.12	225.40	86.57	42.5	38.41
15	1998-07-13	77.60	373.55	310.80	142.40	80.6	45.82
16	1998-07-14	71.30	373.65	361.80	181.50	79.3	50.17

表 7-7　②号淤区河段淤积量计算结果

断面号	间距(m)	淤积量(万 m^3)	累计淤积量(万 m^3)
Q0 +000	0		
Z0 +200	200	0.8	0.8
Z0 +400	400	7.0	7.8
Z0 +600	600	4.3	12.1
Z0 +800	800	4.8	16.9
Z1 +000	1 000	5.3	22.2
Z1 +200	1 200	5.1	27.3
Z1 +400	1 400	5.1	32.4
Z1 +600	1 600	5.6	38.0
Z1 +800	1 800	6.3	44.3
Z2 +000	2 000	7.0	51.3
Z2 +200	2 200	7.5	58.8
ZW2 +400	2 400	8.1	66.9
ZW2 +600	2 600	10.0	76.9
ZW2 +800	2 800	14.7	91.6
ZW2 +900	2 900	8.7	100.3
ZW3 +200	3 200	23.3	123.6
ZW3 +400	3 400	16.8	140.4
ZW3 +600	3 600	18.1	158.5
ZW3 +700	3 700	10.2	168.7
ZW3 +900	3 900	15.8	184.5
ZW4 +100	4 100	15.1	199.6
ZW4 +300	4 300	16.3	215.9
ZW4 +500	4 500	16.2	232.1
ZW4 +700	4 700	16.2	248.3
ZW4 +900	4 900	17.6	265.9
ZW5 +100	5 100	18.5	284.4
ZW5 +250	5 250	12.9	297.3
ZW5 +400	5 400	11.9	309.2
ZW5 +600	5 600	17.1	326.3
ZW5 +800	5 800	19.7	346.0
ZW6 +000	6 000	19.9	365.9
ZW6 +200	6 200	18.8	384.7
ZW6 +400	6 400	18.1	402.8
ZW6 +600	6 600	17.3	420.1
ZW6 +800	6 800	16.3	436.4
ZW7 +000	7 000	15.9	452.3
ZW7 +200	7 200	15.0	467.3
ZW7 +400	7 400	14.1	481.4
ZW7 +600	7 600	12.9	494.3
ZW7 +800	7 800	11.8	506.1
ZW8 +000	8 000	11.2	517.3
ZW8 +200	8 200	9.7	527.0
ZW8 +400	8 400	8.9	535.9
ZW8 +600	8 600	8.3	544.2

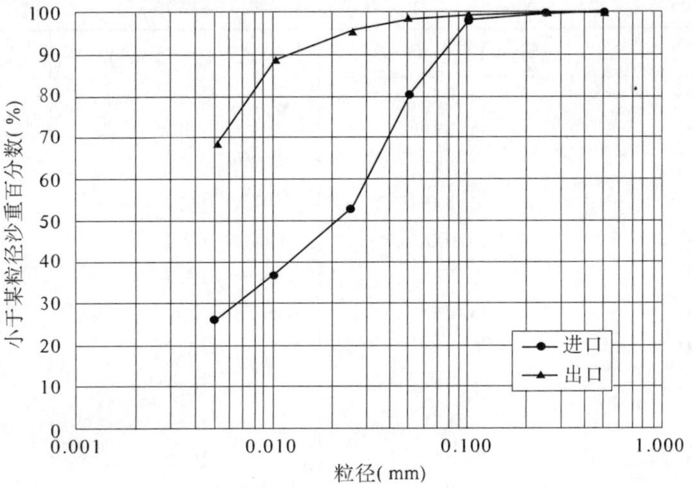

图 7-6　②号淤区进出口悬移质颗粒级配平均变化比较

(三)③号淤区的运用方式

③号淤区在淤粗排细运用时期,为了增大淤区水力坡降,获得好的拦粗作用,退水闸平底堰高程为 368.3 m,淤区初始水位取 369.90 m。

由表 7-8 可知,对③号淤区共进行 14 天的测验,其排沙比是随着淤区不断淤积而逐渐增大的,直到第 13 天以后排沙比达到 40% 以上,平均排沙比为 28.7%。最后一天下游 ZW8 +600 断面的水位为 373.85 m。由表 7-9 可知,③号淤区 14 天共淤积泥沙 365.3 万 m^3。图 7-7 为进口和出口平均悬移质级配变化比较图,可以明显看出,出口悬移质级配比进口悬移质级配细,小于 0.025 mm 粒径沙重百分数由进口 54.7% 增大到 92%,大于 0.05 mm粒径沙重百分数由进口 17.4% 降到 3.3%。

表 7-8　③号淤区泥沙冲淤计算结果

序号	日期(年-月-日)	流量(m^3/s)	水位(m)	进口含沙量(kg/m^3)	出口含沙量(kg/m^3)	淤积量(万 m^3)	排沙比(%)
1	1998-07-15	55.40	369.90	173.40	17.56	53.2	10.12
2	1998-07-16	55.70	370.02	99.50	15.88	28.7	15.96
3	1998-07-17	51.00	370.17	95.20	19.46	23.8	20.44
4	1998-07-18	50.60	370.38	54.40	11.86	13.2	21.79
5	1998-07-20	49.50	370.61	55.80	12.39	13.2	22.20
6	1998-07-21	51.40	370.86	57.90	13.98	13.9	24.15
7	1998-07-22	49.90	371.14	62.20	15.66	14.3	25.17
8	1998-08-02	51.90	371.44	70.00	19.76	16.7	28.23
9	1998-08-03	52.10	371.85	60.20	16.26	14.1	27.02
10	1998-08-24	65.00	372.27	182.90	67.64	46.2	36.98
11	1998-08-25	56.90	372.70	240.70	72.66	59.0	30.19
12	1998-08-26	52.00	373.14	66.40	25.46	13.1	38.34
13	1998-07-06	49.40	373.59	148.60	75.20	22.3	50.61
14	1998-07-07	49.60	373.85	225.40	115.40	33.6	51.20

表 7-9 ③号淤区河段淤积量计算结果

断面号	距进口距离(m)	淤积量(万 m^3)	累计淤积量(万 m^3)
ZW4 +300	4 300		
ZW4 +500	4 500	14.7	14.7
ZW4 +700	4 700	14.4	29.1
ZW4 +900	4 900	15.4	44.5
ZW5 +100	5 100	15.7	60.2
ZW5 +250	5 250	10.7	70.9
ZW5 +400	5 400	9.6	80.5
ZW5 +600	5 600	13.4	93.9
ZW5 +800	5 800	16.1	110.0
ZW6 +000	6 000	18.2	128.2
ZW6 +200	6 200	19.5	147.7
ZW6 +400	6 400	20.3	168.0
ZW6 +600	6 600	20.4	188.4
ZW6 +800	6 800	20.1	208.5
ZW7 +000	7 000	20.6	229.1
ZW7 +200	7 200	20.6	249.7
ZW7 +400	7 400	20.5	270.2
ZW7 +600	7 600	18.9	289.1
ZW7 +800	7 800	17.5	306.6
ZW8 +000	8 000	16.9	323.5
ZW8 +200	8 200	14.9	338.4
ZW8 +400	8 400	13.4	351.8
ZW8 +600	8 600	13.5	365.3

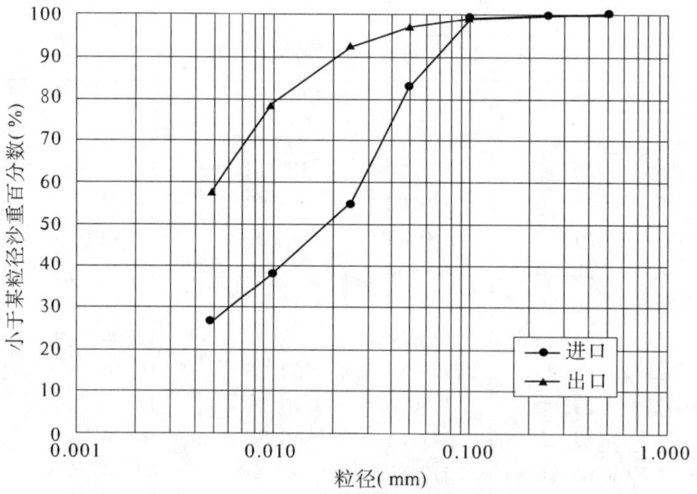

图 7-7 ③号淤区进出口平均悬移质颗粒级配变化比较

由表 7-10 可以看出,①号、②号、③号淤区在 1998 年典型年水沙条件下,需要 34 d 完成淤区的淤积,共淤积1 095.2万m^3,其中大于0.05 mm分组泥沙占50%,0.025~0.05 mm分组泥沙占31.7%,小于0.025 mm分组泥沙占18.4 %,因此①号、②号、③号淤区均可达到拦粗排细的目的。

表7-10　不同淤区河段淤积量及淤积物级配

淤区号	河段	淤积量(万m^3)	泥沙组分(%)			运行天数
			<0.025 mm	0.025~0.05 mm	>0.05 mm	
①	Q0+000—Z2+000	46.6	0.8	14.4	84.8	4
	Z2+000—ZW4+300	139.1	14.3	30.2	55.5	
③	ZW4+300—ZW6+000	128.2	11.4	36.0	52.6	14
	ZW6+000—ZW8+600	237.1	33.5	39.8	26.7	
②	Q0+000—Z2+000	51.3	2.3	20.4	77.3	16
	Z2+000—ZW4+300	164.6	13.6	34.7	51.7	
	ZW4+300—ZW6+000	150.0	28.1	40.0	31.9	
	ZW6+000—ZW8+600	178.3	42.9	37.9	19.2	
合计/平均		1 095.2	18.4	31.7	50.0	34

(四)淤区出口控制水位

数学模型计算各淤区尾门水位过程如图7-8所示。由于尾门水位是通过数学模型自动计算的,所以图7-8所给出的不同淤区尾门水位过程可供在实际放淤过程中参考。

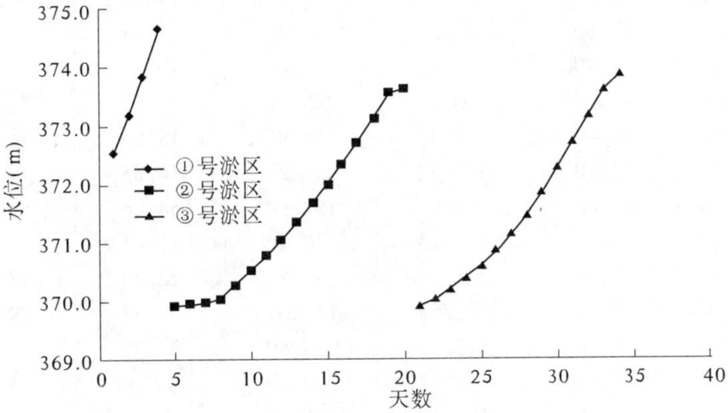

图7-8　各个淤区尾门水位过程

四、淤区不同平面布置淤积效果分析比较

为了分析淤区不同平面布置对粗细颗粒泥沙淤积分布的影响,本次选定3个方案进行泥沙冲淤计算。方案1为淤区内不设纵隔堤;方案2为淤区内设一条纵隔堤;方案3为淤区内设两条纵隔堤。

表 7-11 ~ 表 7-13 分别为方案 1、方案 2、方案 3 泥沙进出口含沙量及淤积量计算结果;表 7-14 为不同方案各个河段计算淤积量(淤积量均统一为整个淤区)及平均淤积物级配(设计方案指目前采用的淤区平面布置方案);表 7-15 为不同方案计算淤积量及淤区平均淤积物级配。

由表 7-15 可以看出,方案 1 运行时间最短,平均为 28 d,方案 3 运行时间最长,平均运行 42(14 ×3) d,方案 2 与设计方案运行时间接近,平均为 32(16 ×2) d。

由表 7-15 和图 7-9 可以看出,方案 1 淤积量最小,方案 3 淤积量最大,方案 2 与设计方案淤积量比较接近,介于方案 1 与方案 3 之间。

由表 7-14、表 7-15 和图 7-10 可以看出,方案 1 各个河段淤积物粗颗粒泥沙所占比重最小,方案 2 次之,方案 3 与设计方案各个河段淤积物粗、中、细泥沙所占比例比较接近,且粗泥沙所占比例较方案 1 和方案 2 大,即方案 3 和设计方案拦粗排细效果较方案 1 和方案 2 明显。

表 7-11 方案 1 泥沙冲淤计算结果

序号	日期(年-月-日)	流量(m^3/s)	水位(m)	进口含沙量(kg/m^3)	出口含沙量(kg/m^3)	淤积量(万 m^3)	排沙比(%)
1	1998-07-06	49.40	369.90	148.60	14.04	41.02	9.45
2	1998-07-07	49.60	369.93	225.40	24.38	61.53	10.82
3	1998-07-13	77.60	369.98	310.80	37.87	130.71	12.18
4	1998-07-14	71.30	370.06	361.80	49.04	137.62	13.55
5	1998-07-15	55.40	370.15	173.40	25.88	50.44	14.93
6	1998-07-16	55.70	370.24	99.50	17.54	28.17	17.63
7	1998-07-17	51.00	370.33	95.20	18.19	24.24	19.11
8	1998-07-18	50.60	370.42	54.40	11.20	13.49	20.59
9	1998-07-20	49.50	370.50	55.80	12.31	13.29	22.06
10	1998-07-21	51.40	370.59	57.90	13.64	14.04	23.56
11	1998-07-22	49.90	370.69	62.20	15.57	14.36	25.03
12	1998-08-02	51.90	370.80	70.00	18.56	16.48	26.51
13	1998-08-03	52.10	370.92	60.20	16.85	13.94	27.99
14	1998-08-24	65.00	371.07	182.90	54.96	51.32	30.05
15	1998-08-25	56.90	371.23	240.70	75.95	57.85	31.55
16	1998-08-26	52.00	371.36	66.40	22.83	13.98	34.38
17	1998-07-06	49.40	371.53	148.60	52.58	29.27	35.38
18	1998-07-07	49.60	371.72	225.40	81.90	43.93	36.34
19	1998-07-13	77.60	371.92	310.80	117.50	92.57	37.81
20	1998-07-14	71.30	372.13	361.80	141.20	97.07	39.03
21	1998-07-15	55.40	372.34	173.40	72.27	34.58	41.68
22	1998-07-16	55.70	372.46	99.50	43.38	19.29	43.60
23	1998-07-17	51.00	372.59	95.20	44.57	15.94	46.82
24	1998-07-18	50.60	372.74	54.40	26.57	8.69	48.84
25	1998-07-20	49.50	372.91	55.80	29.60	8.18	53.05
26	1998-07-21	51.40	373.13	57.90	31.00	8.53	53.54
27	1998-07-22	49.90	373.36	62.20	33.42	8.86	53.73
28	1998-08-02	51.90	373.60	70.00	38.76	10.01	55.37

表 7-12　方案 2 泥沙冲淤计算结果

序号	日期（年-月-日）	流量（m^3/s）	水位（m）	进口含沙量（kg/m^3）	出口含沙量（kg/m^3）	淤积量（万 m^3）	排沙比（%）
1	1998-07-06	49.40	369.90	148.60	24.36	37.88	16.39
2	1998-07-07	49.60	369.94	225.40	53.87	52.51	23.90
3	1998-07-13	77.60	370.02	310.80	85.60	107.85	27.54
4	1998-07-14	71.30	370.11	361.80	103.40	113.70	28.58
5	1998-07-15	55.40	370.24	173.40	53.55	40.98	30.88
6	1998-07-16	55.70	370.38	99.50	32.55	23.01	32.71
7	1998-07-17	51.00	370.58	95.20	32.10	19.86	33.72
8	1998-07-18	50.60	370.82	54.40	19.95	10.76	36.67
9	1998-07-20	49.50	371.10	55.80	21.00	10.63	37.63
10	1998-07-21	51.40	371.41	57.90	22.30	11..29	38.51
11	1998-07-22	49.90	371.73	62.20	26.25	11.07	42.20
12	1998-08-02	51.90	372.08	70.00	30.45	12.67	43.50
13	1998-08-03	52.10	372.46	60.20	27.40	10.55	45.51
14	1998-08-24	65.00	372.86	182.90	89.20	37.59	48.77
15	1998-08-25	56.90	373.27	240.70	128.10	39.54	53.22
16	1998-08-26	52.00	373.69	66.40	36.23	9.68	54.56

注:淤区内设一条纵隔堤,淤区分为两块,表中数据仅为一块的计算结果。

表 7-13　方案 3 泥沙冲淤计算结果

序号	日期（年-月-日）	流量（m^3/s）	水位（m）	进口含沙量（kg/m^3）	出口含沙量（kg/m^3）	淤积量（万 m^3）	排沙比（%）
1	1998-07-06	49.40	369.90	148.60	47.10	30.94	31.70
2	1998-07-07	49.60	369.98	225.40	81.40	44.08	36.11
3	1998-07-13	77.60	370.08	310.80	129.13	87.00	41.55
4	1998-07-14	71.30	370.27	361.80	154.76	91.10	42.77
5	1998-07-15	55.40	370.48	173.40	79.50	32.10	45.85
6	1998-07-16	55.70	370.71	99.50	48.32	17.59	48.56
7	1998-07-17	51.00	370.97	95.20	49.78	14.30	52.29
8	1998-07-18	50.60	371.27	54.40	29.28	7.84	53.83
9	1998-07-20	49.50	371.61	55.80	30.75	7.65	55.10
10	1998-07-21	51.40	371.97	57.90	33.67	7.68	58.16
11	1998-07-22	49.90	372.36	62.20	40.10	6.81	64.47
12	1998-08-02	51.90	372.78	70.00	48.32	6.95	69.02
13	1998-08-03	52.10	373.23	60.20	45.39	4.76	75.39
14	1998-08-24	65.00	373.72	182.90	143.48	15.81	78.45

注:淤区内设两条纵隔堤,淤区分为三块,表中数据仅为一块的计算结果。

表 7-14 各个方案不同河段淤积量及平均淤积物级配

方案	河段	淤积量（万 m^3）	平均淤积物级配（%）		
			<0.025 mm	0.025～0.05 mm	>0.05 mm
设计方案	Q0+000—Z2+000	97.9	1.5	17.4	81.1
	Z2+000—ZW4+300	303.7	13.9	32.5	53.6
	ZW4+300—ZW6+000	278.2	19.7	38.0	42.3
	ZW6+000—ZW8+600	415.4	38.2	38.8	23.0
方案 1	Q0+000—Z2+000	83.2	10.7	27.8	61.5
	Z2+000—ZW4+300	285.9	33.0	34.9	32.1
	ZW4+300—ZW6+000	271.5	44.3	36.9	18.8
	ZW6+000—ZW8+600	418.8	61.9	30.3	7.8
方案 2	Q0+000—Z2+000	87.4	6.1	26.0	67.9
	Z2+000—ZW4+300	295.2	18.4	36.4	45.2
	ZW4+300—ZW6+000	279.4	33.9	39.1	27.0
	ZW6+000—ZW8+600	427.7	48.5	34.3	17.2
方案 3	Q0+000—Z2+000	92.0	2.3	15.9	81.8
	Z2+000—ZW4+300	305.6	8.7	30.3	61.0
	ZW4+300—ZW6+000	288.3	22.3	36.9	40.8
	ZW6+000—ZW8+600	437.7	33.9	35.2	30.9

表 7-15 各个方案淤积量及平均淤积物级配

方案	淤积量（万 m^3）	平均淤积物级配（%）			运行天数
		<0.025 mm	0.025～0.05 mm	>0.05 mm	
设计方案	1 095.2	18.4	31.6	50.0	34
方案 1	1 059.4	37.5	32.5	30.0	28
方案 2	1 089.7	26.7	34.0	39.3	32
方案 3	1 123.6	16.8	29.6	53.6	42

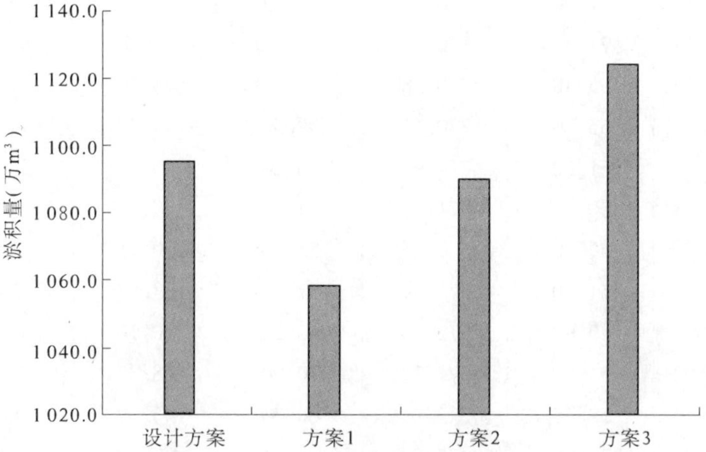

图 7-9 不同方案淤区淤积量比较

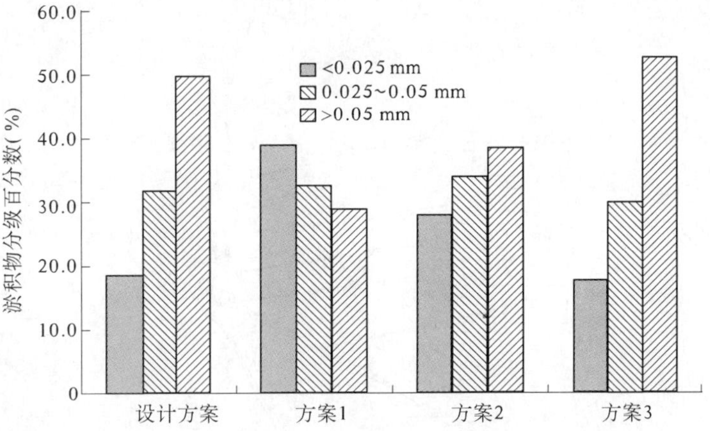

图 7-10 不同方案淤区淤积物级配比较

综上所述,若从运行时间较长和拦粗排细效果明显这两个方面进行考虑,可以认为方案 3 比其他方案好;从运行管理费用和拦粗排细效果综合考虑,目前采用设计方案也是较优方案,拦粗排细效果也是比较明显的。

第四节 淤区数学模型改进及率定

一、黄河小北干流连伯滩放淤试验工程基本情况

2004 年黄河小北干流放淤试验工程从 7 月 26 日 17 时开始至 8 月 26 日 15 时 30 分结束,共进行了 6 轮放淤试验。

第 1 轮:7 月 26 日 17 时 ~28 日 2 时 36 分,开闸约 33.6 h。

第 2 轮:7 月 30 日 12 时 ~31 日 19 时 12 分,开闸约 31.2 h。

第 3 轮:8 月 4 日 4 时 30 分 ~19 时 24 分,开闸 14.9 h。

第 4 轮:8 月 10 日 20 时 36 分 ~15 日 11 时 6 分,开闸 110.5 h。

第 5 轮:8 月 21 日 8 时 ~25 日 12 时 36 分,开闸 100.6 h。

第 6 轮:8 月 25 日 18 时 36 分 ~26 日 15 时 30 分,开闸 20.9 h。

淤区各轮运用情况见表 7-16。

按照《黄河小北干流放淤规划任务书》的要求,黄河小北干流放淤试验工程原型观测从 7 月 26 日 17 时开始至 8 月 26 日 15 时 30 分结束,淤区观测断面示意图见图 7-11。为了试验不同淤区布设形式的放淤效果,淤区内部增设南北向纵隔堤一条,长 8.68 km,将淤区分成东西两个条池;又在东部条池距淤区入口 4.4 km 处设一横隔堤,长 300 m,将东条池再分成南北两个条池:③号淤区和①号淤区,西部条池为②号淤区。①号淤区长 4 400 m,③号淤区长 4 280 m,①号、③号淤区平均宽度为 320 m;②号淤区长 8 680 m,平均宽度为 640 m。

淤区进、退水口分别由 Q_{10}、Q_{15}断面控制,淤区内部布设 4 个水流沙断面(Q_{11} ~ Q_{14})、

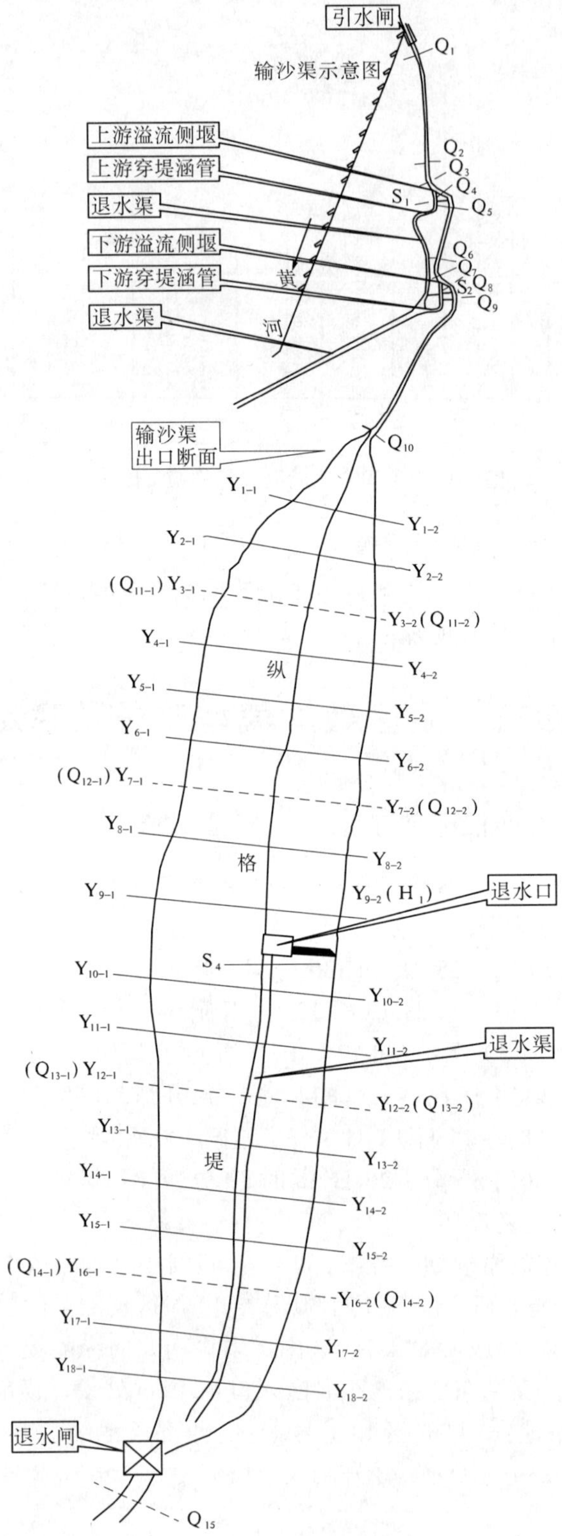

图 7-11 淤区观测断面示意

18 个测淤断面($Y_{1-2} \sim Y_{18-2}$),①号、③号淤区各占 1/2。横格堤处布设有水位(Y_{9-2})、含沙量监测断面(S_4)。

表 7-16　淤区放淤运用情况

轮次	运用起止时间(Q_{10})		运用时间		运用淤区
	运用开始时间(年-月-日 T 时:分)	运用结束时间(年-月-日 T 时:分)	(d)	(h)	
①	2004-07-26T17:00	2004-07-28T02:36	1.4	33.6	①号
②	2004-07-30T12:00	2004-07-31T19:12	1.3	31.2	①号
③	2004-08-04T04:30	2004-08-04T19:24	0.6	14.9	①号
④	2004-08-10T20:36	2004-08-12T18:30	1.9	45.9	①号
	2004-08-12T18:30	2004-08-15T11:06	2.7	64.6	①号、③号
	2004-08-10T20:36	2004-08-15T11:06	4.6	110.5	①号、③号
⑤	2004-08-21T08:00	2004-08-25T12:36	4.2	100.6	①号、③号
⑥	2004-08-25T18:36	2004-08-26T15:30	0.9	20.9	①号、③号
合计			13.0	312	

淤区观测内容主要由黄河水利科学研究院的研究需要提出,原型观测由三门峡水文水资源局承担。在黄河小北干流放淤试验过程中获得了大量的野外观测实时数据及整编资料,为研究淤区水流泥沙运动特性、淤积分布规律及淤区数学模型改进和模型参数率定等提供了基础资料。

本次研究的主要目的是利用淤区观测资料,对淤区数学模型进行改进和模型率定,同时为进一步研究淤区平面布置型式、淤区运用方式,以及大规模开展放淤提供技术支撑。

二、淤区稳定河相关系

由于淤区初始河床地形属于平底且宽度较大,没有明显河槽,随着淤区不断淤积,淤区河道断面逐渐形成一个稳定的河相关系。为了模拟淤区河道断面形态在淤积过程中的变化趋势,在黄河小北干流放淤试验测验内容中要求对淤区 Q_{11} 断面、Q_{12} 断面、Q_{13} 断面、Q_{14} 断面进行水力要素变化测量,但由于在实际放淤过程中进行现场观测是非常困难和危险的,因此没有进行实际观测。本次收集了输沙渠 Q_1 断面、Q_6 断面和 Q_{10} 断面实测流量成果分析河相系数与流量的关系,反映河道断面在淤积状态下的河相关系,用于淤区稳定河相关系确定。图 7-12 为输沙渠 Q_1 断面、Q_6 断面和 Q_{10} 断面河相系数与流量的关系。可以看出,断面河相系数与流量的相关系数达到 0.9 以上,由于输沙渠在运用过程中也是淤积的,且含沙量变化范围为 0 ~ 300 kg/m^3,它也较好地反映了断面在淤积过程中的河相关系,因此淤区稳定河相关系可采用下式计算,即

$$\frac{\sqrt{B}}{h} = 28.5Q^{0.45} \tag{7-1}$$

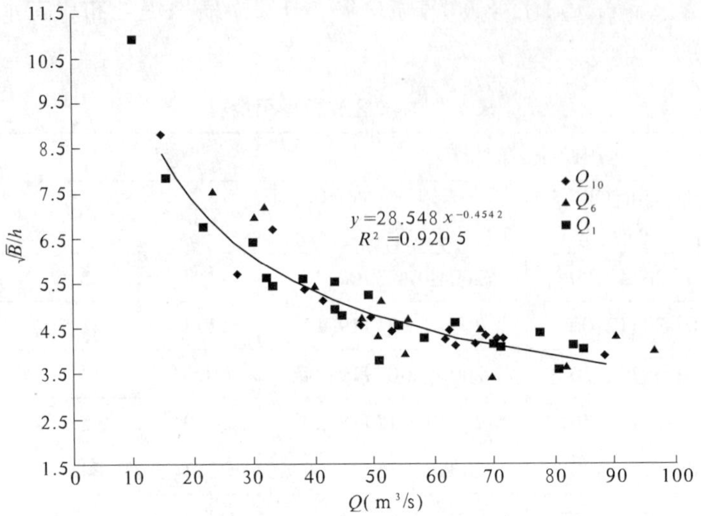

图 7-12　断面河相系数与流量的关系

三、淤区床沙级配调整计算方法

淤区床沙级配变化直接影响到挟沙能力和含沙量沿程变化，因此床沙级配的变化也是淤区数学模型研究的主要内容之一。由于淤区一般均处于明显淤积状态，因此床沙级配即为淤积物级配，与悬移质级配有直接关系。由沙量平衡知，第 1 组粒径的淤积量等于该粒径组在进口断面的输沙量减去出口断面的输沙量，即通过数学推导简化可得

$$P_{b,l} = \frac{P_{s,l}}{\lambda}\left[1 - (1-\lambda)^{(\frac{\omega_l}{\omega_m})^{\theta}}\right] \tag{7-2}$$

式中：θ 为经验系数；河段淤积物平均级配 $P_{b,l}$ 取决于进口断面的悬移质级配 $P_{s,l}$、该组粒径的沉速 ω_l、淤积有效沉速 ω_m 以及淤积百分数 λ。对于粗颗粒 $\frac{\omega_l}{\omega_m} > 1$，淤积物级配总是粗于悬移质级配。利用本次放淤试验过程中测验上下游 Q_{11} 断面和 Q_{12} 断面悬移质级配及含沙量，采用式(7-2)可求得淤积物级配。图 7-13 点绘淤区 Q_{11} 断面和 Q_{12} 断面淤积物级配 D_{50} 与式(7-2)计算淤积物级配 D_{50} 的比较，尽管点子散一些，但趋势是符合的。

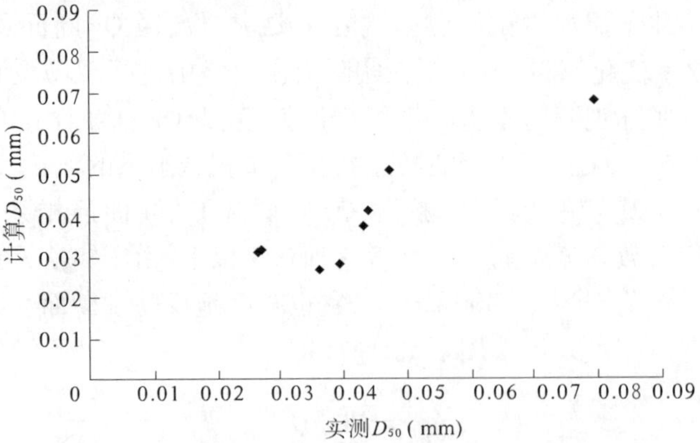

图 7-13　淤区实测淤积物 D_{50} 与计算淤积物 D_{50} 比较

四、淤区数学模型率定

淤区数学模型参数率定主要是非平衡输沙恢复饱和系数的率定。淤区数学模型中非平衡输沙恢复饱和系数 α 是一个反映各种复杂影响因素的综合参数,它的取值范围直接影响到数学模型模拟淤区含沙量及悬移质级配沿程变化过程的精度。由于目前有关恢复饱和系数 α 的研究仍然存在理论研究不深刻的问题,试验和资料受到限制,难以求得正确的数值,理论结果与实际数据有较大差别。目前,数学模型中采用恢复饱和系数 α 一般是根据实际情况进行率定的。因此,根据 2004 年小北干流淤区观测资料对淤区数学模型参数进行率定。

五、淤区进口水沙条件及观测资料处理

图 7-14 为淤区 Q_{10} 断面进口流量和含沙量过程线(共 6 轮),进口采用 Q_{10} 断面实测悬移质颗粒级配。图 7-15 为淤区下游水位控制过程线(共 6 轮),其中 2004 年 8 月 12 日 18 时 30 分以前采用淤区横隔堤 H_1 处水位过程线,2004 年 8 月 12 日 18 时 30 分以后采用退水口处 Q_{15} 断面的水位过程线。数学模型计算步长采用 6 h 恒定流计算,6 轮进行连续计算。

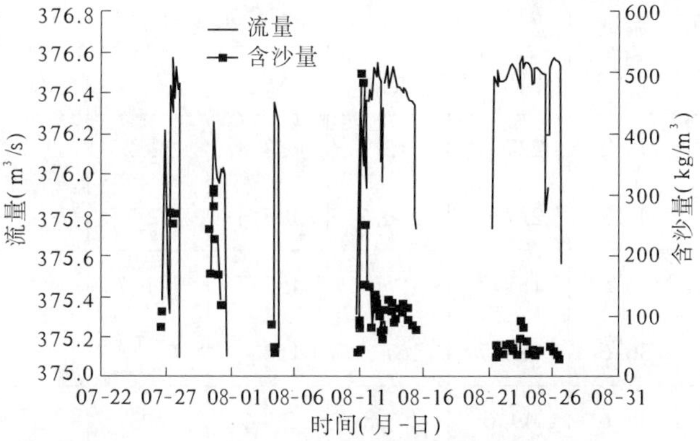

图 7-14　2004 年淤区进口流量和含沙量过程线

为了便于比较淤区沿程含沙量及悬移质级配的变化过程实测值与计算值。作者根据水文提供的 Q_{11} 断面、Q_{12} 断面、Q_{13} 断面、Q_{14} 断面单沙悬移质级配及其单位水样含沙量过程,以及 Q_{10} 断面流量过程,分别计算出 Q_{11} 断面、Q_{12} 断面、Q_{13} 断面、Q_{14} 断面每轮时段平均含沙量及悬移质级配。

六、淤区数学模型率定结果分析

表 7-17 为淤区数学模型经过率定后求得的各轮沿程含沙量计算值与实测值成果,表中 Q_{15} 断面实测含沙量按照 Q_{10} 断面流量进行修正。图 7-16 为各轮沿程含沙量计算值与实测值的比较,图 7-17 为第 1 轮和第 6 轮沿程主要断面悬移质级配变化计算值与实测值比较,表 7-18 为淤区各轮分组淤积量计算值与实测值比较。

从表7-17和图7-16可以看出，数学模型率定求得的各轮含沙量计算值与实测值沿程变化趋势是一致的，计算值与实测值比较接近。从图7-17可以看出，第1轮和第6轮主要断面计算悬移质级配曲线与实测悬移质级配曲线比较吻合。

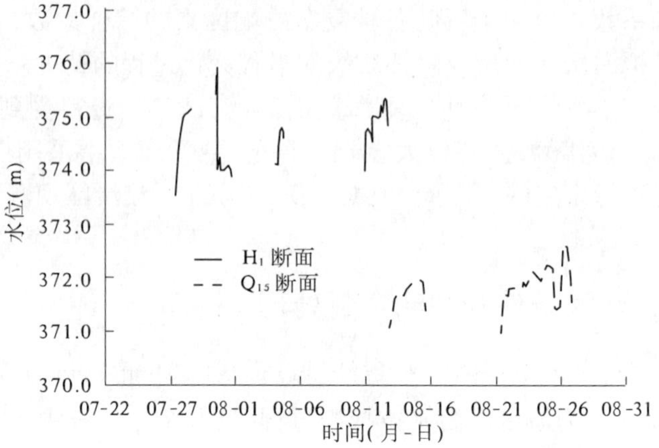

图7-15　2004年淤区下游水位控制过程线

表7-17　淤区数学模型经过率定后求得的各轮沿程含沙量计算值与实测值比较

轮次	项目	运用时间(h)	流量(m^3/s)	不同断面含沙量(kg/m^3)						
				Q_{10}	Q_{11}	Q_{12}	S_4	Q_{13}	Q_{14}	Q_{15}
1	实测	33.6	43.2	237.2	212.5	128.8	72.2			
	计算	33.6	43.2	237.2	230.3	125.4	67.7			
2	实测	31.2	36.6	180.7	185.7	152.7	141.7			
	计算	31.2	36.6	180.7	167.2	153.1	139.8			
3	实测	14.9	38.6	49.6	39.8	29.4	2.3			
	计算	14.9	38.6	49.6	43.8	34.7	6.0			
4	实测	110.5	49.4	126.1	151.6	90.7	53.8	79.8	59.2	24.0
	计算	110.5	49.4	126.1	114.1	96.7	62.4	86.0	58.6	22.0
5	实测	100.6	67.9	44.5				34.2	27.8	15.1
	计算	100.6	67.9	44.5	41.9	39.3	36.3	33.5	30.5	14.7
6	实测	20.9	69.3	37.0				29.5	19.2	19.8
	计算	20.9	69.3	37.0	35.8	34.8	32.9	29.5	22.4	19.0

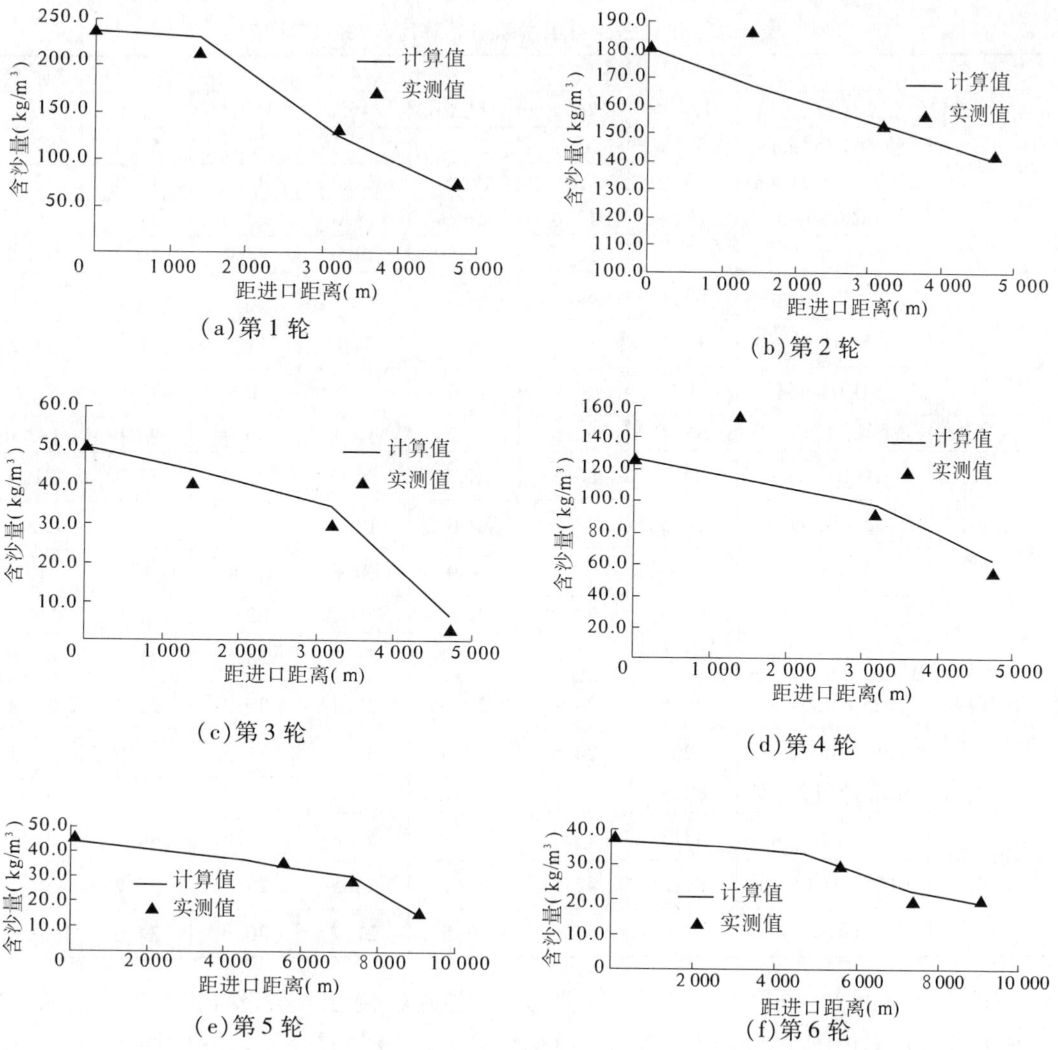

图 7-16 淤区各轮沿程含沙量计算值与实测值比较

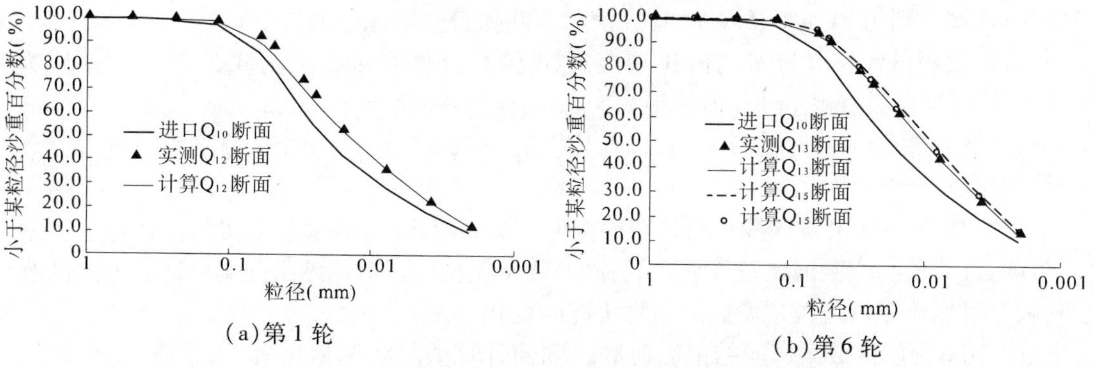

图 7-17 淤区第 1 轮和第 6 轮沿程悬移质级配变化计算值与实测值比较

表 7-18 淤区各轮分组淤积量计算值与实测值比较

轮次		1	2	3	4	5	6	总计
进口沙量(万 t)		124.4	76.4	11.2	246.3	119.6	22.0	599.9
进口泥沙级配(%)	<0.025 mm	54.5	65.2	52.2	59.5	52.0	59.5	57.2
	0.025~0.05 mm	25.5	21	26.8	22.0	25.0	19.3	23.1
	>0.05 mm	20.0	13.8	21.0	18.5	23.0	21.2	19.7
实测出口沙量(万 t)		27.4	38.6	1.5	49.0	37.2	10.3	164.1
实测出口泥沙级配(%)	<0.025 mm	85.1	85.4	88.9	90.0	79.9	78.5	85.1
	0.025~0.05 mm	11.2	11.3	8.1	7.8	14.6	15	11.2
	>0.05 mm	3.7	3.3	3.0	2.2	5.5	6.5	3.7
计算出口沙量(万 t)		35.4	57.5	1.2	43.1	36.3	9.9	183.4
计算出口泥沙级配(%)	<0.025 mm	82.7	80.5	87.1	86.2	77.4	77.7	81.9
	0.025~0.05 mm	12.5	14.1	9.0	10.0	15.8	14.8	12.7
	>0.05 mm	4.8	5.4	3.9	3.8	6.8	7.5	5.4
实测淤积量(万 t)		97.0	37.8	9.6	197.3	82.4	11.6	435.7
实测淤积泥沙级配(%)	<0.025 mm	44.5	46.6	46.0	52.0	38.5	41.3	44.8
	0.025~0.05 mm	29.5	28.9	29.7	25.4	30.2	23.2	27.8
	>0.05 mm	26	24.5	24.3	22.6	31.3	35.5	27.4
计算淤积量(万 t)		88.5	16.8	9.0	204.6	73.2	9.4	401.5
计算淤积泥沙级配(%)	<0.025 mm	43.3	13.2	47.4	53.8	39.6	40.3	39.6
	0.025~0.05 mm	29.3	42.3	29.1	24.5	29.5	25.7	30.1
	>0.05 mm	27.4	44.5	23.5	21.7	30.9	34.0	30.3

由表 7-18 可知,各轮出口沙量计算值与实测值比较接近,6 轮总计出口沙量实测值为 164.1 万 t,计算值为 183.4 万 t,与实测值相比计算值偏大 11.8%,其原因可能是由于水量造成的,实测出口水量较进口水量偏小 24%,数学模型计算出口采用水量与进口相同。从分组沙所占出口沙量百分数看,小于 0.025 mm、大于 0.05 mm 实测分别为85.1%、3.7%,计算分别为 81.9%、5.4%,计算值与实测值百分数比较接近。

各轮淤积量计算值与实测值比较接近,6 轮总计淤积量实测为 435.7 万 t,计算为 401.5 万 t,与实测值相比计算值偏小 8.5%。分组淤积量小于 0.025 mm、大于 0.05 mm 百分数实测分别为 44.8%、27.8%,计算分别为 39.6%、30.3%,计算分组淤积量百分数与实测比较一致。

图 7-18 为 3 次沿程床沙平均粒径计算值与实测值比较,可以看出实测与计算趋势是一致的,计算值与实测值比较接近,说明淤区数学模型经过对床沙级配调整计算方法的改进,模型可以比较好地模拟淤区淤积物级配的变化。

图 7-19 为淤区放淤试验结束后河底纵剖面计算值与实测值比较,可以看出,计算纵剖面与实测纵剖面比较一致,说明淤区断面形态调整计算过程与实测过程是接近的,淤区数学模型断面形态模拟计算方法是合理的,模型可以较好地模拟淤区断面形态随着淤区

淤积不断调整的过程。

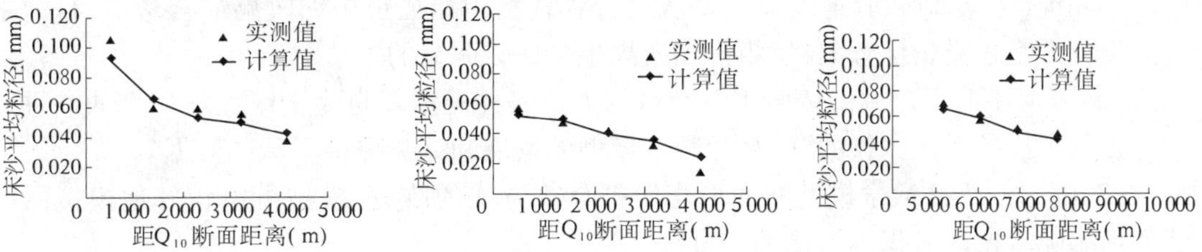

(a)第1次(7月29日)　(b)第2次(8月10日)　(c)第3次(9月3日)

图7-18　3次沿程床沙平均粒径计算值与实测值比较

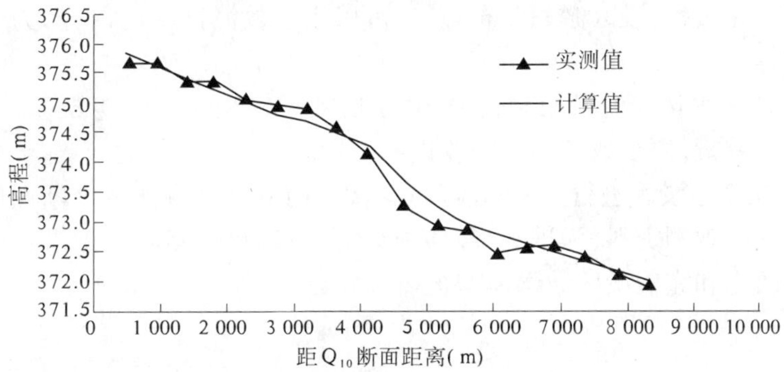

图7-19　淤区试验结束后沿程河底纵剖面计算值与实测值比较

第五节　主要结论与建议

(1)通过对黄河中游一维恒定流水沙数学模型验证,结果表明模型能够反映淤区泥沙的运动规律和淤积分布,以及平均颗粒级配沿程的变化过程,可以用于黄河小北干流淤区运用方式的研究。

(2)①号淤区4 d共淤积泥沙185.7万m^3,小于0.025 mm粒径沙重百分数由进口42.4%增大到88.8%,大于0.05 mm粒径沙重百分数由进口31.5%降到6.2%;②号淤区16 d共淤积泥沙544.2万m^3,小于0.025 mm粒径沙重百分数由进口52.7%增大到95.8%,大于0.05 mm粒径沙重百分数由进口19.6%降到1.8%;③号淤区14 d共淤积泥沙365.3万m^3,小于0.025 mm粒径沙重百分数由进口54.7%增大到92%,大于0.05 mm粒径沙重百分数由进口17.4%降到3.3%。

(3)①号、②号、③号淤区在1998年典型年水沙条件下,需要34 d完成淤区的淤积,共淤积泥沙1 095.2万m^3,其中大于0.05 mm分组泥沙占50%,0.025~0.05 mm分组泥沙占31.7%,小于0.025 mm分组泥沙占18.4%,因此①号、②号、③号淤区均可达到拦粗排细的目的。

(4)淤区入口上端平均水面比降为5‱左右,淤区下端比较缓,淤区纵向平均比降为3.5‱左右。

(5)若从运行时间较长和拦粗排细效果明显这两个方面进行考虑,可以认为淤区采用两个隔堤(方案3)较其他方案好。从运行管理费用和拦粗排细效果综合考虑,目前采用的设计方案也是较优方案,拦粗排细效果也是比较明显的。

(6)黄河小北干流放淤试验工程获得的大量野外观测资料为淤区数学模型的改进和率定提供了比较系统完整的资料,为数学模型的发展和完善提供了基础数据。

(7)通过对淤区数学模型断面形态模拟计算方法的改进,模型可以较好地模拟淤区断面形态随着淤区淤积不断调整的过程。

(8)淤区数学模型经过对床沙级配调整计算方法的改进,模型可以比较好地模拟淤区淤积物级配的变化。

(9)经过对淤区数学模型的改进,淤区数学模型可以比较好地模拟淤区含沙量及悬移质级配沿程变化过程、淤区淤积分布规律,可以用于放淤试验的研究,为大规模放淤试验提供技术支撑。

(10)由于淤区水量损失量相对较大,对淤区数学模型率定产生误差,建议对淤区水量损失原因进行分析,便于数学模型的改进和率定。

(11)建议在②号淤区进行放淤试验时,在淤区内应系统观测两个断面以上水力因子随淤区淤积变化的观测资料,为进一步研究淤区含沙量及悬移质级配沿程随水流条件的变化与进一步改进和完善淤区数学模型提供基础数据。

第八章　三门峡水库潼关高程演变对渭河防洪的影响及其对策研究

第一节　概　述

三门峡水库自1974年至1985年期间，采用蓄清排浑调水调沙运用，使非汛期淤积在主槽中的泥沙靠洪水期的富余输沙能力排至库外，汛期由沿程冲刷与溯源冲刷相结合，达到潼关以下库区年内冲淤基本平衡，维持潼关高程在326.5 m上下。

自1986年以后，随着流域水资源的进一步开发利用，龙羊峡、刘家峡等大型水库蓄水调节，黄土高原地区大规模的综合治理及水利水保工程的兴建，使黄河上中游地区的产水产沙发生重大变化，特别是汛期、洪水期的水量和洪峰流量减少，进入潼关断面的水沙也随之发生重大变化。由于汛期和洪水期水量减少，河道水流输沙能力大幅度下降，非汛期淤在主槽中的泥沙靠沿程冲刷和溯源冲刷已不能将潼关附近河段的淤积物全部冲刷出库，无力使潼关以下库区在年内达到冲淤平衡，出现累积性淤积。受淤积上延作用，潼关高程缓慢上升，至1996年汛后达到328.08 m。它不仅影响三门峡水利枢纽综合效益的发挥，而且直接影响渭河下游防洪问题，使渭河洪水位超出历史上同流量水位。

潼关高程问题自1970年开始，各单位都做了分析研究，其主要研究成果大多数都是基于20世纪80年代以前的资料，研究成果着重一般性的分析，对其演变基本规律及其对渭河防洪的影响涉及较少，特别是1985年以后，研究成果相对较少，对三门峡水库认识和治理措施存在着不同的看法。本书拟在已有研究工作基础上，进一步分析近十年来渭河下游河道淤积特点和主要的影响因素，以及对渭河下游防洪的影响，进一步分析和研究潼关高程上升的主要影响因素。

第二节　潼关河床高程冲淤演变特点

潼关位于黄河、渭河和北洛河三河汇流区的出口，距三门峡大坝113.2 km（见图4-1）。潼关以上汇流区河谷宽阔，黄河小北干流河段（龙门至潼关河段）最宽可达18 km，而潼关处的河谷突然缩窄到1 km，形成天然卡口。在三门峡水库兴建前，遇到较大洪水时，有卡流壅水现象，潼关以上三河（黄河、渭河、北洛河）汇流区是天然的滞洪滞沙区。由于潼关的特殊地理位置，潼关断面是黄河小北干流和渭河的局部侵蚀基准面，潼关河床高程的变化将直接影响到渭河下游河床的演变。

三门峡水库建成以前，潼关水文站自1929年开始观测，其间有些年份停测，到1959年为止共有19年观测资料。据每年汛前和汛后潼关河床高程的变化统计分析，潼关河床高程非汛期是抬升的，上升幅度每年为 0～0.99 m；多数年份的汛期冲刷下降，下降幅度每年为 0.10～1.51 m，个别年份如 1930 年、1957 年及 1959 年的汛期仍为升高，上升幅度每年为 0.12～0.33 m。从 19 年水位差的平均结果看，非汛期每年上升 0.35 m，汛期每年下降 0.28 m，就全年来说，潼关高程呈上升趋势，年平均抬升 0.07 m。

三门峡水库投入运用以后，在蓄水运用期，由于回水影响，潼关高程（流量为 1 000 m^3/s 时的水位，下同）大幅度淤积抬高，1969 年 6 月达到最高值 328.70 m，比建库前抬高 5.30 m 左右；随着三门峡枢纽工程的两次改建和运用方式的变更，1970 年潼关高程逐渐下降，1973 年汛后降至 326.64 m；1974 年水库采用蓄清排浑运用以来，潼关以下库段非汛期蓄水淤积，汛期降低水位冲刷排沙，潼关高程也随之升高和下降，呈现周期性变化，见表 8-1 。

表 8-1 历年潼关高程汛期、非汛期升降值 （单位：m）

年份	潼关（六）断面 1 000 m^3/s 水位		潼关高程升降值	
	汛前	汛后	非汛期	汛期
1962	325.90	325.18		-0.72
1963	325.29	326.05	0.11	0.76
1964	326.02	328.07	-0.03	2.05
1965	327.79	327.65	-0.28	-0.14
1966	327.79	327.77	0.14	-0.02
1967	327.74	328.38	-0.03	0.64
1968	328.68	328.11	0.30	-0.57
1969	328.70	328.30	0.59	-0.40
1970	328.55	327.71	0.25	-0.84
1971	327.66	327.50	-0.05	-0.16
1972	327.41	327.52	-0.09	0.11
1973	328.07	326.64	0.55	-1.43
1974	327.19	326.70	0.55	-0.49
1975	327.18	326.02	0.48	-1.16
1976	326.66	326.23	0.64	-0.43
1977	327.32	326.68	1.09	-0.64
1978	327.30	327.27	0.62	-0.03
1979	327.86	327.62	0.59	-0.24
1980	327.90	327.38	0.28	-0.52
1981	327.75	326.94	0.37	-0.81
1982	327.43	327.06	0.49	-0.37
1983	327.36	326.65	0.30	-0.71
1984	327.19	326.71	0.54	-0.48
1985	327.04	326.64	0.33	-0.40
1986	327.04	327.12	0.40	0.08
1987	327.25	327.23	0.13	-0.02
1988	327.63	327.00	0.40	-0.63
1989	327.72	327.30	0.72	-0.42
1990	327.60	327.57	0.30	-0.03
1991	328.02	327.90	0.45	-0.12
1992	328.40	327.67	0.50	-0.73
1993	327.70	327.78	0.03	0.08
1994	327.92	327.73	0.14	-0.19
1995	328.10	328.17	0.37	0.07
1996	328.50	328.07	0.33	-0.43

1973 年汛后到 1985 年期间,潼关高程虽然在年际间有上升或下降的波动,但从 1973 年的 326.64 m 到 1985 年的 326.64 m,水库基本冲淤平衡。1986 年 10 月龙羊峡水库投入运用以来,汛期和非汛期年内来水比例发生较大变化,再加上上游工农业用水增加的影响,因此除 1989 年天然来水较丰外,截至 1995 年已连续 9 年汛期枯水枯沙,到 1996 年汛后潼关高程上升到 328.07 m。

总的来说,潼关高程的变化特点是:

(1)建库前,潼关河床高程非汛期每年上升 0.35 m,汛期每年下降 0.28 m,就全年来说,潼关高程呈上升趋势,年平均抬升 0.07 m。

(2)建库后,1974 年水库采用蓄清排浑运用以来,潼关以下库段非汛期蓄水淤积,汛期降低水位冲刷排沙,潼关高程也随之升高和下降,呈现周期性变化。

第三节　潼关高程升降基本规律及发展趋势

潼关高程升降变化因素比较复杂,在自然条件下受上游来水来沙条件及潼关上、下游河段冲淤变化的影响,三门峡水库运用后,除受自然条件的影响外,还受三门峡水库运用方式的影响。

一、入库水沙条件变化的影响

河床演变在冲积河流上更多地依赖于河流动力的作用,在相当大的程度上取决于流域的特点。河道边界在水流作用下发生变化,其实质是反映了边界物质被冲刷、搬运和沉积的过程,所以说潼关高程的变化与上游来水来沙条件是密切相关的。实测资料分析表明,来水来沙条件的变化是影响潼关高程升降的主要因素之一。在三门峡水库运用后,当潼关直接受三门峡水库回水影响时,洪水对潼关河床的冲刷作用减弱,甚至发生淤积。当潼关脱离回水影响时,仍具有“大水冲刷、小水淤积”的特点。

自三门峡水库蓄清排浑运用以来,根据天然来水来沙条件的不同,入库水沙条件大致可以分为两个时段,即:1973 年 11 月 ~1985 年 10 月和 1985 年 11 月 ~1996 年 10 月。第一个时段汛期潼关高程平均下降 0.52 m,在这 12 个运用年内潼关高程基本上达到冲淤平衡,年平均水量和沙量与多年平均值比较接近,而汛期水量则比多年平均值偏多;第二个时段汛期潼关高程平均仅下降 0.19 m,比第一个时段下降幅度偏少 60% 左右,潼关高程从 1985 年汛后 326.64 m 上升到 1996 年汛后 328.07 m,造成这一现象的主要原因是第二时段汛期水量比第一时段减少了 104 亿 m^3,特别是第二时段洪水量比第一个时段减少了近 2/3,洪水历时减少了 50%,见表 8-2。由此可以表明,在有利的水沙条件下,潼关高程可以冲刷下降或实现冲淤平衡;不利的水沙条件时,潼关高程淤积上升,若遇到连续枯水年则连续累积抬高。

二、水库运用对潼关高程的影响

三门峡水库在非汛期承担防凌、春灌、发电等任务,在蓄水期潼关高程是上升的,当坝前水位在 315 m 时,大禹渡(黄淤 31 断面)开始受到回水影响;当坝前水位在 320 m 时,坫埼(黄淤36断面)开始受回水影响。断面受坝前回水影响之后,其附近的水深增加,流速减缓,水流挟沙力降低,泥沙落淤,由此引起河床抬高。当坝前水位超过323 m以后,入库泥沙主要淤积在潼关—坫埼河段,引起潼关高程的上升。由表8-3可以看出,潼关高程升降幅度与坝前水位超过323 m的天数成正比。

表8-2 汛期潼关高程升降与洪水历时、水量、沙量关系

运用年	汛期		全年		洪水期			潼关高程升降值(m)
	水量(亿 m^3)	沙量(亿t)	水量(亿 m^3)	沙量(亿t)	水量(亿 m^3)	沙量(亿t)	历时(d)	
1974~1986年	236	8.4	401	10.5	155	7.0	58	-0.52
1986~1995年	132	6.5	287	7.6	52	4.4	29	-0.19
1974~1995年	189	7.6	349	9.4	108	5.8	46	-0.37

表8-3 非汛期运用超过323 m的天数与潼关高程升降值

时段(年-月)	坝前水位>323 m的天数	潼关高程升降值(m)
1973-11~1979-10	51	0.70
1979-11~1985-10	40	0.35
1985-11~1992-10	28	0.37
1992-11~1995-10	0	0.29

三门峡水库蓄清排浑控制运用以来,由于汛期水库运用水位较低,潼关河段一直保持自然河道状态,潼关高程虽受来水来沙条件的影响时冲时淤,但总的趋势是冲刷下降的。除1986年、1993年、1995年外,潼关高程汛期都是冲刷下降的(见表8-1)。

三、潼关高程升降与潼关附近河段冲淤的关系

图8-1为三门峡水库蓄清排浑运用以来黄淤31—黄淤41河段、黄淤31—黄淤45河段、黄淤36—黄淤41河段和黄淤36—45河段的汛期和非汛期冲淤量与潼关高程升降值的关系。由图中可以看出,除个别数据点外,基本上能够反映出河段淤积潼关高程上升,河段冲刷潼关高程下降的大趋势是合理的,概括分析如下:

分析冲淤量与潼关高程升降的关系可以看出,黄淤31—黄淤41河段和黄淤31—黄淤45河段,汛期和非汛期冲刷或淤积0.50亿 m^3,潼关1 000 m^3/s 流量水位降低或升高0.5 m左右。

黄淤36—黄淤41河段和黄淤36—黄淤45河段汛期或非汛期冲刷或淤积0.20亿 m^3,潼关1 000 m^3/s 的水位可以降低或升高1.0 m。

就对潼关高程的影响而言,黄淤36—黄淤41河段的冲淤量起主导作用,黄淤41—黄淤45河段的冲淤量对潼关高程影响较小。由此可以看出,使潼关—坫埼河段少淤多冲是稳定潼关高程的一个重要因素。由表8-3可知,近年来,为了减少潼关—坫埼河段的淤积

量，水库非汛期降低水位运用，尽量使高水位不超过323 m，减少高水位持续时间，使非汛期泥沙淤积部位控制在坫垮以下河段，潼关高程非汛期上升幅度逐渐减少。图8-2为1973年

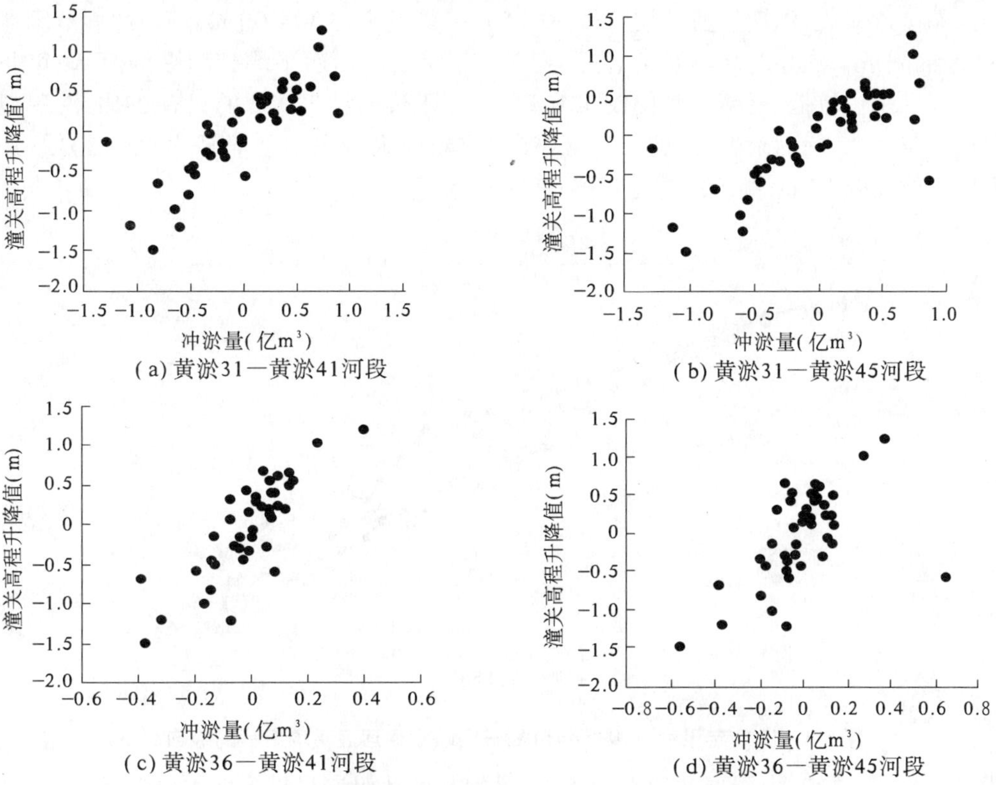

图8-1　潼关高程的升降值与不同河段的冲淤量关系

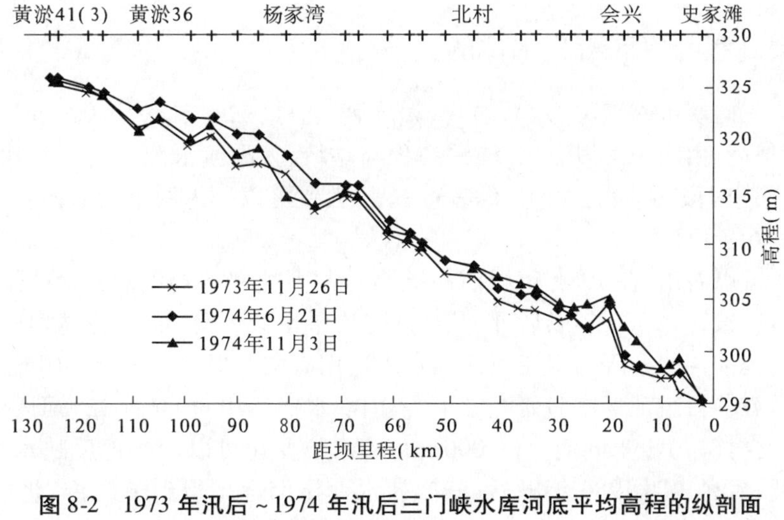

图8-2　1973年汛后~1974年汛后三门峡水库河底平均高程的纵剖面

汛后～1974年汛后三门峡水库河底平均高程的纵剖面，该年非汛期水库运用水位较高，最高库水位达324.81 m，库水位超过320 m的有121 d，超过322 m的有77 d，超过324 m的有14 d，因此淤积部位偏上，淤积三角洲顶点在黄淤31断面和黄淤32断面附近，顶坡段的末端接近潼关，汛期坝前平均水位303.50 m，最高水位308.30 m，溯源冲刷范围在黄淤39断面附近。图8-3为1995年汛后～1996年汛后的河底平均高程纵剖面，该年非汛期水库运用水位较低，最高库水位仅321.72 m，库水位超过320 m的只有63 d，淤积三角洲顶点在黄淤22断面附近，顶坡及末端黄淤32断面附近汛期坝前平均水位303.30 m，最高库水位306.72 m，溯源冲刷在黄淤32断面附近。

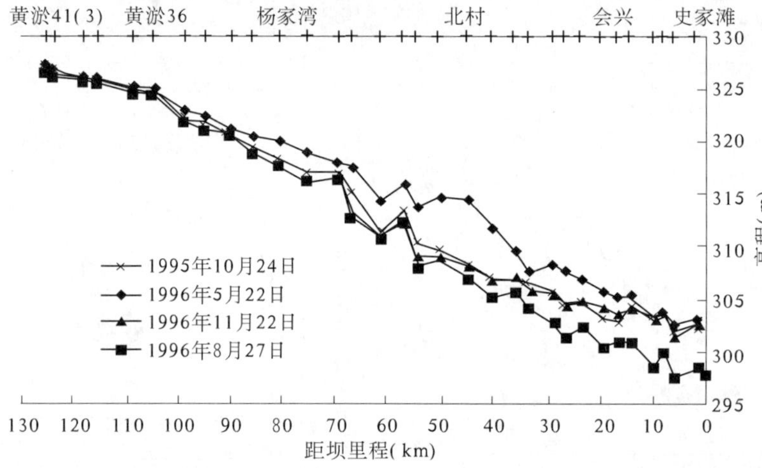

图8-3　1995年汛后～1996年汛后三门峡水库河底平均高程的纵剖面

自1985年以来，由于不利的水沙条件，虽然水库非汛期尽量降低水位运用，但是潼关高程仍然居高不下，因此仅靠三门峡水库非汛期和汛期降低水位运用是难以使潼关高程保持稳定或下降的。

四、潼关高程与库区沿程水位的关系

图8-4为三门峡水库潼关(六)、坫垮、大禹渡、北村(二)流量为1 000 m^3/s的水位历年汛后变化过程。由图中可以看出，潼关高程与坫垮、大禹渡水位变化趋势比较一致，与北村(二)在不同时段内的水位变化不完全一致，大致可以分为两个大时段：一是1986年以前；二是1986年以后。

从图8-4可以看出，在1986年以前潼关高程的变化趋势与北村(二)同流量水位的升降过程基本一致，但1986年以后北村(二)同流量水位下降，而潼关高程则持续升高。这表明潼关高程前期的升降与枢纽改建和水库运用有关。根据黄委会三门峡水利枢纽汛期发电试验研究项目组现场试验研究结果，三门峡水库运用对北村(二)河床的冲淤影响是很敏感的，北村(二)汛末同流量(1 000 m^3/s)水位变化可以较好地反映水库运用的综合影响。因此，后者表明1986年以后，三门峡水库汛期运用得到了改善，北村(二)水位下降，潼关高程的升高主要受来水来沙条件变化的影响。

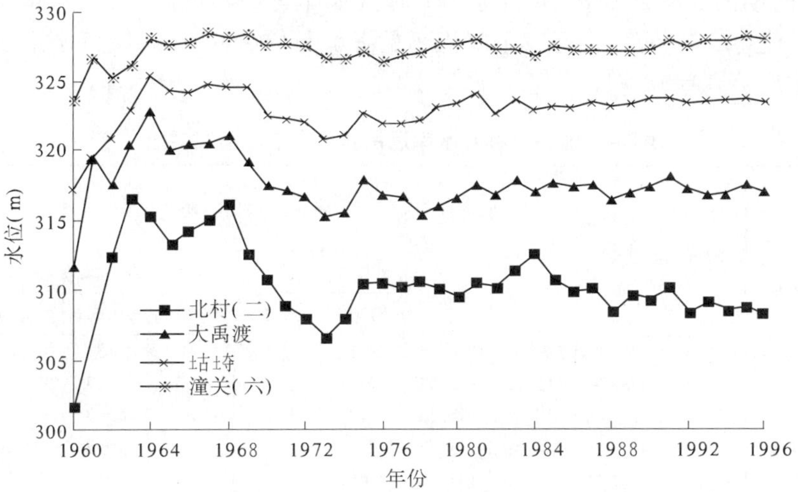

图 8-4　三门峡水库各个水位站同流量水位历年汛后变化过程

第四节　近期潼关高程居高不下原因分析

由上述分析可知，三门峡水库运用以来，潼关高程的升降受水库运用和来水来沙条件的影响。水库运用的影响又可分为回水直接影响和水库运用的综合（或间接）影响，前者为水库壅水时，回水直接影响到潼关，使潼关高程升高，回水脱离潼关，潼关高程下降，影响时间较短；后者为水库壅水时，回水区内发生淤积，水库降水时，库区发生冲刷，在冲淤调整过程中，如果淤积量大于冲刷量，则淤积向上游发展，使潼关高程升高，反之则使潼关高程下降，这种影响的时间较长，影响因素比较复杂。

一、水库运用和来水来沙条件对潼关高程的影响

现将三门峡水库蓄清排浑运用以来，根据水库运用、来水来沙和潼关高程升降情况分成若干时段进行比较分析，见表 8-4。

从三门峡水库历年运用情况分析可知，非汛期库水位 320 m 和 324 m 分别表示回水直接影响坩埼和潼关的临界值；潼关汛期流量大于 3 000 m^3/s 的水量是影响潼关高程冲淤的一个重要因素之一，一般认为其水量大于 50 亿 m^3，汛期潼关高程下降，否则潼关高程可能升高。表 8-4 中的潼关高程及北村水位均为汛末实测资料，未受水库运用的直接影响。从表 8-4 中可以看出：1976 年 11 月～1979 年 10 月潼关高程升高的主要原因为全年水库运用水位较高，使北村水位升高，该时段内潼关汛期来水量偏少，特别是大于 3 000 m^3/s 流量的水量更小；1979 年 11 月～1985 年 10 月潼关水位下降，一方面水库运用水位较低，使北村水位略有下降，同时该时段潼关汛期来水量增加，特别是流量大于 3 000 m^3/s 的水量增加更多，几乎占汛期总水量的近 1/2，比上一时段相应来水量增加将近 1 倍；1985 年以后 3 个时段潼关高程不断升高，主要原因是龙羊峡水库投入运用后，汛期来水量减少，以及中游地区洪水少，使潼关汛期来水量较前期减少 1/2。大于 3 000 m^3/s 流量

的水量仅为前期的5%～10%，虽然这3个时段水库运用水位降低，高水位运用时间减少，使北村水位也不断下降，但是其下降值还是满足不了水量减少引起库区河床调整的需要，从而迫使潼关高程升高。

表 8-4 潼关高程与水库运用和来水来沙情况对照

时段(年-月)	潼关高程(m)	北村水位(m)	平均库水位(m)		各级库水位出现天数				水量(亿 m^3)	
			非汛期	汛期	非汛期		汛期		汛期	>3 000 m^3/s
					>320 m	>324 m	<300 m	>305 m		
1972-11～1973-10	326.61	306.96	309.90	296.96	121	59	40	13	181.2	37.2
1973-11～1976-10	326.30	308.79	315.76	305.03	89	10.3	4.7	59.3	247.7	127.6
1976-11～1979-10	327.22	310.77	318.18	305.33	117	44.3	0	63.3	202.4	60.1
1979-11～1984-10	326.98	310.63	316.50	303.78	93.6	3	9.2	40.2	250.4	119.9
1984-11～1985-10	326.51	310.08	316.73	304.08	49	12	11	54	233.1	113.6
1985-11～1987-10	327.17	310.05	315.96	302.79	45.5	0	12	36.5	104.9	7.2
1987-11～1993-10	327.51	309.29	315.72	302.71	65.8	0.7	21.3	23.3	143.8	23.0
1993-11～1999-10	328.05	308.56	315.66	304.49	46.8	0	14.2	48.3	101.8	7.1

二、河床调整对潼关高程的影响

当上游来水来沙条件发生变化，库区河床与冲积河流一样，为适应来水来沙条件的变化而将进行自动调整，河床自动调整的速度在多沙河流上是比较快的。

（一）河床调整过程中河道长度的变化

表8-5为三门峡水库建成后，水库不同运用方式和来水来沙条件变化等因素引起河床自动调整过程中河道长度的变化情况。

表 8-5 典型断面距坝里程的变化情况

断面名称	340 m高程中心线(km)		主河槽中心线(km)					
	1960年		1971年		1984年		1993年	
	距坝里程	间距	距坝里程	间距	距坝里程	间距	距坝里程	间距
北村(二)	43.4		46.2		45.6		48.3	
灵宝	55.2	11.8	62.0	15.8	60.6	15.0	63.5	15.2
大禹渡	68.4	13.2	76.1	14.1	81.4	20.8	91.1	27.6
坫埼	94.0	25.6	105.0	28.9	110.3	28.9	121.1	30.0
潼关(六)	113.2	19.2	125.6	20.6	129.0	18.7	142.4	21.3

1960年的测验成果基本上反映了建库前潼关至大坝各河段的情况，可惜缺少主河槽中心线的河长，340 m高程中心线的河长至今变化不大，不过将其与其他三次主河槽中心线测量成果比较，还是可以看出河长变化的特点的：1971年的测量成果反映了三门峡水库不同运用方式和枢纽泄水建筑物改建等引起的河床自动调整，形成高滩深槽时的河长，来水来沙条件变化不大，与1960年测量成果对比，潼关距坝里程增长12.4 km，其中潼关—坫埼和大禹渡—灵宝（黄淤31—黄淤27断面）两河段的河长变化不大，坫埼—大禹

渡和灵宝以下两河段的河长分别增长 3.3 km 和 6.8 km,分别占潼关—大坝河段河长增加总量的26.6%和54.8%;1984年的测量成果反映了水库蓄清排浑运用后河床调整引起河长的变化,水库运用情况及来水条件见表8-4。库区河床调整的主要特点是:潼关—大禹渡河段河道向宽浅游荡型演变,大禹渡—灵宝河段向弯曲型河道发展,弯曲半径减小,河湾增多,河长增加,灵宝以下河段河势基本稳定。这次测量成果与1971年相比,大禹渡—灵宝河段的河长增加6.7 km,占原河长的47.5%,潼关—坫埼河段的河长略有减少,其余两个河段变化不大,潼关距坝里程比1971年增加仅3.4 km,占2.7%,可能与来水条件变化不大有关;1993年测量成果表明,水库运用改善后,使北村水位下降,汛期来水量大幅度减少,潼关距坝里程比1971年增加了16.8 km,占原来河长的13.4%,其中潼关—坫埼河段和大禹渡—灵宝河段的河长分别增加了0.7 m和13.5 km,分别占潼关距大坝里程增加量的4.2%和80.4%,其余两个河段的河长增加不多,见图8-5。

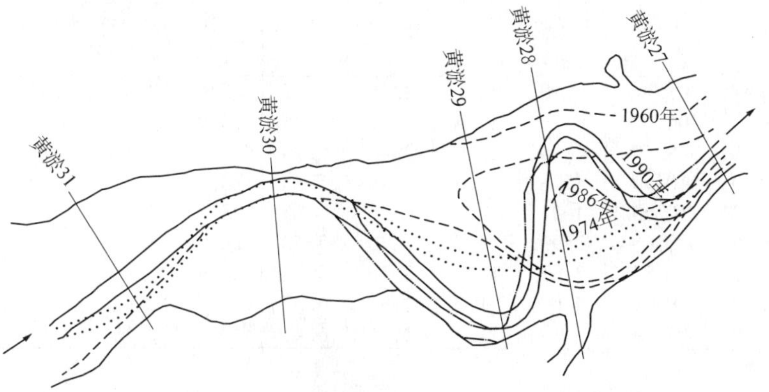

图8-5　三门峡水库黄淤31—黄淤27断面河段的河道演变

(二)河床调整过程中的比降变化

比降是河床调整过程中的一个非常重要的因素,现将潼关—北村河段之间不同河段不同时段的比降变化列于表8-6,表中时段划分与表8-4相同,同时列出1960年汛前和改建后汛期畅泄时(1973年汛末)各河段的比降,便于进行比较。

可以看出,1973年汛末的比降为库区冲刷时的比降,除大禹渡—北村河段的水位差和比降均小于1960年汛前的比降外,大禹渡以上各河段的水位差和比降均大于1960年汛前的比降,原因可能是溯源冲刷仍继续向上发展,没有达到相对平衡。水库蓄清排浑运用后,水库运用水位升高,至1976年北村同流量水位上升将近2.0 m,潼关高程又降约0.3 m(见表8-4),这时各河段的比降都有不同程度的减小,但大禹渡以上两河段的水位差和比降与1960年汛前接近,表明河床趋于新的平衡;1977～1985年,开始库水位运用较高,又遇到不利的来水条件,潼关高程升高,1980年后汛期不发电,但是由于闸门启闭设备不完善,缺乏运用经验,库水位还是较高,北村水位在1984年前还是较高,此时大禹渡—北村河段的河长增加,潼关—坫埼河段的河长减少,由此大禹渡—北村河段的水位差和比降均先减小后增加,逐渐趋于稳定,大禹渡以上各河段的水位差和比降均减小,并趋于稳定,至1985年潼关高程回落到改建初期的水平,即326.51 m,北村水位长期维持在310 m左右,可以说库区在这种水沙条件下,基本达到相对平衡。1986年以后,潼关汛期来水量大幅度减少，各河段的河长均有不同程度的增加，坫埼以下两个河段的水位差和比降较前均有增大，这是符合一般冲积河流随着水、沙变化而自动调整特点的，即河湾平面形态特征（弯曲半径、河湾跨度和幅度等）与流量成正比，比降与流量成反比。但是，潼关—坫埼河段的水位差也增加了，由于河长的增加，比降还没有发生明显的增加，其原因是否是该河段仍正在调整过程中或者是潼关河段清淤的作用？如果是前者，潼关高程还可能要持续升高；如果是后者，欲使潼关高程稳定在目前的状态，现在清淤研究成果尚未有这样的论据；至于"河道向宽浅游荡型演变，河床坦化淤积"之说，从实测资料还看不出来，有待于进一步研究。不过从比降过程线来看，潼关—坫埼河段的比降还处于上升的趋势，总之还有待实践的进一步检验。

表 8-6　各河段的水位差、河长、比降变化

时段	北村水位（m）	潼关—坫埼河段			坫埼—大禹渡河段			大禹渡—北村河段		
		水位差（m）	河长（km）	比降（‱）	水位差（m）	河长（km）	比降（‱）	水位差（m）	河长（km）	比降（‱）
1960 年汛前	301.85	5.10	20.6	2.48	6.82	28.9	2.36	9.75	29.9	3.26
1972-11 ~ 1973-10	306.96	5.78	20.6	2.81	7.25	28.9	2.51	6.62	29.9	2.21
1973-11 ~ 1976-10	308.79	4.94	20.6	2.40	6.70	28.9	2.32	5.87	29.9	1.96
1977-11 ~ 1979-10	310.77	4.78	19.4	2.46	6.84	28.9	2.37	4.83	30.4	1.59
1979-11 ~ 1984-10	310.63	4.21	18.7	2.25	6.15	28.9	2.13	5.99	33.3	1.80
1984-11 ~ 1985-10	310.08	3.93	18.7	2.10	5.78	28.9	2.00	6.72	35.7	1.88
1985-11 ~ 1987-10	310.05	3.92	18.7	2.10	5.72	28.9	1.98	7.50	36.9	2.03
1987-11 ~ 1993-10	309.29	4.03	21.3	1.89	6.37	30.0	2.12	7.82	40.1	1.95
1993-11 ~ 1999-10	308.56	4.17	21.3	1.96	6.48	30.0	2.16	8.84	42.9	2.06

三、潼关高程发展趋势分析

1986 ~ 1995 年汛期连续枯水，平均入库水量 132 亿 m^3，比 1974 ~ 1985 年均值减少 44%，1991 年汛期水量只有 61.3 亿 m^3，比 1974 ~ 1985 年均值偏枯 74%（见表 8-2）。为了适应来水来沙条件的变化，库区冲淤进行自动调整，比降逐渐趋于相对平衡（见图 8-6）。

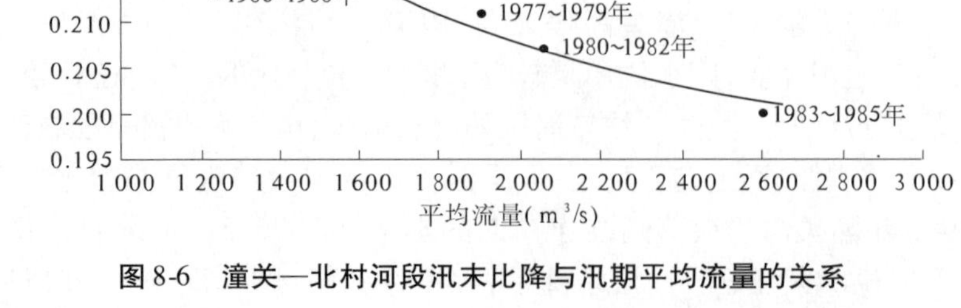

图 8-6　潼关—北村河段汛末比降与汛期平均流量的关系

第五节　渭河下游近期来水来沙特点

渭河下游自咸阳至河口河段，全长约 200 km，在潼关附近汇入黄河。渭河下游大部分地区位于黄土高塬沟壑区及丘陵沟壑区，来水来沙源于渭河干流、泾河、北洛河和南山诸多支流，主要来自渭河干流和泾河。近年来，由于自然因素及人类活动的影响，渭河下游来水来沙情况发生了很大的变化，其特点主要表现在以下几个方面。

一、来水来沙减少

表 8-7、表 8-8 列出了渭河咸阳、张家山、华县及北洛河洑头各站各个不同时段的水量、沙量。从渭河下游 1960～1996 年长系列年平均水沙统计结果看，渭河咸阳、张家山及华县三站的多年平均水量分别为 44.7 亿 m^3、14.3 亿 m^3 及 72.7 亿 m^3，汛期分别占年均水量的 58.2%、68.5% 和 60.0%；多年平均沙量分别为 1.25 亿 t、2.28 亿 t 及 3.53 亿 t，汛期分布占年均沙量的 84.0%、90.3% 和 89.8%；咸阳站年水量占同期华县站年水量的 61.5%，张家山站年均水量占同期华县站年水量的 19.7%；咸阳站年沙量占同期华县站年沙量的35.4%，张家山站年沙量占同期华县站年沙量的 64.6%。因此，渭河下游水量主要来自渭河干流咸阳以上地区，沙量则来自泾河经张家山以上地区，是渭河下游沙多水少的洪水来源区。渭河下游水、沙年内分配不均衡，全年水、沙主要集中在汛期，汛期水量占年水量的 60% 以上，汛期沙量占年均沙量的 85% 以上。

咸阳站、张家山站、华县站 1986～1996 年年均水量分别为 31.4 亿 m^3、11.9 亿 m^3 和 52.6 亿 m^3，分别为 1960～1996 年年均水量的 70.25%、83.22% 和 72.35%，咸阳站水量占华县站水量的 57%，张家山站水量占华县站水量的 22.6%；与长系列 1960～1996 年均水量相比，咸阳站、张家山站和华县站年均水量分别减少 13.3 亿 m^3、2.4 亿 m^3 和 20.1 亿 m^3，即渭河下游 1986～1996 年年均水量比 1960～1996 年年均水量均大约减少了 30%，其中咸阳站减水量占华县站减水量的 66%，张家山站减水量占华县站减水量的 12%。由此可以看出，渭河下游水量的减少主要是由咸阳以上地区来水减少造成的。

咸阳站、张家山站、华县站 1986～1996 年年均沙量分别为 0.57 亿 t、1.96 亿 t 和 2.82 亿 t，咸阳站沙量占华县站沙量的 20.2%，张家山站沙量占华县站沙量的 69.5%，其分别为 1960～1996 年年均沙量的 45.6%、85.96% 和 79.89%，与年均水量占多年平均水量百分数相比，咸阳站沙量的减少幅度大于水量的减少幅度，张家山站沙量的减少幅度小于水量的减少幅度，使渭河下游水沙组合发生了很大改变，沙量相对增加，不利于渭河下游河道的冲淤平衡；与长系列 1960～1996 年均沙量相比，咸阳站、张家山站和华县站年均沙量分别减少 0.68 亿 t、0.32亿 t 和 0.71 亿 t，与长系列年均沙量相比分别减少了 54.4%、24.04% 和 20.11%；咸阳站、张家山站减沙量分别占华县站减沙量的 96%、45%。

北洛河洑头站 1986～1996 年年均水量、沙量分别为 6.1 亿 m^3 和 0.60 亿 t，分别比多年平均减少了 15.28% 和 21.05%。

表 8-7　渭河咸阳站、张家山站、华县站及北洛河洑头站各个不同时段的水量

（单位：亿 m^3）

站名	项目	1960～1996 年		1960～1973 年			1974～1985 年			1986～1996 年		
		水量	占水文年的百分比（%）	水量	占水文年的百分比（%）	占多年平均的百分比（%）	水量	占水文年的百分比（%）	占多年平均的百分比（%）	水量	占水文年的百分比（%）	占多年平均的百分比（%）
华县	汛期	43.6	60.0	47.9	56.1	109.9	51.7	67.8	118.6	29.4	55.9	67.43
	非汛期	29.1	40.0	37.5	43.9	128.9	24.6	32.2	84.5	23.2	44.1	79.73
	水文年	72.7	100.0	85.4	100.0	117.5	76.3	100.0	105.0	52.6	100.0	72.35
洑头	汛期	4.4	61.1	4.4	57.9	100	4.7	65.3	106.8	3.8	62.3	86.36
	非汛期	2.8	38.9	3.2	42.1	114.3	2.5	34.7	89.3	2.3	37.7	82.14
	水文年	7.2	100.0	7.6	100.0	105.6	7.2	100.0	100.0	6.1	100.0	84.72
张家山	汛期	9.8	68.5	10.9	67.3	111.2	10.0	70.9	102.0	8.0	67.2	81.63
	非汛期	4.5	31.5	5.3	32.7	117.8	4.1	29.1	91.1	3.9	32.8	86.67
	水文年	14.3	100.0	16.2	100.0	113.3	14.1	100.0	98.6	11.9	100.0	83.22
咸阳	汛期	26.0	58.2	29.7	54.3	114.2	30.7	67.9	118.1	16.3	51.9	62.69
	非汛期	18.7	41.8	25.0	45.7	133.7	14.5	32.1	77.5	15.1	48.1	80.75
	水文年	44.7	100.0	54.7	100.0	122.4	45.2	100.0	101.1	31.4	100.0	70.25
咸阳占华县（%）	汛期	59.6		62.0			59.4			55.4		
	非汛期	64.3		66.7			58.9			65.0		
	水文年	61.5		64.1			59.4			57.0		
张家山占华县（%）	汛期	22.5		22.8			19.3			27.2		
	非汛期	15.5		14.1			16.7			16.8		
	水文年	19.7		19.0			18.5			22.6		

表 8-8　渭河咸阳站、张家山站、华县站及北洛河洑头站各个不同时段的沙量

（单位：亿 t）

站名	项目	1960～1996 年		1960～1973 年			1974～1985 年			1986～1996 年		
		沙量	占水文年的百分比（%）	沙量	占水文年的百分比（%）	占多年平均的百分比（%）	沙量	占水文年的百分比（%）	占多年平均的百分比（%）	沙量	占水文年的百分比（%）	占多年平均的百分比（%）
华县	汛期	3.17	89.8	3.90	89.7	123.0	2.93	90.7	92.4	2.49	88.3	78.55
	非汛期	0.36	10.2	0.45	10.3	125.0	0.30	9.3	83.3	0.33	11.7	91.67
	水文年	3.53	100.0	4.35	100.0	123.2	3.23	100.0	91.5	2.82	100.0	79.89
洑头	汛期	0.70	92.1	0.86	92.5	122.9	0.57	91.9	81.6	0.54	90.0	77.14
	非汛期	0.06	8.7	0.07	7.5	116.7	0.05	8.1	83.3	0.06	10.0	100.00
	水文年	0.76	100.0	0.94	100.0	122.4	0.62	100.0	81.6	0.60	100.0	78.95
张家山	汛期	2.06	90.3	2.46	92.5	119.4	1.88	87.8	91.3	1.75	89.3	84.95
	非汛期	0.22	9.7	0.20	7.5	90.9	0.26	12.2	118.2	0.21	10.7	95.45
	水文年	2.28	100.0	2.66	100.0	116.7	2.14	100.0	93.9	1.96	100.0	85.96
咸阳	汛期	1.05	84.0	1.64	84.5	156.2	0.92	89.3	87.6	0.45	75.0	42.86
	非汛期	0.20	16.0	0.30	15.5	150.0	0.11	10.7	55.0	0.15	25.0	75.00
	水文年	1.25	100.0	1.94	100.0	155.2	1.03	100.0	82.4	0.57	100.0	45.60
咸阳占华县（%）	汛期	33.1		42.0			31.4			18.1		
	非汛期	55.6		66.7			36.7			45.5		
	水文年	35.4		44.6			31.9			20.2		
张家山占华县（%）	汛期	65.0		63.1			64.2			70.3		
	非汛期	61.1		44.4			86.7			63.6		
	水文年	64.6		61.1			66.3			69.5		

二、小流量、较高含沙量出现几率增加

表 8-9 为华县站按日平均流量及日平均含沙量统计的各级流量、含沙量出现的几率（汛期）。可以看出，在 1960 ~ 1973 年期间，流量大于 3 000 m^3/s 的出现几率为 0.7%，1974 ~ 1985 年流量大于 2 000 m^3/s 的出现几率为 1.2%，而 1986 ~ 1996 年流量大于 2 000 m^3/s的出现几率则为 0；相反，在 1960 ~ 1985 年，流量小于 1 000 m^3/s 出现几率大约为 88%，而 1986 年以后，流量小于 1 000 m^3/s 出现几率接近于 97%，较前者增加了 11%。小于 500 m^3/s 流量出现几率在 1985 年以前为 70%左右，而 1986 年以后增加到了约 85%。由此可以得出，华县站 1986 年以后，大流量出现几率急剧减少，而小流量出现几率增大。同时还可以看出，1986 年以后含沙量大于 200 kg/m^3 出现几率为 7.1%，较 1974 ~ 1985 年出现几率 5%增加了 2 个百分点。

表 8-9 华县站汛期各级流量、含沙量出现的几率 （%）

流量级（m^3/s）		时段			含沙量级（kg/m^3）		时段		
下限	上限	1960 ~ 1973 年	1974 ~ 1985 年	1986 ~ 1996 年	下限	上限	1960 ~ 1973 年	1974 ~ 1985 年	1986 ~ 1996 年
	<500	72.4	69.3	84.7		<50	71.6	77.3	75.2
500	1 000	17.2	18.0	12.0	50	100	12.5	10.2	10.9
1 000	1 500	6.0	7.0	2.1	100	150	4.4	4.9	4.0
1 500	2 000	2.0	2.2	0.4	150	200	2.9	2.6	2.7
2 000	2 500	1.1	1.3	0.4	200	250	2.3	1.4	1.6
2 500	3 000	0.7	0.9	0.4	250	300	1.6	0.7	1.3
	>3 000	0.7	1.2	0		>300	4.8	2.9	4.2

三、高含沙小洪峰明显增加

华县站在 1960 ~ 1973 年内，含沙量峰值大于或等于 300 kg/m^3 的洪水年均出现 1.71 次（见表 8-10），4.36 d，洪水水量 5.09 亿 m^3、沙量 1.78 亿 t，分别约占汛期水量、沙量的 5.97%、40.92%，平均含沙量大约 349.7 kg/m^3；华县站在 1974 ~ 1985 年内，含沙量峰值大于或等于 300 kg/m^3 的洪水年均出现 1.25 次，3.42 d，洪水水量 3.81 亿 m^3、沙量 0.96 亿 t，分别约占汛期水量、沙量的 4.99%、29.81%，平均含沙量 252.0 kg/m^3；华县站在 1960 ~ 1985 年期间，含沙量峰值大于或等于 300 kg/m^3 的洪水年均出现 1.50 次，3.93 d，洪水水量、沙量分别约占汛期水量、沙量的 5.5%、36%，平均含沙量大约 300 kg/m^3；1985 ~ 1996 年，华县站含沙量峰值大于或等于 300 kg/m^3 的洪水年均出现 2.27 次，6.73 d，洪水水量 3.89 亿 m^3、沙量 1.48 亿 t，分别约占汛期水量、沙量的 7.40%、52.48%，平均含沙量大约 380 kg/m^3。与 1986 年以前相比，1986 年以后的洪水次数、天数明显增加，即高含沙洪水次数及持续天数增加；同时，高含沙洪水水量、沙量所占汛期水量、沙量的百分数也分别增加了 2%和 17%左右，洪水平均含沙量明显增高。

另一方面，为了分析华县站高含沙小洪水发生的情况，对华县站含沙量峰值大于或等于 300 kg/m³ 且洪峰流量小于或等于 1 500 m³/s 的洪水进行统计，如表 8-10 所示。由表 8-10可知，1986～1996 年，华县站高含沙小洪水年均出现 1.55 次，4.27 d，比 1986 年以前出现次数增加了约 3 倍，天数约增加了 4 倍；1986～1996 年高含沙小洪水的水量、沙量占汛期水量、沙量的百分数分别为 2.24%、18.09%，比 1986 年以前水量沙量所占百分数均提高了 2 倍以上，洪水平均含沙量也随之增大。

由上述分析可知，1986～1996 年华县站高含沙小洪水出现次数明显增大，洪水平均含沙量增大，使小水带大沙机会增加，大流量出现的天数及相应水量锐减。

表 8-10　华县站不同时段高含沙洪水统计（年均值）

项目		$S_{max} \geq 300$ kg/m³			$S_{max} \geq 300$ kg/m³，$Q_{max} \leq 1\ 500$ m³/s		
时段		1960～1973 年	1974～1985 年	1986～1996 年	1960～1973 年	1974～1985 年	1986～1996 年
场次		1.71	1.25	2.27	0.57	0.50	1.55
天数		4.36	3.42	6.73	0.93	1.00	4.27
径流	水量（亿 m³）	5.09	3.81	3.89	0.52	0.57	1.18
	占汛期水量百分数（%）	5.97	4.99	7.40	0.61	0.75	2.24
泥沙	沙量（亿 t）	1.78	0.96	1.48	0.20	0.24	0.51
	占汛期沙量百分数（%）	40.92	29.81	52.48	4.60	7.45	18.09
含沙量（kg/m³）		349.7	252.0	380.5	380.5	384.6	421.1

第六节　渭河下游河道冲淤情况

一、建库前渭河下游河道演变情况

三门峡水库建库前，从同流量水位变化来看，华县同流量（200 m³/s）水位 1935～1960 年上升 1.64 m，平均每年上升 0.06 m；咸阳站流量为 150 m³/s 时，水位 1934～1960 年上升 0.86 m，平均每年上升 0.032 m。据历史调查考证，1959 年在咸阳附近渭河左岸地面下 1 m 发现秦代古井，古井圈上口一般淤埋地面下 0.6～1.0 m，文化层约 3 m；1958 年在华县打井发现地下古坟，估计淤高约 3 m，据此判断 2 500 多年来，咸阳至西安一带滩地淤高约 1 m，华县附近滩地淤高约 3 m，在华阴附近，最近 2 500 多年淤积 4 m，平均每年淤高 1.6 mm。因此，在三门峡水库建库前，渭河下游河道是一个缓慢上升的微淤或基本平衡的河道。

二、建库后渭河下游河道冲淤量及其分布

由表 8-11、表 8-12 可知，三门峡水库运用以来，渭河下游自 1960 年 6 月～1996 年 10 月

表 8-11　渭河下游不同河段全断面冲淤量统计

（单位：亿 m^3）

时段（年-月）	项目	渭拦 1—渭淤 1 河段	渭淤 1—渭淤 10 河段	渭淤 10—渭淤 18 河段	渭淤 18—渭淤 26 河段	渭淤 26—渭淤 37 河段	合计
1960-06 ~ 1974-06	冲淤量	0.697	6.269	2.090	0.430	-0.030	9.456
	占冲淤总量百分比（%）	7.4	66.3	22.1	4.5	-0.3	100.0
1974-06 ~ 1985-06	冲淤量	0.147	0.072	-0.612	-0.187	0.027	-0.553
	占冲淤总量百分比（%）	-26.6	-13.0	110.7	33.8	-4.90	100.0
1985-06 ~ 1996-10	冲淤量	0.143	1.193	1.128	0.434	0.117	3.015
	占冲淤总量百分比（%）	4.7	39.6	37.4	14.4	3.9	100.0
1960-06 ~ 1996-10	冲淤量	0.987	7.534	2.606	0.677	0.114	11.918
	占冲淤总量百分比（%）	8.3	63.2	21.9	5.7	0.9	100.0

表 8-12　渭河下游不同河段主槽冲淤量统计

（单位：亿 m^3）

时段（年-月）	项目	渭拦 1—渭淤 1 河段	渭淤 1—渭淤 10 河段	渭淤 10—渭淤 18 河段	渭淤 18—渭淤 26 河段	渭淤 26—渭淤 37 河段	合计
1960-06 ~ 1974-06	冲淤量	0.156	1.899	1.402	0.329	0.043	3.829
	占冲淤总量百分比（%）	4.1	49.6	36.6	8.6	1.1	100.0
1974-06 ~ 1985-06	冲淤量	0.009	-0.007	-0.782	-0.164	-0.011	-0.955
	占冲淤总量百分比（%）	-0.9	0.7	81.9	17.2	1.1	100.0
1985-06 ~ 1996-10	冲淤量	0.094	0.750	0.820	0.236	0.053	1.953
	占冲淤总量百分比（%）	4.8	38.4	42.0	12.1	2.7	100.0
1960-06 ~ 1996-10	冲淤量	0.259	2.642	1.440	0.401	0.085	4.827
	占冲淤总量百分比（%）	5.4	54.7	29.8	8.3	1.8	100.0

期间，咸阳以下河段共淤积泥沙11.918亿m^3，主槽淤积量为4.827亿m^3，约占全断面淤积量的40%。其中，渭淤10以下河段共淤积8.521亿m^3，占总淤积量的71.5%，主槽淤积量为2.901亿m^3，约占主槽总淤积量的60%；渭淤10—渭淤18河段共淤积2.606亿m^3，占总淤积量的21.9%，主槽淤积量为1.440亿m^3，约占主槽总淤积量的29.8%；渭淤18以上河段淤积量为0.791亿m^3，仅占总淤积量的7%，主槽淤积量为0.486亿m^3，仅占主槽总淤积量的10%。

从表8-11及表8-12可以看出，1960年6月~1974年6月渭河下游总淤积量为9.456亿m^3，主槽总淤积量为3.829亿m^3，主槽淤积量约占总淤积量的40%，渭淤10以下河段共淤积6.966亿m^3，占总淤积量的73.7%，主槽淤积量为2.055亿m^3，约占主槽总淤积量的54%；渭淤10—渭淤18河段共淤积2.090亿m^3，约占总淤积量的22%，主槽淤积量为1.402亿m^3，约占主槽总淤积量的37%；渭淤18以上河段淤积量为0.4亿m^3，仅约占总淤积量的4%，主槽淤积量0.372亿m^3，仅约占主槽总淤积量的10%。

图8-7、图8-8为渭河下游自1960年6月~1996年10月冲淤量及单位长度冲淤量沿程分布。由图8-7、图8-8及表8-13、表8-14可以明显看出，渭河下游近40年来淤积量沿程

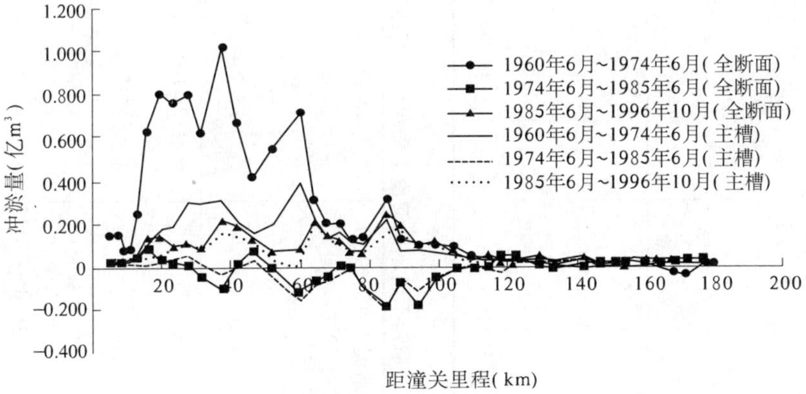

图8-7 渭河下游冲淤量沿程分布

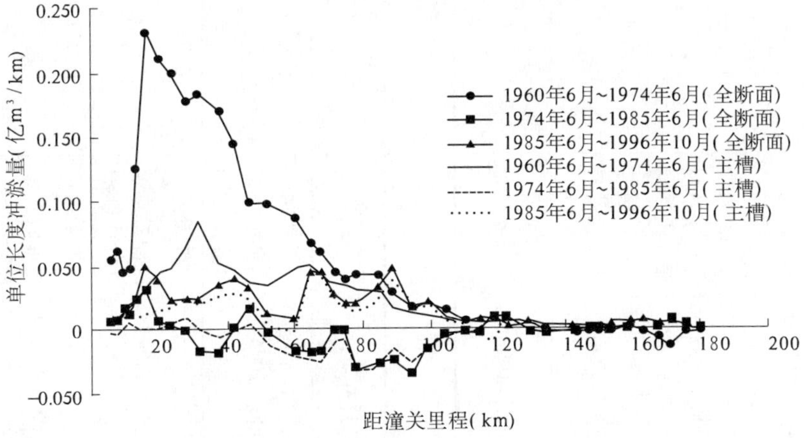

图8-8 渭河下游单位长度冲淤量沿程分布

表 8-13　渭河下游不同河段全断面单位长度冲淤量统计

（单位：亿 m^3/km）

时段(年-月)	项目	渭拦 1—渭淤 1 河段	渭淤 1—渭淤 10 河段	渭淤 10—渭淤 18 河段	渭淤 18—渭淤 26 河段	渭淤 26—渭淤 37 河段	合计
1960-06 ~ 1974-06	冲淤量	0.333	1.519	0.421	0.086	-0.006	2.353
	占冲淤总量百分比(%)	14.2	64.5	17.9	3.7	-0.3	100.0
1974-06 ~ 1985-06	冲淤量	0.075	0.035	-0.126	-0.030	0.007	-0.039
	占冲淤总量百分比(%)	-192.3	-89.7	323.1	76.9	-18.0	100.0
1985-06 ~ 1996-10	冲淤量	0.071	0.288	0.257	0.086	0.030	0.732
	占冲淤总量百分比(%)	9.7	39.4	35.1	11.7	4.1	100.0
1960-06 ~ 1996-10	冲淤量	0.479	1.842	0.552	0.142	0.031	3.046
	占冲淤总量百分比(%)	15.7	60.5	18.1	4.7	1.0	100.0

表 8-14　渭河下游不同河段主槽单位长度冲淤量统计

（单位：亿 m^3/km）

时段(年-月)	项目	渭拦 1—渭淤 1 河段	渭淤 1—渭淤 10 河段	渭淤 10—渭淤 18 河段	渭淤 18—渭淤 26 河段	渭淤 26—渭淤 37 河段	合计
1960-06 ~ 1974-06	冲淤量	0.077	0.447	0.294	0.066	0.003	0.887
	占冲淤总量百分比(%)	8.7	50.4	33.2	7.4	0.3	100.0
1974-06 ~ 1985-06	冲淤量	0.007	0.005	-0.163	-0.025	-0.002	-0.178
	占冲淤总量百分比(%)	-3.9	-2.8	91.6	14.0	1.1	100.0
1985-06 ~ 1996-10	冲淤量	0.047	0.173	0.199	0.042	0.014	0.475
	占冲淤总量百分比(%)	9.9	36.4	41.9	8.8	3.0	100.0
1960-06 ~ 1996-10	冲淤量	0.131	0.625	0.330	0.083	0.015	1.184
	占冲淤总量百分比(%)	11.0	52.8	27.9	7.0	1.3	100.0

分布具有以下特点：一是除渭淤1—河口段受潼关水位升降影响淤积较少外，主槽和滩地的淤积重点部位均在渭淤18（渭南）以下河段，尤其是在渭淤1—渭淤10河段，单位长度淤积量在0.15亿～0.31亿m^3/km变化；二是自渭淤1以上，沿程淤积量及单位长度淤积量逐渐减少，具有水库溯源淤积的明显特点。

由图8-7、图8-8可以看出，渭河下游在该时段沿程冲淤量及单位长度冲淤量分布特点与渭河下游1960年6月～1996年10月的淤积特点基本一致，渭河下游在该时段内的总冲淤量和主槽冲淤量均占渭河下游1960～1996年相应淤积量的80%左右，因此可以认为该时段是渭河下游近40年来淤积最严重的时期，其主要原因是：1960～1973年三门峡水库经历了蓄水拦沙运用（1960年9月～1962年3月）和滞洪排沙运用（1962年4月～1973年11月）两个时期。在蓄水拦沙运用期，潼关高程由建库前的323.50 m上升到328.0 m左右，升高4.5 m，渭河下游发生了大量的淤积，渭河库区淤积末端上延很快；自1962年4月开始，水库改为滞洪排沙运用，由于水库泄流规模的限制，坝前水位居高不下，水库排沙比仅为65%左右，渭河下游淤积末端仍在继续上延，因此在1966年7月～1973年11月期间对三门峡工程进行了两次改建，改建完成后水库增加了泄流能力，坝前水位降低，水库排沙比增大到110%以上，潼关高程下降2 m左右，由此渭河下游淤积和上延的矛盾才有所缓解。

1974年6月～1985年6月渭河下游冲刷量为0.553亿m^3，主槽冲刷量为0.955亿m^3。其中，渭淤10以下河段发生淤积，淤积量为0.219亿m^3，渭淤26以上河段淤积0.027亿m^3；渭淤10—渭淤18河段及渭淤18—渭淤26河段均发生冲刷，冲刷量分别为0.612亿m^3、0.187亿m^3，由图8-7、图8-8可知，渭淤10—渭淤23河段沿程发生了槽冲滩淤现象，单位长度冲刷强度自上而下沿程交替变化，因此河段属于沿程冲刷。同时也可以看出，渭淤5至河口段和渭淤23以上河段仍发生淤积，但是淤积量较小。渭河下游在本时段内的冲淤特点主要受两个方面的影响：一是渭河下游来水来沙条件有利，属于丰水丰沙年（见表8-7、表8-8），尤其是1980～1985年年均水量比一般年份水量大，渭河下游出现了冲刷下降时期；二是三门峡水库自1973年年底采取蓄清排浑控制运用以来，非汛期蓄水运用，潼关河床淤积抬高，汛期降低水位排沙，潼关河床冲刷下降，年内潼关河床升降基本能够达到平衡，潼关高程在年内基本维持在327.12（汛前）～326.61（汛后）m。

1985年6月～1996年10月渭河下游总淤积量为3.015亿m^3，主槽总淤积量为1.953亿m^3，主槽淤积量占总淤积量的65%。其中，渭淤10以下河段淤积1.336亿m^3，占总淤积量的44%，主槽淤积量为0.844亿m^3，约占主槽总淤积量的43%；渭淤10—渭淤18河段共淤积1.128亿m^3，占总淤积量的37.4%，主槽淤积量为0.820亿m^3，约占主槽总淤积量的42.0%；渭淤18—渭淤26河段淤积量为0.434亿m^3，占总淤积量的14.4%，主槽淤积量为0.236亿m^3，占主槽总淤积量的12.1%；渭淤26以上河段淤积量仅占总淤积量的3.9%，主槽淤积量仅占主槽总淤积量的2.7%。1985年以后黄河来水偏枯，又受龙羊峡水库投入运用的影响，汛期水量减少很多，潼关高程回升，由1985年汛后326.64 m上升到1996年汛后的328.07 m，由于渭河下游受潼关高程抬高的影响，再加上渭河来水来沙条件不利，渭河下游河道出现了枯水淤槽、河槽萎缩、过洪能力降低、洪水成灾的淤积特点。

第七节　近期渭河下游河道淤积对防洪的影响

一、渭河下游河道萎缩、主槽过洪能力降低

三门峡水库建库前，渭河下游主槽过洪能力一般为 4 500 ~ 5 000 m^3/s。三门峡水库建库后，水库溯源淤积不断向上游延伸，其主槽过洪能力不断降低，临潼站 1996 年的主槽过洪能力仅为建库前的 60% 左右，而华县站 1996 年主槽的过洪能力仅为建库前的 20% 左右。近几年来，随着渭河下游泥沙淤积的迅速发展，其主槽过洪能力锐减，1995 年华县站主槽过洪能力仅 800 m^3/s，这是三门峡建库以来的最小值，相应临潼站的主槽过洪能力也降至3 520 m^3/s。渭河下游各时期主槽过洪能力见表 8-15。

表 8-15　渭河下游历年主槽过洪能力　　（单位：m^3/s）

站名	建库前	1968 年	1975 年	1981 年	1984 年	1986 年	1990 年	1995 年	1996 年
临潼	5 000	4 850	4 250	4 670	4 300	3 920	3 600	3 520	3 310
华县	4 800	1 040	4 250	4 500	4 200	2 920	2 860	800	940

图 8-9 ~ 图 8-11 分别为渭拦 7、渭淤 9、渭淤 17 不同时段实测大断面变化过程；表8-16 为渭拦 7、渭淤 9、渭淤 17 主槽宽度、面积在不同时段的变化，可以看出，1996 年 9 月渭拦 7

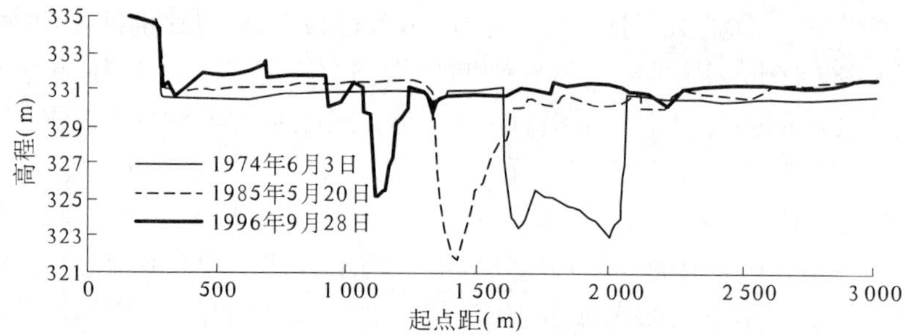

图 8-9　渭拦 7 不同时段实测大断面变化过程

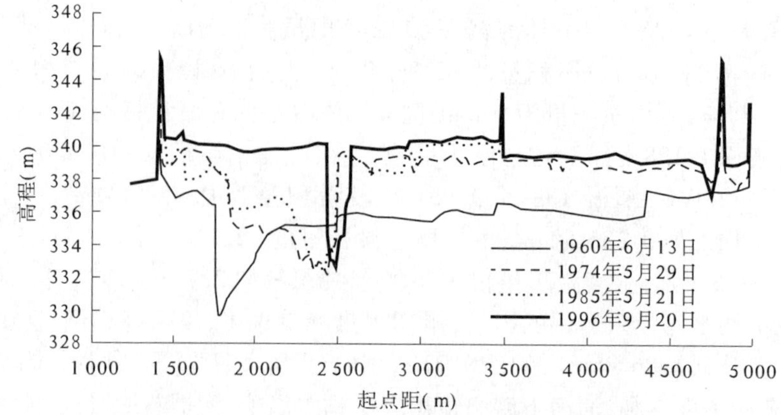

图 8-10　渭淤 9 不同时段实测大断面变化过程

主槽宽度约为 1985 年 5 月的 1/2，过水面积减少了 61%；1996 年 9 月渭淤 9 和渭淤 17 的主槽宽度仅是 1985 年 5 月的 1/5 左右，过水面积减少了 70% 和 80% 左右。因此，1985 年以来，渭河下游中较小高含沙洪水均在主槽发生了严重淤积，使得渭河下游河道萎缩，主槽过洪能力锐减。

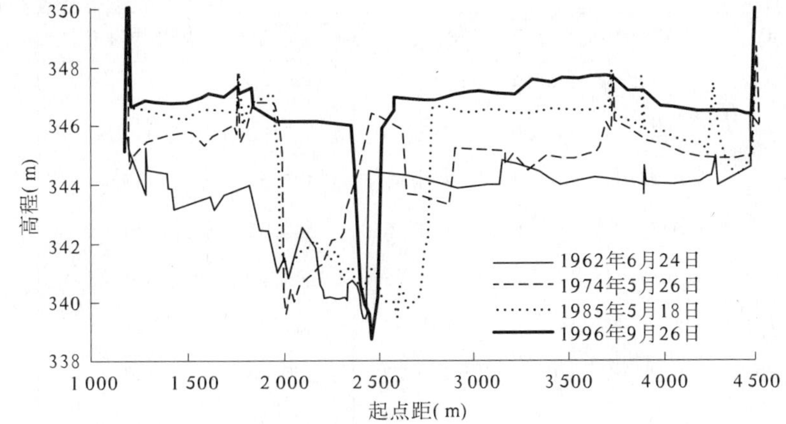

图 8-11　渭淤 17 不同时段实测大断面变化过程

表 8-16　渭河下游主槽宽度、面积变化

时间（年-月）	渭拦 7		渭淤 9		渭淤 17	
	主槽宽度（m）	过水面积（m^2）	主槽宽度（m）	过水面积（m^2）	主槽宽度（m）	过水面积（m^2）
1974-06	487	2 895	828	3 626	505	2 009
1985-05	346	1 400	954	2 989	829	4 509
1996-09	165	551	170	824	175	788

二、同流量洪水位不断抬升

随着渭河下游河道泥沙淤积的迅速发展，河道萎缩、主槽过洪能力降低，其同流量洪水位也不断上升，见表 8-17。尤其是 1992 年以来，渭河下游的同流量洪水位抬升非常迅速。例如 1992 年和 1996 年渭河下游的洪峰流量相差不大，但 1996 年比 1992 年的洪水位抬升较大，临潼站抬升 0.4 m 左右，华县站抬升 1.5 m 左右。1996 年 8 月洪水，华县站 1996 年洪峰流量仅 3 450 m^3/s，其洪水位高达 342.24 m，为华县站建站以来的最高值。根据渭河华县站实测资料，华县站 5 000 m^3/s 时 1964 年 8 月为 338.65 m，1990 年 7 月为 340.13 m，1992 年 8 月洪水，华县站 3 950 m^3/s 的洪水位接近以往 5 000 m^3/s 的洪水位，到 1995 年 8 月华县站洪峰流量 1 450 m^3/s，洪水位高达 340.88 m，比 1981 年 5 380 m^3/s 的洪水位仅低 0.17 m。由于水流漫滩的影响，洪水传播时间拉长，以往临潼至华县要 22 h，1995 年却增加到 59 h，洪峰流量则由 2 630 m^3/s 减少到 1 450 m^3/s，正是由于渭河下游同流量洪水位急剧抬升，近十年来渭河下游常出现“小流量、高含沙、大灾情”的严重局面，使渭河下游防洪工程的防御标准大大降低，加速了中小洪水灾害发展。

表 8-17　渭河下游不同年代洪水位变化　（单位：m）

站名	$Q_{咸阳}=3\ 000\ m^3/s$，$Q_{华县}=5\ 000\ m^3/s$ 时				近期洪水位		
	1954 年 9 月	1968 年 8 月	1973 年 8 月	1981 年 9 月	1992 年 8 月 *	1995 年 8 月 **	1996 年 7 月 ***
吊桥	327.5	331.17	329.73	330.76	330.40	330.16	330.33
华阴	327.6	333.30	332.59	332.60	333.90	333.50	333.29
陈村	333.7	336.46	337.64	336.61	337.53	337.41	338.59
华县	337.90	340.54	341.56	340.35	340.95	340.88	342.24
詹家	341.8	343.57	344.54	343.85	343.80	344.20	345.43
渭南	345.7	346.96	347.58	347.99	347.34	347.13	347.52
交口	348.6	349.27	350.24	350.22	350.04	349.85	351.02
临潼	355.5	355.92	356.53	357.17	357.38	345.46	357.79
道口	366.02	367.01	367.21	367.43			
咸阳	384.80	386.72	386.24	386.45			

注： * 华县站 $Q=3\ 950\ m^3/s$，临潼站 $Q=4\ 150\ m^3/s$；** 华县站 $Q=1\ 450\ m^3/s$，临潼站 $Q=2\ 630\ m^3/s$；*** 华县站 $Q=3\ 450\ m^3/s$，临潼站 $Q=4\ 170\ m^3/s$。

三、南山支流淤积严重、渭河临背差增大

随着渭河下游泥沙淤积的发展，滩面不断抬升，同流量洪水位逐渐抬高，渭河在一般洪水情况下便全面倒灌南山支流，例如 1995 年，华县站洪峰流量仅 1 450 m^3/s，渭河洪水倒灌南山支流达数公里，倒灌淤积十分严重；又如 1996 年，华县洪峰流量仅 3 450 m^3/s，南山支流全面倒灌，倒灌情况如表 8-18 所示。由于渭河洪水经常倒灌南山支流，形成南山支流河口段的泥沙淤积，降低了南山支流的过洪能力，根据资料分析，除赤水河外，其余各条南山支流均达不到设计的过洪能力，罗夫河的实际过洪能力仅为堤防设计过洪能力的 37.4%。再加上南山支流堤防本身质量较差、隐患较多，南山支流经常决口成灾，造成南山支流防洪形势十分严峻。

表 8-18　渭河“96·7”洪水倒灌南山支流的长度统计

河名	尤河	赤水河	遇仙河	石堤河	罗纹河	方山河	罗夫河	榴叶河	长涧河
倒灌长度(km)	1.6	3.5	3.0	5.2	3.5	4.6	6.3	5.5	5.7

三门峡水库建库前，渭河下游没有堤防工程。随着三门峡水库的建成和渭河下游防洪大堤的兴建，渭河下游泥沙淤积致使河床滩面逐年抬高，临背差逐年加大，到目前为止，在渭南—华阴河段，其临背差一般为 2 ~ 3 m，部分河段最大达 4 m 左右，在西安河段临背

差为 1 m 左右。黄河下游为最大的“悬河”，目前渭河下游也已成为黄河流域的第二大“悬河”。地上“悬河”的形成一方面加重了库区淹没盐碱灾害，另一方面也大大加重了渭河下游防洪的负担。

第八节　潼关高程对渭河下游河道演变的影响

一、来水来沙条件对渭河下游河道的影响

根据多年资料分析，渭河下游具有大水冲槽和小水淤槽的河道冲淤特性，河道冲淤主要取决于汛期洪水，而不同洪水来源和组合，其河道具有不同的冲淤特性。当咸阳站洪峰流量为小于 4 500 m^3/s 的中小洪水时，进入渭河下游华县—华阴河段，因河道比降变缓，水流挟沙能力降低，渭河下游发生淤积；当洪峰流量为大于 4 500 m^3/s 的大洪水时，对渭河下游河槽具有冲刷和拓宽作用。如 1981 年 8 月 22 日和 9 月 8 日临潼站分别来了两场洪水，洪峰流量均大于 5 000 m^3/s，含沙量均小于 30 kg/m^3，临潼以下河段河槽发生冲刷，临潼、华县两站主槽面积增加 120～250 m^2（占总面积的 20%～30%），主槽宽度增加20～30 m。

自 1986 年以来，咸阳站除 1990 年发生 4 030 m^3/s 较大洪水外，其余年份洪水均小于 2 600 m^3/s。1986～1996 年大于 1 000 m^3/s 的 6 次洪水都造成了渭河下游河道的严重淤积，临潼站、华县站同流量水位升高，如表 8-19 所示。特别是 1994 年、1995 年咸阳以上几乎未出现洪水，而泾河小流量、高含沙洪水频繁出现，两年中张家山站流量大于 750 m^3/s 的洪峰 6 次，洪水主要来自泾河支流马莲河流域，最大含沙量均在 520 kg/m^3 以上，泥沙粒径 $D>0.05$ mm 的占 32% 以上，来沙较粗，特别是 1994 年 7 月 27 日洪峰流量为 1 010 m^3/s，最大含沙量高达 938 kg/m^3，形成了渭河下游多次出现以泾河来水为主的小水大沙的洪水过程（见表 8-20），造成了渭河下游主槽的严重淤积。根据实测淤积资料统计，1994 年汛期渭河下游淤积泥沙 0.843 6 亿 m^3，1995 年汛期淤积泥沙 0.824 4 亿 m^3，且大多淤在主槽内，从而造成了渭河下游河床淤积抬高，主槽断面缩窄，过洪能力降低。

表 8-19　以咸阳以上来水为主的洪水冲淤情况统计

日期（年-月-日）	咸阳站		临潼站		华县站	
	洪峰流量（m^3/s）	最大含沙量（kg/m^3）	洪峰流量（m^3/s）	水位升降（m）	洪峰流量（m^3/s）	水位升降（m）
1987-08-03	1 250	11	2 150	+0.01	1 750	+0.30
1988-07-09	2 590	32	2 830	-0.06	2 510	+0.17
1988-08-09	1 480	22.7	3 600*	-0.05	3 090	+0.15
1989-08-19	1 780	47.2	3 030*	+0.04	2 630	+0.42
1990-07-01	1 360	47.1	2 140	-0.05	1 730	0
1990-07-07	4 030	73.5	4 330	+0.05	3 250	+0.25
1991-06-02	746	41.9	1 580*	+0.10	1 440	+0.44
1993-07-22	2 430	48.2	2 800	+0.08	3 050	+0.37

注：水位升降均指流量为 200 m^3/s 时的水位变化；* 有泾河洪水加入。

表 8-20　渭河下游以泾河来水为主的洪水冲淤变化情况

日期（年-月-日）	张家山站		华县站			潼关站
	洪峰流量（m^3/s）	最大含沙量（kg/m^3）	洪峰流量（m^3/s）	最大含沙量（kg/m^3）	水位升降（m）	水位升降（m）
1994-07-08	2 770	731	2 000	765	−0.54	−0.39
1994-07-27	1 010	938	1 010	802	+0.01	+0.46
1994-08-12	1 760	849	1 450	630	+0.39	−0.28
1994-09-01	851	926	612	883	+0.68	+0.25
1995-08-06	2 720	657	1 500	716	+0.80	−0.19
1995-08-30	1 100	526	747	436	+0.20	−0.21

注：华县站水位升降指流量为 200 m^3/s 时的水位变化；潼关站水位升降指流量为 1 000 m^3/s 时的水位变化。

通过以上分析可知，1986 年以来，渭河咸阳以上来水量减少，泾河流域高含沙区的水量、沙量相对增加，特别是小流量、高含沙洪水的频繁出现，是造成渭河下游河床抬高、河道萎缩的重要原因之一。

二、潼关高程与渭河下游河道演变的关系

由于潼关高程是其上游河道汇流区的侵蚀基准面，潼关高程的高低和渭河、北洛河下游泥沙冲淤关系密切，对该地区的防洪、除涝有重要影响，历来为各方所关注。

（一）潼关高程演变对渭河水位及河道冲淤影响

图 8-12 为潼关高程（流量为 1 000 m^3/s 时水位）及渭河下游各站 200 m^3/s 水位历年变化过程。可以看出，各站水位变化与潼关高程变化是密切相关的：1963～1967 年潼关高程上升，各个水位站同流量水位也同时上升；1970～1975 年潼关高程逐渐下降，各个水位站同流量水位也处于下降阶段；1986 年以后潼关高程居高不下，渭河下游各个水位站同流量水位在不断上升，也造成了渭河下游洪水位抬高。

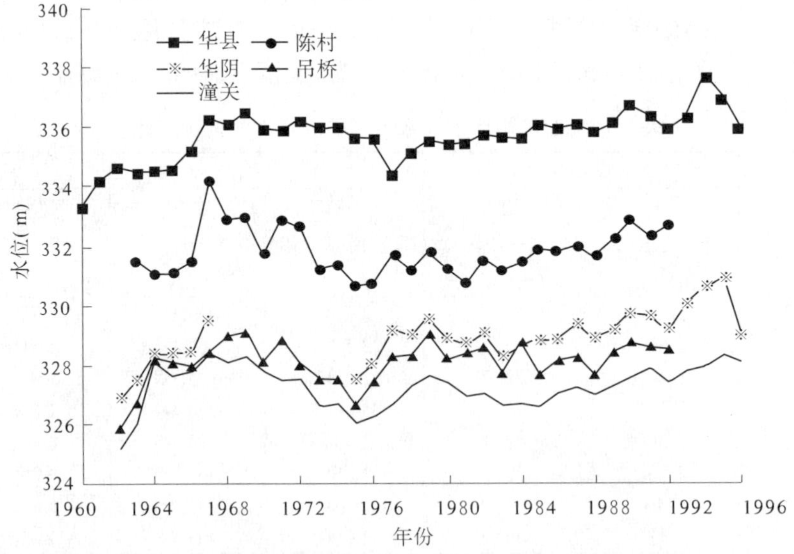

图 8-12　潼关高程及渭河下游各水位站同流量水位历年变化过程

（二）黄河洪水倒灌渭河及拦门沙发展变化

渭河河口段有其特殊的地理条件，黄河、渭河交汇处的下端有潼关卡口，对汛期洪水起卡水作用，如果黄河洪水大于渭河，必将倒灌渭河，当黄河、渭河同时出现洪水，而黄河洪水大时，黄河洪水顶托渭河洪水，从而在渭河河口形成泥沙淤积，有时还形成拦门沙坎。如果又遇北洛河来水加沙，则加重拦门沙的淤积，甚至将渭河河口全部堵塞，造成渭河、北洛河下游的严重淤积。例如 1967 年 8 月，潼关连续出现 5 000 m^3/s 以上洪峰达 5 次之多，而 8 月华县站洪峰流量很小，月平均流量仅 177 m^3/s，月平均含沙量高达 538 kg/m^3，同时又遇上北洛河小水大沙，8 月朝邑站曾出现 8 次沙峰过程，其含沙量为 600 ~ 950 kg/m^3，月输沙量为 0.846 亿 t，从而造成渭河仓西至西阳河道 8.8 km 淤塞。拦门沙的形成取决于黄河、渭河、北洛河的水沙遭遇情况，三门峡水库修建后又受到水库运用方式、潼关高程升降与水沙组合相互作用的影响。如前所述，三门峡水库建库前发生的历次大洪水倒灌回水影响较小，渭河河口段的淤积只在主槽中变化，倒灌淤积对渭河下游的影响时间是短暂的，影响程度相对较小。三门峡水库建库后，渭河河口拦门沙形成的几率增多，倒灌比较严重，几乎黄河每次洪水时，在渭河无洪水的情况下均发生黄河洪水倒灌渭河，比较严重的有 1967 年、1971 年、1977 年、1979 年、1981 年等。

拦门沙的部位及顶点位置随着黄河、渭河、北洛河来水来沙强度对比、洪峰遭遇不同，经常上下移动。当遇到特殊水沙年份，黄河洪水水量及沙量大时，倒灌形成的拦门沙对渭河影响则比较严重。若遇北洛河小水大沙则渭河河口造成的淤积更加严重，如 1967 年渭河河口堵塞就是这种情况。当遇到一般的水沙年份，黄河大水对渭河顶托倒灌，形成拦门沙，然后渭河来大水，把拦门沙冲开，虽有影响，但不严重，如 1964 年、1966 年。

判定黄河洪水倒灌渭河的指标或方法较多，一般是采用以华阴站出现负流量或吊桥水位显著变化判定倒灌淤积情况。根据不完全统计，三门峡水库建库后黄河倒灌渭河次数达 70 次以上，实际上建库后每当黄河发生不同洪水时均有倒灌，只不过倒灌的距离、范围、淤积程度有所不同。另外，当黄河、渭河同时出现洪水，一般黄河洪水较大时，黄河洪水顶托渭河洪水，顶托的位置视两河洪水的大小而有所不同，顶托的持续时间及淤积的厚度也不相同。

根据三门峡水库建库以来倒灌情况，选择典型年份大、中、小洪水级列于表 8-21。由表 8-21 可以看出，当黄河洪水流量越大时，其倒灌淤积的范围越大，渭河下游各站水位抬升值越大；反之，黄河洪水越小，其倒灌距离越小，淤积影响也越小，且黄河、渭河洪水的比例大小与倒灌距离也有一定的关系。如 1977 年 8 月 7 日潼关站洪峰流量 15 400 m^3/s，相应华县站流量只有 60 m^3/s，华阴站倒灌流量达 810 m^3/s，倒灌距离达 77 km，在渭淤 10—渭淤 9 河段，但未超过华县站，渭河下游吊桥、华阴、陈村各站水位分别抬升 4.3 m、4.2 m、3.3 m。黄河中型洪水一般倒灌达陈村站附近，小型洪水达华阴站附近。可以看出，一般黄河发生洪水时均有倒灌，渭河下游也均造成淤积并抬高水位。如 1981 年 6 月 22 日，潼关流量 1 980 m^3/s，华阴站倒灌流量 123 m^3/s，倒灌回水在陈村附近。

（三）汇流区河势变化与潼关高程的关系

三门峡水库建库前，潼关河床长期上升十分缓慢，可以认为基本冲淤平衡。其升降变化主要受来水来沙条件的影响，一般情况下，汛期大水大沙洪水时河床冲刷下降，小水大沙

表 8-21　三门峡水库建库以来典型年倒灌情况

洪水	潼关站洪水时间（年-月-日）	潼关站		华县站流量（m^3/s）	$Q_{潼}/Q_{华}$	华阴站倒灌流量（m^3/s）	朝邑站		河口段各站水位抬升值（m）			倒灌前潼关高程（m）	倒灌距离（km）
		Q_m（m^3/s）	S_m（kg/m^3）				Q_m（m^3/s）	S_m（kg/m^3）	吊桥	华阴	陈村		
大水	1967-08-11	9 530	153	147	65		31.8	154	2.09	1.00		327.77	43
	1977-08-07	15 400	911	60	257	810	55.7	97.9	4.3	4.2	3.3	325.10	77
	1979-08-12	11 000	101	28.9	381	414	3.24	0.74	3.00	2.8	1.95	327.78	67
中水	1970-08-03	8 420	582	650	13.0		11.9	46.8	2.70	2.30	0.30	328.62	53
	1976-08-03	7 030	98.8	71.0	99	178	27.5	253	1.50	0.98	0.25	326.22	52
	1984-08-01	5 750	37.3	5.32	1 081		40.2	103	0.48			326.90	
	1977-08-06	6 760	549	81.0	83	485	67.2	106	1.60	1.60	0.40	325.10	54
小水	1981-06-22	1 980	8.71	6.16	321	123	33.5	35.0	1.20	1.10		327.80	44.0
	1982-07-10	1 920	31.3	1.66	1 157	123	0.149	0	0.50	0.40		327.40	32.0
	1991-07-29	3 310	135	156	21.2	162	197	30.8	1.15	1.00		328.05	39.5

时回淤,非汛期多为回淤。建库后除受水沙条件影响外,还主要受水库运用方式的影响。自水库建成运用以来,潼关断面产生严重淤积,同高程下过水面积减小,潼关高程不断抬升,如常流量 1 000 m^3/s 相应水位在建库初的 1960 年 9 月 14 日(蓄水前)为 323.4 m,水库从 9 月 15 日蓄水运用,到 1962 年 2 月 19 日,先后经历 3 次高蓄水过程,蓄水位分别为 332.58 m、332.53 m、327.96 m。潼关高程相应地分别抬高为 329.81 m、329.10 m、328.12 m,比蓄水前分别抬升 4.7 ~ 6.41 m;到水库改建前的 1966 年 6 月潼关高程为 328.0 m,第一期改建末的 1969 年 10 月为 328.4 m,比建库前抬升 5.0 m;第二期改建末的 1973 年 10 月,潼关高程下降到 326.6 m,比 1969 年 10 月下降 1.8 m。1973 年 10 月后,水库实行全年控制运用至今,在此期间潼关高程有两次较为明显的抬升过程:一次是 1975 年 10 月 ~ 1980 年 6 月,潼关高程由 326.2 m 抬升到 328.06 m;一次是 1985 年 10 月 ~ 1991 年 10 月,潼关高程由 326.71 m 抬升到 328.01 m,特别是 1992 ~ 1996 年汛前,潼关高程一直维持在 328 m 左右,1992 年汛前为 328.4 m,1996 年汛前达 328.5 m。水库全年控制运用以来,冲冲淤淤,潼关高程仍以抬升为主要趋势,近十年来,水库运用水位并不高,但潼关高程却有较大幅度升高。

三门峡水库蓄水前黄河、渭河交汇口在潼关港口至五里铺长约 2 km 范围内摆动,水库蓄水后经放空冲刷,黄河主流主要更是紧依东岸,黄河、渭河汇流口向下延至潼关港口附近,河口变动范围较以前缩小。但自 1973 年以后,由于黄河主流西摆,东岸滩地露出,潼关高程又呈上升之势,渭河河口自此逐渐上提,到 1978 年累计上提 2.4 km,1991 年累计上提 4.2 km,到 1995 年累计上提 5 km 之多,在此期间潼关高程由 1973 年 10 月的 326.6 m 上升到 1995 年 9 月的 328.2 m(见图 8-13)。

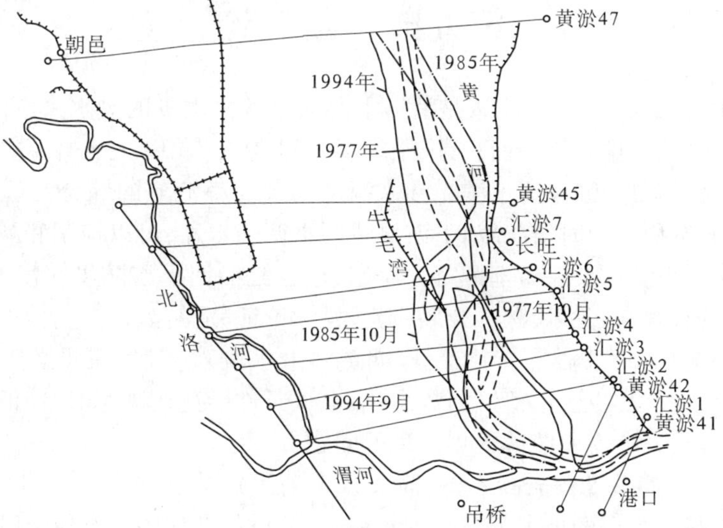

图 8-13　黄河、渭河、北洛河汇流区河势图

潼关高程的抬升必然加重黄河、渭河、北洛河汇流区泥沙淤积的发展,同时也加剧了汇流区河势的进一步恶化。三门峡水库全年控制运用以来,汇流区淤积泥沙 0.716 2 亿 m^3,其中 1986 年以后,由于潼关高程持续抬升,进入 20 世纪 90 年代一直居高不下,汇流

区淤积 0.793 7 亿 m^3,充分说明潼关高程的抬升致使汇流区的泥沙淤积加重和河势的进一步恶化。潼关高程抬升后,由于汇流区河道比降变缓,加之黄河主流西倒,主流散乱,流速减缓,相应地降低了汇流区的输沙能力,从而形成河槽坦化,沙洲四起,黄河主槽由东岸逐渐向西岸发展,甚至形成目前的多股分流,黄河由原来 1 km 左右的河宽,目前已发展到 5 km左右。

相应地,汇流区河势的进一步恶化给潼关高程的稳定下降也带来了不利的影响。影响潼关高程变化的因素比较复杂,一是水沙条件,二是水库运用,除这两个主要的因素外,汇流区的河势变化对潼关高程的影响也是不能忽视的。1973 年以前,渭河在汇淤 1 断面附近入黄,且黄河、渭河交汇的方向小于 30°,两河洪水通过西铁路大桥后沿着各自的河槽下泄,根据潼关站实测资料分析其流速和含沙量分布,由于黄河、渭河汇流在相当长范围内仍然保持各自的输水特性、输沙特性,测流断面上同时保留着黄河河槽和渭河河槽。因此,在汛期潼关河床可受到黄河和渭河洪水的交替冲刷,对潼关河床的下降是有利的。黄河主流西倒后,渭河河口上提达 5 km,且黄河西岸主流与渭河汇流角度加大,几乎成正交汇流,渭河洪水进入汇流区后必然流速减缓,主流分散,从而减弱了黄河、渭河洪水对潼关河床的冲刷作用,给潼关高程的下降带来不利的影响。例如,1994 年 8 月 5 日黄河龙门站洪峰流量 10 900 m^3/s,8 月 6 日潼关站相应洪峰流量 7 400 m^3/s,按照常理,这样的水沙条件对潼关的冲刷是有利的,但潼关站洪水前后同流量水位仅降低 0.15 m。又如 1993 年潼关河床经过一个汛期,但潼关高程尚未下降。进入 20 世纪 90 年代以来,特别是 1992 年以来,潼关高程一直居高不下,但从水库运用上看水位不是太高,除水沙条件外,汇流区的河势变化也是一个重要因素。

第九节　结　论

(1)由前面分析可知,泾河流域是渭河下游河道沙多水少的洪水来源区,并且为粗沙的主要来源区,因此应扩大治理面积,采用库坝工程、水平梯田、人工林草等措施以减少洪水泥沙的含量,特别要加强泾河上游粗沙来源区马莲河小流域的综合治理以减少粗沙对渭河下游主槽的淤积。同时,在泾河下游修建调水调沙水库,可以控制和减少泥沙灾害的来源,控制高含沙小洪水及滞蓄削减特大洪水,这也是渭河下游防洪减淤的重大措施,也对黄河下游减淤有利。应尽快深入开展研究,科学论证,适时兴建。

(2)渭河下游河口段的最大问题是汛期黄河洪水倒灌,渭河和北洛河挟沙所造成的河槽淤塞,河道工程较混乱,汇流区河势恶化,汇流条件亟待改善,如何使汇流区河势朝着有利的方向发展是一个需要统筹规划治理的问题。

(3)近几年来,潼关高程居高不下,潼关以上防洪形势相当严峻,库区淤积有增多的发展趋势,已引起了社会的极大关注。近年来,有关单位在潼关—坫埼河段采用了人工射流机械清淤方法,因势利导、疏浚浅滩、封堵汊道、理顺河势,疏通流路、集中水流、调整比降以提高潼关以下河道的输沙能力,强化河床冲刷,改善淤积分布,改善潼关附近河道的边界条件,从而达到控制潼关河床淤积的目的,为汛期洪水冲刷创造条件。由于目前受清淤规模的限制,对稳定潼关高程或降低潼关高程的作用还不能达到预期的效果,所以应加大清淤规模,坚持长期地进行人工清淤。同时,也应考虑采取其他措施改善潼关高程,例如,机械挖泥是江河清淤的重要手段,也是一种改善潼关高程的措施之一,并且可以在比较短的时间内取得明显的效果,但是应考虑多泥沙河流的特点,要大规模、长期地进行,并要利用有利时机才会事半功倍,否则小洪水时可能大量回淤,在采取改善潼关高程的各种措施时,应加大科研力度,进行室内外试验和资料分析工作,以便取得最佳效果。

小浪底水库运用后,三门峡水库承担的防洪、防凌等任务都有不同程度的减轻,这为改善三门峡水库库区状况创造了有利条件。因此,如何调整三门峡水库的运用方式,最大限度地解决或减轻三门峡水库目前存在的问题,即尽可能地使潼关高程保持稳定或降低,在此基础上,进一步发挥三门峡水库的综合效益,是当前治黄工作亟待解决的重大课题。鉴于三门峡水库泥沙及潼关高程演变规律的复杂性,又具有长期研究的经验,兴建一个物理模型与现场试验结合进行深入研究是非常必要的。

(4)本章分析结果表明,在 1984 ~ 1993 年期间,潼关—北村河段的河长增加 10.7 km,其中大禹渡—灵宝河段的河长增加 6.8 km,占 63.6%,主要集中在弯顶,位于黄淤 29 断面(东垆湾)和黄淤 28 断面上的两个弯道,这样如何改善这两个河湾,限制河湾自由发展、缩短河长,对改善潼关高程是有益的,同时还可以改善库岸坍塌及其下游的河势。由于河长是随着水沙条件变化而变化的,因此只有进行详细的科学研究,才能较好地确定整治河道的河长。

(5)南山支流的主要问题是堤防单薄、防洪能力低,出口受渭河滩地淤积的影响而排水不畅,且易受渭河洪水倒灌的影响。因此,南山支流的治理除了修建支流工程外,应当整治河道,加固堤防(特别是尾闾河段的堤防),做到泄洪入渭通畅,减少渭河洪水对支流顶托倒灌的影响。

(6)积极开展渭河下游河道的整治工作。根据本章分析可知,近几年来由于渭河下游河道萎缩,同流量水位抬高,使渭河下游两岸防洪大堤标准降低,因此需要加高加固防护堤、挖河淤背、拓展主槽、提高防洪标准、加快河道整治、稳定河势、巩固险段。同时也可以对渭河下游河道实施人工清淤、放淤、淤灌等工程措施以恢复河槽过洪能力,减缓河道淤积的发展。

第九章　黄河三门峡水库潼关河段疏浚技术分析

第一节　潼关河段疏浚的措施和目标

根据第八章的研究成果,潼关高程的升降主要取决于汛期来水来沙条件,在潼关高程抬高后,只有较大洪水才能使其冲刷下降,在不利的水沙条件下,仅靠三门峡水库非汛期和汛期降低水位运用,难以保持潼关高程的稳定。近年来,由于三门峡水库入库水沙条件发生了很大变化,原来的库区冲淤平衡状态遭到了破坏,库区淤积加重,潼关高程居高不下,给黄河小北干流和渭河下游的排洪输沙带来不利影响,库区矛盾又重新显现出来,从而也制约了三门峡水利枢纽综合效益的发挥。考虑到三门峡水库汛期入库水量减少的趋势性变化,要抑制潼关高程的上升或降低潼关高程,就需要采取必要的人工措施来减少潼关河段的淤积。根据潼关河段的冲淤特性,结合水库运用情况及水库冲淤特点,潼关河段疏浚措施主要采用人工清淤(射流冲沙)和挖沙两种方法。通过人工清淤措施,一方面使本河段淤积物松动悬浮,利用水流自身挟沙能力,将泥沙输送到下游河段,然后通过三门峡水库溯源冲刷和沿程冲刷,将泥沙排至库外;另一方面可以结合本河段自然条件及变化趋势,因势利导、理顺河势、调整比降、疏通流路,从而达到改善河床行洪输沙条件、减少淤积的目的。对于局部河段,如果用清淤措施很难使河床淤积物冲刷,则可以采用挖沙疏浚的方法,将泥沙堆积在河岸高滩上。

第二节　疏浚河段

影响潼关高程升降的主要河段的下限为黄淤30—黄淤22河段,考虑到三门峡水库溯源冲刷范围一般是在黄淤30断面附近,因此疏浚河段的重点应在黄淤41—黄淤36和黄淤36—黄淤30两个河段内选择,即疏浚河段应在潼关—大禹渡河段选择。

一、河道冲淤分布及纵剖面变化

(一)河道冲淤分布

表9-1为1973年11月~1995年10月三门峡水库蓄清排浑运用期间,黄淤41—黄淤36河段、黄淤36—黄淤31河段汛期和非汛期冲淤量。由表9-1可见,在这22个运用年中,黄淤41—黄淤31河段净淤积0.601 8亿m^3,其中汛期冲刷9.033 7亿m^3,非汛期

淤积9.635 5亿 m^3，非汛期淤积的泥沙绝大多数在汛期被冲刷带走。其中，黄淤41—黄淤36河段净淤积0.386 7亿 m^3，占本河段非汛期总淤积量的19%，占黄淤41—黄淤31河段总淤积量的64%；黄淤36—黄淤31河段净淤积0.215 1亿 m^3，占本河段非汛期总淤积量的2.8%，占黄淤41—黄淤31河段总淤积量的36%。由此可知，黄淤41—黄淤31河段泥沙淤积主要在黄淤41—黄淤36河段，黄淤36—黄淤31河段的汛期和非汛期的冲淤幅度大于黄淤41—黄淤36河段。

表9-1　黄淤41—黄淤36河段、黄淤36—黄淤31河段的冲淤量　（单位：亿 m^3）

时段（年-月）	黄淤41—黄淤36断面			黄淤36—黄淤31断面			黄淤41—黄淤31断面		
	非汛期	汛期	全年	非汛期	汛期	全年	非汛期	汛期	全年
1973-11 ~ 1985-10	1.475 8	-1.512 0	-0.036 2	5.248 0	-5.337 2	-0.089 2	6.723 8	-6.849 2	-0.125 4
1985-11 ~ 1995-10	0.532 5	-0.109 6	0.422 9	2.379 2	-2.074 9	0.304 3	2.911 7	-2.184 5	0.727 2
1973-11 ~ 1995-10	2.008 3	-1.621 6	0.386 7	7.627 2	-7.412 1	0.215 1	9.635 5	-9.033 7	0.601 8

考虑进入潼关站的水沙变化，将1973年11月~1995年10月分为两个时段。第一个时段为1973年11月~1985年10月，黄淤41—黄淤31河段共冲刷0.125 4亿 m^3，其中黄淤41—黄淤36河段冲刷0.036 2亿 m^3，单位长度冲刷175.7 m^2，黄淤36—黄淤31河段冲刷0.089 2亿 m^3，单位长度冲刷368.5 m^2；第二个时段为1985年11月~1995年10月，黄淤41—黄淤31河段共淤积0.727 2亿 m^3，其中黄淤41—黄淤36河段淤积0.422 9亿 m^3，单位长度淤积2 052.9 m^2，黄淤36—黄淤31河段淤积0.304 3亿 m^3，单位长度淤积1 257.4 m^2。由此可见，在冲刷阶段，黄淤36—黄淤31河段单位长度冲刷量比黄淤41—黄淤36河段大，在淤积阶段，黄淤41—黄淤36河段单位长度淤积量比黄淤36—黄淤31河段大。因此，从这两个河段冲淤特性看，疏浚河段重点在黄淤41—黄淤36河段。

冲淤量沿程分布如图9-1所示，汛期冲刷和非汛期淤积互为倒影。非汛期淤积量大的地方，汛期冲刷量也大。就全时段来看，黄淤39(二)—黄淤38河段、黄淤35(二)—黄淤34河段淤积最严重，也是疏浚工作应当重点选择的河段。

（二）河道纵剖面变化

图9-2是黄淤41—黄淤30河段1974~1990年汛末平均河床高程纵剖面。若把该河段平均河床高程较低的几个断面用同一比降的直线连接起来，明显看出黄淤40—黄淤37河段和黄淤33—黄淤31河段河床高程较高，使该河段以上的局部河床比降减小，影响泥沙输送，淤积量增加。因此，从使该河段局部河床比降增大的角度考虑，疏浚河段应选择在黄淤40—黄淤37河段和黄淤33—黄淤31河段。

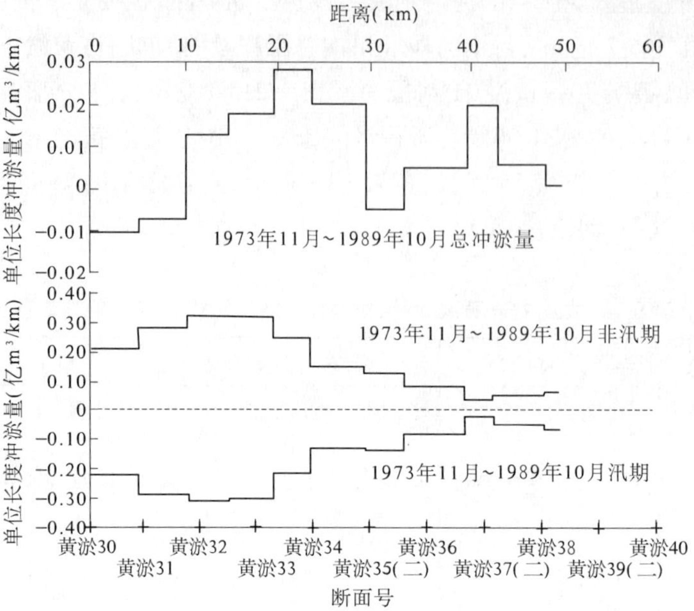

图 9-1　淤积断面沿程分布

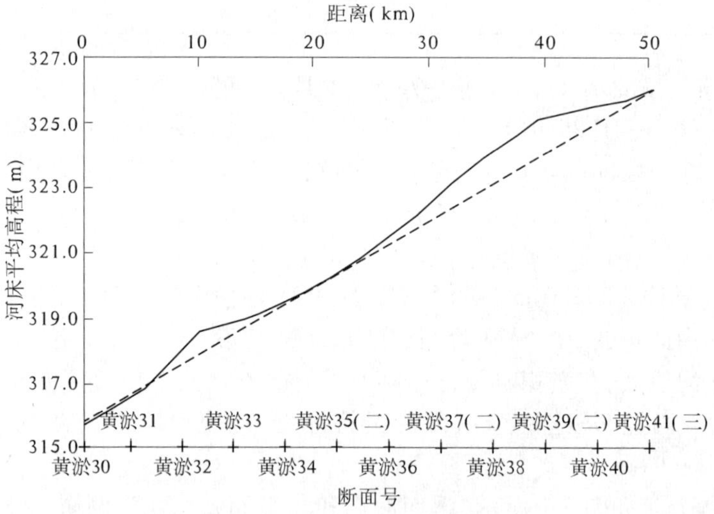

图 9-2　黄淤 41—黄淤 30 河段河床平均高程

二、河道的平面变化

用平滩流量下的水面宽(B)的开平方与相应的平均水深(H)的比值($\sqrt{B}/H$)的大小反映河道断面的宽浅或窄深的变化。根据 1974 ~ 1990 年汛后实测大断面资料统计，黄淤 39—黄淤 37 河段和黄淤 34—黄淤 32 河段的$\sqrt{B}/H$ 的变化范围一般为 20 ~ 44，表明这些断面属于宽浅断面。

表 9-2、图 9-3 分别为 1974 ~ 1990 年，黄淤 41—黄淤 30 河段各断面的深泓点横向变

化及历年河势变化图。众所周知，在一般情况下，只要断面深泓线的平面位置比较稳定，则河槽的断面形式以及整个河势在稳定性上也将是变化不大的。在黄淤 39—黄淤 37 河段和黄淤 34—黄淤 31 河段的深泓线位置和主流线摆动频繁，摆动幅度较大。对比纵剖面的变化可以看出，深泓线及主流线摆动大的河段，其河床纵剖面较高，反之较低。这也表明，在黄淤 39—黄淤 37 河段和黄淤 34—黄淤 32 河段进行疏浚是非常必要的。

表 9-2　1974～1990 年汛后反映各断面横向变化参数统计值　（单位：m）

断面号	深泓点横向变化幅度	运用年内深泓点横向最大变化幅度	水面边界变化宽度	平均河宽
黄淤 30	371	247	850	750
黄淤 31	1 580	820	1 750	940
黄淤 32	2 380▲	1 330	2 600	1 477▲
黄淤 33	1 944	1 349	3 400▲	1 032
黄淤 34	2 116	2 116▲	2 800	1 136
黄淤 35（二）	326	324	730	640
黄淤 36	684	657	790	790
黄淤 37（二）	2 484▲	1 633	2 600▲	1 845
黄淤 38	1 768	1 759▲	2 260	2 109▲
黄淤 39（二）	1 301	1 299	1 750	1 684
黄淤 40	810	765	850	810
黄淤 41（三）	653	429	850	820

注：带▲者为断面横向变幅最大值。

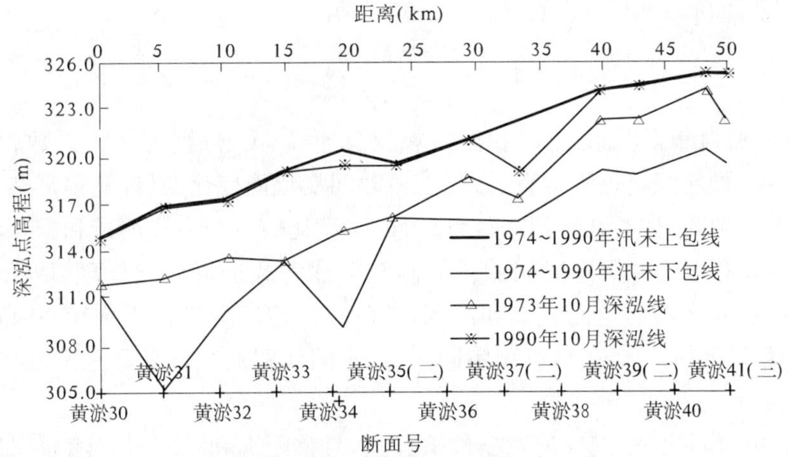

图 9-3　潼关—大禹渡汛末深弘线变化图

第三节　潼关河段清淤时机

一、潼关—大禹渡河段床沙组成

根据1974～1990年三门峡水库实测床沙淤积物级配资料，分别统计了黄淤41—黄淤36和黄淤36—黄淤31两个河段的床沙D_{50}。图9-4为这两个河段床沙D_{50}的变化范围，由图9-4可以看出，两个河段床沙D_{50}的变化范围为0.04～0.08 mm。

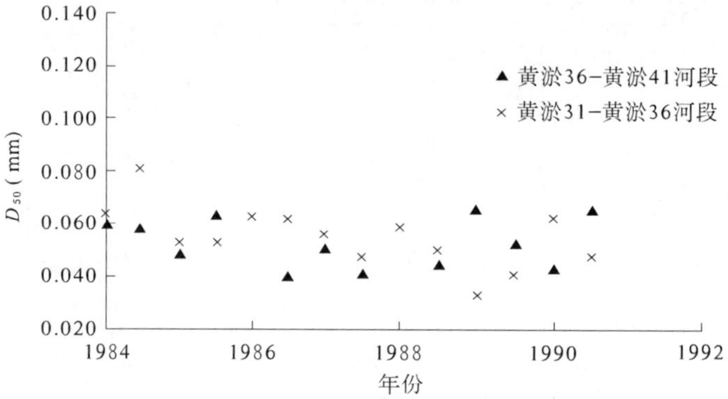

图9-4　潼关—大禹渡河段床沙D_{50}的变化范围

二、泥沙悬移距离和沉降时间

静止在河床的泥沙颗粒，通过高速射流水枪将其冲刷悬浮到水体内，泥沙随着水流一起运动，同时泥沙受重力作用沿垂向沉降，最终又落回床面。泥沙从床面开始悬浮到泥沙回到床面所经历的时间称为沉降时间，沿水流方向移动的距离称为泥沙悬移距离。泥沙悬移距离(L)和沉降时间(T)一般可采用下式计算

$$L = k_1 hv/\omega \tag{9-1}$$

$$T = k_2 h/\omega \tag{9-2}$$

式中：h、v、ω分别为断面水深、流速和泥沙颗粒沉速；k_1、k_2分别为修正系数，与水流的紊动强度、含沙量、颗粒沉速等因素有关，是随着时间变化而变化的，计算很复杂。

不过由上述两式可知，在一定条件下，可以定性比较分析宽浅河道和窄深河道大流量和小流量泥沙悬移距离和沉降时间的差异。对上述两式进行简化处理，取系数k_1、k_2为1，假定宽浅河道和窄深河道的糙率和河床比降一样，河宽分别取B=2 500 m和B=800 m，床沙粒径为0.06 mm，分别计算出不同流量、不同河宽的泥沙悬移距离和沉降时间，列于表9-3。

由表9-3可以看出，在同样河宽条件下，泥沙悬移距离和沉降时间随着流量的增大而增大；在相同流量条件下，宽浅河道内泥沙悬移距离和沉降时间比在窄深河道内要小得多。

表 9-3　不同流量、不同河宽的泥沙悬移距离和沉降时间

流量(m^3/s)	B = 800 m		B = 2 500 m	
	沉降时间(min)	悬移距离(m)	沉降时间(min)	悬移距离(m)
100	3	52	1	13
300	6	195	3	50
500	8	359	4	92
800	10	631	5	161
1 000	12	825	6	210
1 300	14	1 130	7	288
1 500	15	1 342	7	342
1 800	17	1 671	8	426
2 000	18	1 896	9	483
2 500	20	2 478	10	631
3 000	22	3 084	11	786
3 500	25	3 710	12	945
4 000	27	4 355	13	1 110

三、水库不同流量级下冲淤特性

表 9-4 为 1974 ~ 1993 年汛期潼关不同流量级下的水沙量及库区冲刷强度统计，图 9-5为不同流量级下水库冲刷强度的比较。由表 9-4 和图 9-5 可以看出，流量在2 500 ~ 3 000 m^3/s水库冲刷强度最大；流量小于 2 500 m^3/s 时，坝前水位变化不大，水库冲刷强度逐渐减小，与表 9-1 中计算结果在定性上是一致的；流量大于 3 000 m^3/s 以后，随着流量增加，坝前水位升高，水库冲刷强度减弱，当流量大于 4 500 m^3/s 时，水库滞洪又造成库区淤积。

表 9-4　1974 ~ 1993 年汛期潼关站水沙量及库区冲刷强度统计　（单位：亿 m^3）

流量级(m^3/s)	平均天数	平均流量(m^3/s)	平均含沙量(kg/m^3)	水量(亿 m^3)	沙量(亿 t)	冲刷强度(亿 t/d)	坝前水位(m)
<500	8.5	337	13.25	49.8	0.66	−0.003 3	301.91
500 ~ 1 000	26.4	743	19.48	338.8	6.60	−0.001 6	303.65
1 000 ~ 1 500	24.7	1 230	26.70	525.1	14.02	−0.009 9	303.43
1 500 ~ 2 000	18.9	1 729	33.82	564.7	19.10	−0.018 8	302.91
2 000 ~ 2 500	14.2	2 227	40.36	544.6	21.98	−0.024 6	303.54
2 500 ~ 3 000	9.6	2 726	48.19	449.9	21.68	−0.048 5	303.79
3 000 ~ 3 500	7.1	3 227	34.50	395.9	13.66	−0.033 6	305.33
3 500 ~ 4 000	5.7	3 736	35.37	364.7	12.90	−0.039 9	305.57
4 000 ~ 4 500	4.1	4 227	38.24	303.1	11.59	−0.032 0	306.24
>4 500	3.8	5 482	73.65	364.7	26.86	0.083 8	308.37

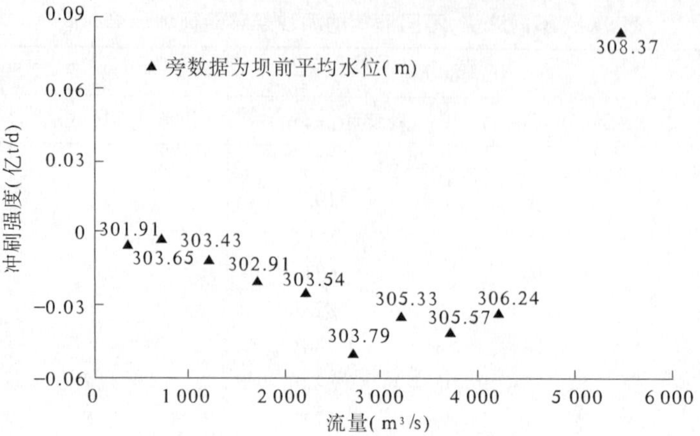

图 9-5　不同流量级下水库冲刷强度比较

综上所述,疏浚河段选择在宽浅河段,从河床泥沙悬浮和沉降时间来看,在天然河道条件下,流量大,泥沙沉降时间长,悬浮距离远,有利于把泥沙输送到下游。但是对于水库来说,大水时建筑物泄流壅水,造成滞洪淤积;在清淤过程中,大流量操作困难,小流量操作容易,所以清淤时机要综合考虑,使操作简便,达到最优的清淤效果。

第四节　潼关河段疏浚泥沙数量的预估

由表 9-1 可知,1985 ~1995 年黄淤 41—黄淤 31 河段累计淤积 0. 727 2 亿 m^3,年平均淤积0. 072 72亿 m^3,黄淤 41—黄淤 36 河段淤积 0. 422 9 亿 m^3,年平均淤积 0. 042 29 亿 m^3,同期潼关高程上升 1. 53 m。

为了分析在黄淤 41—黄淤 31 河段挖沙疏浚对潼关河段的冲淤影响及挖沙效果,利用一维恒定水动力学数学模型进行了分析计算。主要计算条件如下:

(1)原始河床条件为 1995 年汛后三门峡水库实测大断面资料;

(2)水沙系列为 1986 年 11 月 1 日 ~1993 年 10 月 31 日(水沙系列为 7 年)潼关站实测日平均流量、含沙量过程线及单位水样悬移质颗粒级配,坝前水位为史家滩相应的日平均水位;

(3)挖沙规模为每年非汛期在黄淤 41—黄淤 31 河段(河段长度为 40. 9 km)按宽 300 m、深 0. 5 m 进行开挖,挖沙量大约为 0. 06 亿 m^3。

计算分为两种情况:一是不考虑挖沙疏浚;二是考虑挖沙疏浚。在模型计算时对后一种情况做了简化处理,假设每年挖沙疏浚是在非汛期末完成的,当模型计算到每年 6 月 30 日时,按挖沙规模将黄淤 31—黄淤 41 河段计算断面进行修改。两种计算结果见表 9-5。其中,在挖沙疏浚情况下,各河段在非汛期的冲淤量为模型计算冲淤量减去每年挖沙量 0. 06 亿 m^3。

由表 9-5 可知,潼关河段在不进行挖沙疏浚条件下,黄淤 31—黄淤 41 河段累计淤积为 0. 234 7 亿 m^3,年平均淤积 0. 033 5 亿 m^3,根据前面分析可以推断潼关高程在目前来水来沙条件下(1986 年以后的水沙条件下)仍将维持着上升的趋势。 如果在黄淤 31—黄

表 9-5　两种条件下计算冲淤量的比较　（单位：亿 m^3）

时段（年-月）	未挖沙疏浚		挖沙疏浚	
	黄淤 1—黄淤 41	黄淤 31—黄淤 41	黄淤 1—黄淤 41	黄淤 31—黄淤 41
1986-11～1987-06	0.657 0	0.210 0	0.597 0	0.150 0
1987-07～1987-10	-0.219 0	-0.045 0	-0.209 0	0.035 7
1987-11～1988-06	1.033 0	0.312 6	0.953 0	0.262 2
1988-07～1988-10	-1.182 0	-0.254 3	-1.140 5	-0.247 7
1988-11～1989-06	0.802 5	0.265 3	0.763 4	0.226 8
1989-07～1989-10	-0.876 5	-0.247 7	-0.863 2	-0.211 8
1989-11～1990-06	1.325 8	0.308 9	1.272 1	0.252 0
1990-07～1990-10	-0.896 0	-0.247 7	-0.875 0	-0.239 8
1990-11～1991-06	1.352 0	0.116 0	1.312 0	0.085 1
1991-07～1991-10	-0.768 0	-0.053 4	-0.750 5	-0.063 0
1991-11～1992-06	0.765 3	0.351 4	0.717 6	0.291 4
1992-07～1992-10	-1.231 0	-0.462 3	-1.227 0	-0.447 6
1992-11～1993-06	1.508 0	0.192 1	1.458 0	0.072 4
1993-07～1993-10	-1.486 0	-0.211 2	-1.468 2	-0.208 5
合计	0.785 1	0.234 7	0.539 7	-0.042 8

淤 41 河段每年挖沙 0.06 亿 m^3，7 年共挖沙 0.42 亿 m^3，那么黄淤 31—黄淤 41 河段不仅不淤积，而且还累积冲刷 0.042 8 亿 m^3，年平均冲刷为 0.006 1 亿 m^3。由此可以初步得出，在潼关河段进行挖沙疏浚，其挖沙减淤比为 1.52∶1。根据潼关高程变化与潼关以下河段冲淤量关系分析认为，在目前水沙条件下，在潼关河段每年挖沙 0.06 亿 m^3，可以达到稳定潼关高程的目的。

第五节　潼关河段清淤效果的初步分析

1996 年 5 月经水利部和黄委会批准在潼关河段开展清淤试验，参加单位有黄委会总工程师办公室、黄河水利科学研究院及三门峡水文水资源局，截至 1997 年 10 月已开展了两年清淤试验工作。1996 年 5 月 20 日～7 月底，清淤作业在古贤断面（黄淤 39 断面附近）上下进行，以疏浚浅滩、理顺河势、调整比降为主，造成有利冲刷的河床边界条件，为潼关河床冲刷下降创造条件。8 月以后，鉴于潼关河床已发生强烈冲刷，清淤作业主要是疏通河道，延缓河床回淤时间。1997 年 5 月 20 日～7 月底，清淤作业范围主要部署在黄淤 37—黄淤 38 河段；"97·8"洪水之后至 9 月下旬，作业河段向上延伸至黄淤 39 断面附近。根据两年清淤期间的观测资料和潼关河段清淤项目组提出的分析研究成果，两年来清淤所取得的主要效果可概括为以下几个方面。

一、调整河势和河床形态的作用

图 9-6 为 1996 年清淤河段清淤前后河势变化图，可以看出，清淤前该河段经常是

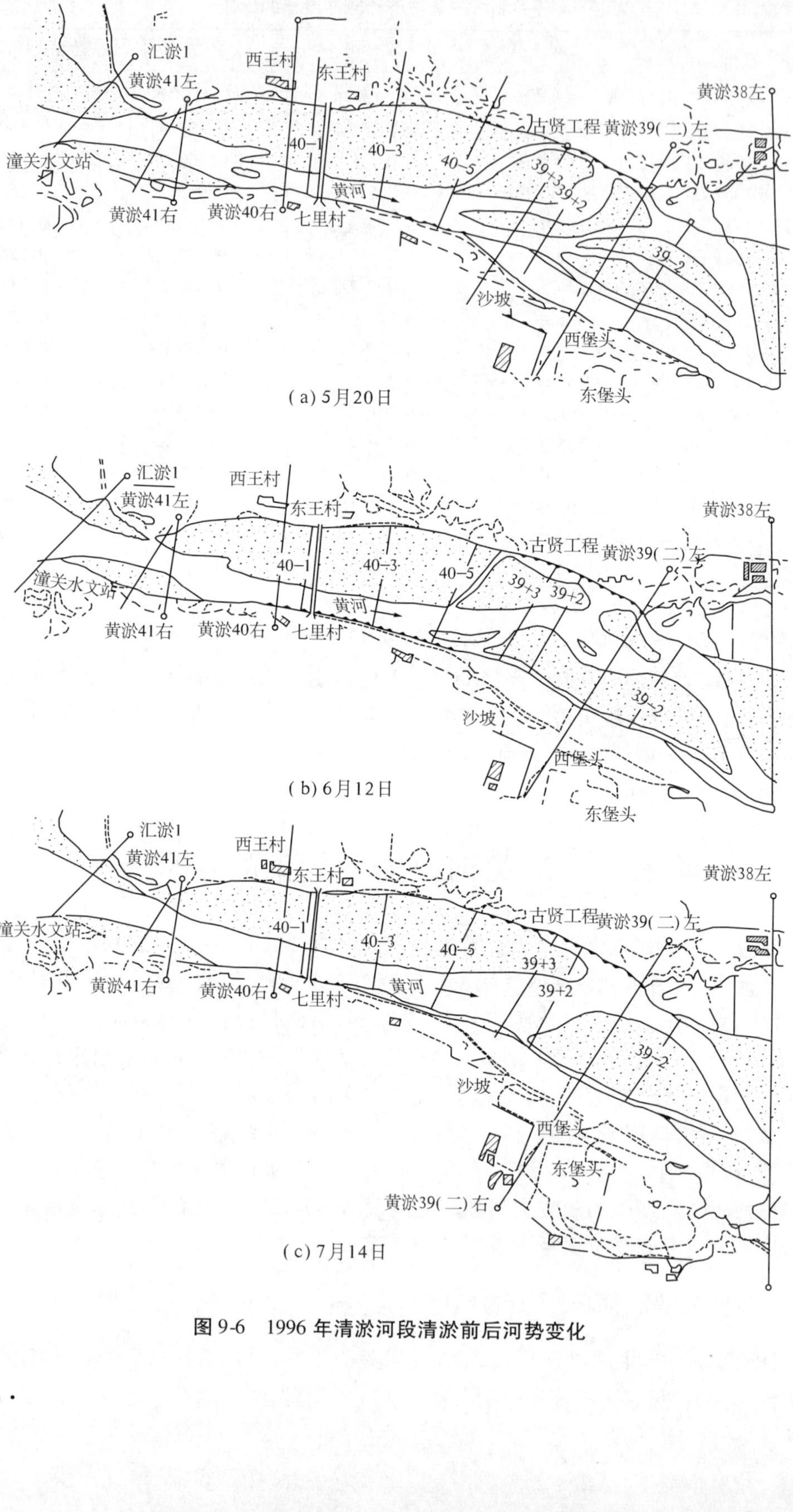

图 9-6　1996 年清淤河段清淤前后河势变化

3～4股水流，浅滩和河心滩较多，比降平缓，泥沙易淤不易冲。1996年5月20日开始在此河段进行人工清淤，采取以冲为主、冲扰结合的方式，疏浚浅滩，封堵分流汊道，使得主槽冲刷，滩地淤积（见图9-7），河势发生了显著的变化。从图9-6中几次河势图对比可以看出，5月20日前该河段4股河，经过清淤作业，6月12日在古贤附近变为2股河，河道水流的流势集中，流路较顺。7月14日该河段基本为单股河，河心滩消失，水流集中。

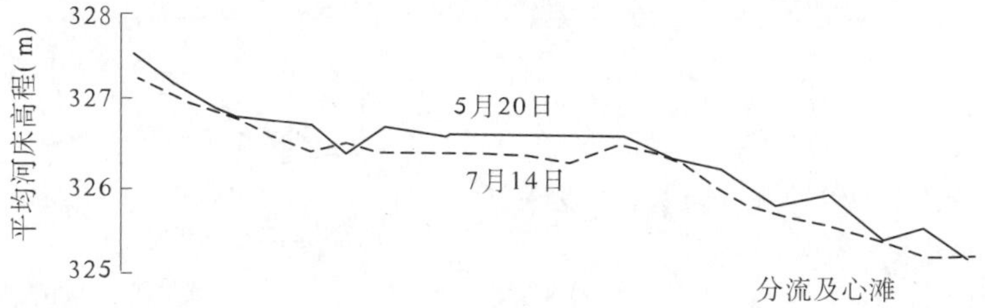

(a)纵剖面图

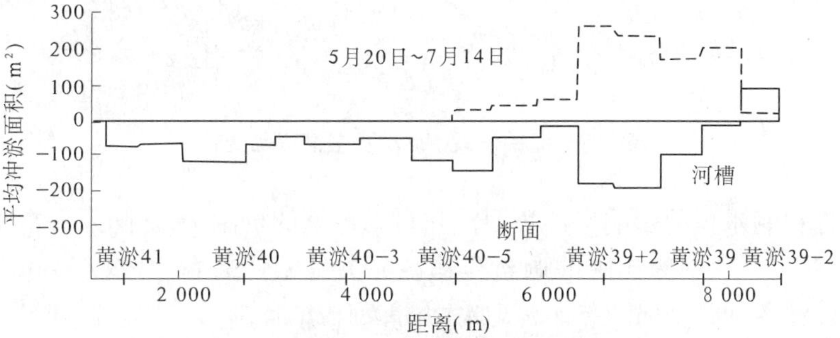

(b)冲淤分布图

图9-7　1996年清淤河段纵剖面及冲淤分布

清淤改变了河道泥沙淤积分布状况，断面形态也相应发生变化。图9-8为1997年黄淤37(二)—潼关(六)河段在清淤过程中宽深比及主槽深泓点的变化过程。可以看出，位于浅滩段的黄淤39+4—黄淤37+7河段，经过清淤之后，7月底河道断面形态趋于窄深，$\sqrt{B}/H$值比5月20日前后减少。原河道相对窄深的黄淤41—黄淤39+4河段和黄淤37+7—黄淤37河段$\sqrt{B}/H$的值则不同程度的增大，上下河段断面形态趋于一致。"97·8"洪水冲刷后，断面形态发生了急剧变化，黄淤41—黄淤39河段$\sqrt{B}/H$的值由洪水前的20～40减少为10左右，黄淤39—黄淤37+4河段则减少为10～20。

河道经过清淤后，河心滩逐渐消失，河势趋于规顺，水流相对集中，断面形态变为窄深，从而使水流的输沙条件得到改善，为洪水冲刷河道提供了有利条件。

二、比降调整与水位变化

按照三门峡水库蓄清排浑调节水沙方式运用，非汛期水库蓄水淤积的泥沙，需要在汛期降低水位时排至库外，使库区泥沙冲淤大致保持平衡。经过年内冲淤交替调节泥沙后，形成的库区河床纵剖面具有两段不同的比降。库区上段（潼关—大禹渡河段）是调沙的主体部位，其河床比降受上游来水来沙条件的影响；库区下段（大禹渡—坝前河段）河床

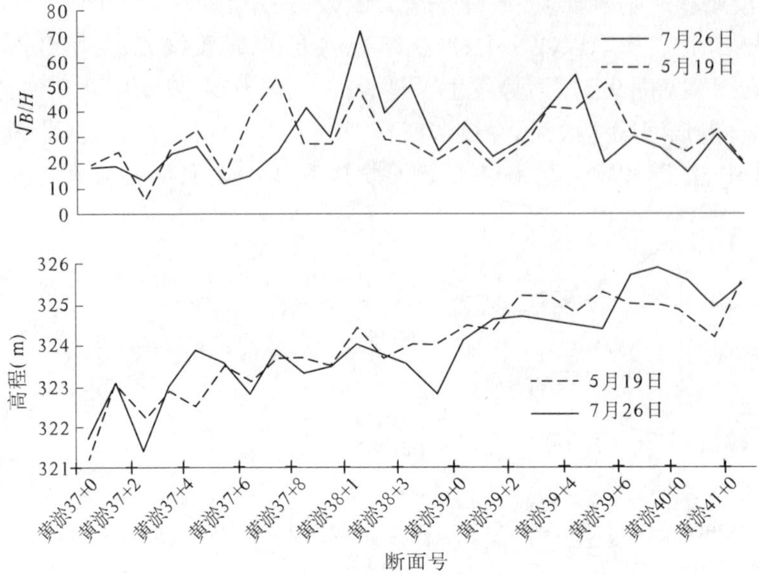

图 9-8　潼关河段$\sqrt{B}/H$及主槽深泓变化

纵剖面受水库控制水位的影响。冲积河流在自动调整的机制中,比降是一个重要的因素。在一定的水流条件下,河床比降的调整与输沙能力有密切关系。1996 年和 1997 年的清淤目的之一就是要通过清淤疏导水流,加大局部河段的比降,为洪水到来时提供有利的冲刷条件。

1996 年清淤前潼关—古贤河段的比降为 2‱,水流滞缓,经过清淤疏导,改变了该河段以往汛期第一场洪水到来前的淤积状态,河床高程普遍下降 0.1 ~ 0.3 m(见图 9-8);古贤同流量水位下降 0.2 m,水面比降由原来的 2‱左右增至 2.3‱,7 月上旬流量小于 200 m^3/s 时,最大水面比降达到 2.6‱。

图 9-9 为 1997 年清淤期间潼关—坫垮河段各水尺断面水位—流量关系,5 月 20 日 ~ 7 月 29 日开展清淤作业期间,潼关(六)站和坫垮站因河床淤积,同流量水位上升,两站 200 m^3/s 流量水位分别升高 0.15 m、0.10 m;潼关(八)断面和黄淤 37 + 7 断面同流量水位则分别下降 0.05 m。由此而引起的比降变化,导致了潼关(六)—黄淤 37 + 7 河段比降由 2.0‱增至 2.2‱,增大 10%;黄淤 37 + 7—坫垮河段比降则由 2.0‱减少为 1.8‱,减少了 10%。浅滩河段比降增大,对增大该段河道泄洪排沙能力,加大洪水冲刷强度是非常有利的。

三、流速增加、水流挟沙力提高

河道水流挟沙力与流速的高次方成正比,由于清淤疏浚使河道断面形态缩窄,比降增大,因此增大了河道断面流速,从而成倍地增大了水流的挟沙力。从图 9-10 可以看出,潼关(七)断面在 1997 年 5 ~ 7 月实施清淤的过程中,同流量流速逐渐增大。7 月流量为 200 m^3/s 时,断面平均流速 1.0 m/s 左右,比 5 月、6 月流速增大 0.2 ~ 0.3 m/s,提高了

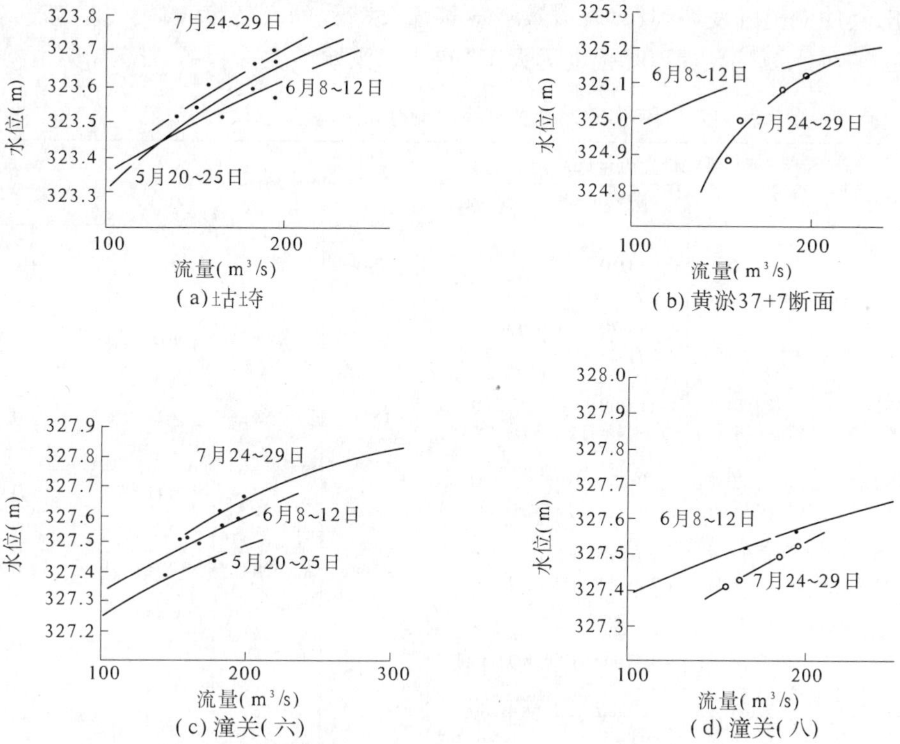

图 9-9 1997 年清淤河段水位—流量关系

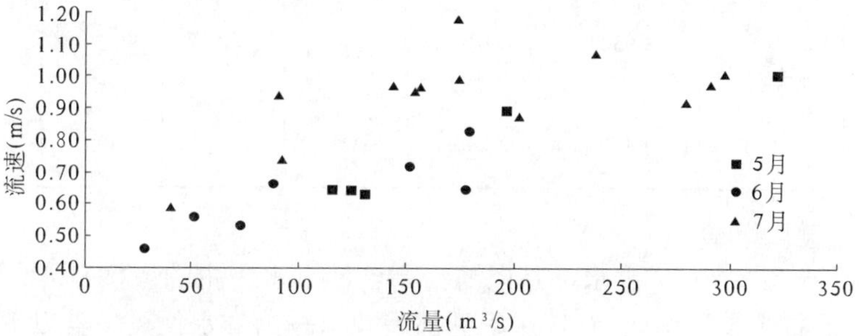

图 9-10 1997 年潼关(七)断面流速—流量关系

20% ~30%,其余各级流量流速均有不同程度的提高。

四、增强了洪水的冲刷强度

1996 年 7 月 28 日 ~8 月 1 日(简称“96·7”洪水)渭河来水流量为 3 450 m^3/s (华县站)的高含沙洪水,潼关高程大幅度下降,是蓄清排浑运用以来继“77·7”洪水和“92·8”洪水之后的第 3 次大冲刷,也是以渭河来水为主的潼关同流量级洪水潼关高程冲刷下降幅度最大的一次(见表 9-6)。图 9-11 为“92·8”洪水和“96·7”洪水的水位—流量关系曲线,上述三场洪水的特征值列于表 9-7。从表 9-6 可以看出,三场洪水中,“77·7”洪水潼关高程冲刷下降幅度最大,达到 2.61 m,其原因是“77·7”洪水渭河下游发生了“揭河底”冲刷,其冲刷范围发展到坩埼,以致造成了潼关高程的大幅度下降。除“77・7”洪水外,“96・7”洪水潼关高程下降幅度远大于“92・8”洪水潼关高程的下降幅度。

表 9-6　渭河洪水对潼关高程(1 000 m^3/s 流量水位)的作用

日期(年-月-日)	洪峰最大流量(m^3/s)			洪峰最大含沙量(kg/m^3)			潼关高程升(+)降(-)值(m)
	龙门站	华县站	潼关站	龙门站	华县站	潼关站	
1973-08-26~09-03	6 210	5 010	5 080(9月1日)	334	572	527	+1.68
1977-07-05~10	14 500(7月6日)	4 470(7月7日)	13 600(7月7日)	690	795	616	-2.61
1978-07-11~18	1 040(7月14日)	1 960(7月15日)	2 540(7月15日)	153	468	421	-0.33
1978-07-21~26	2 680(7月23日)	2 280(7月22日)	3 380(7月23日)	440	419	341	-0.37
1980-06-30~07-07	1 280(6月28日)	3 770(7月4日)	2 790(7月4日)	456	398	171	-0.07
1980-08-03~07	731(8月3日)	2 800(8月4日)	2 770(8月5日)	124	227	122	-0.12
1981-08-18~29	3 610(8月15日)	5 380(8月23日)	4 780(8月24日)	237	671	373	-0.07
1988-08-09~13	1 720	3 090(8月10日)	5 360(8月10日)	189	466	363	-0.58
1992-08-09~17	7 720(8月9日)	3 950(8月14日)	4 040(8月15日)	381	528	379	-1.45
1996-07-28~08-01	1 180	3 450	2 290	221	395	495	-1.72

“92・8”洪水和“96・7”洪水都是以渭河高含沙洪水为主的,这两场洪水潼关的洪峰水位—流量关系曲线非常相似,而且在华县都表现出较高的水位及华县以下大漫滩,华阴以下出现类似的较大比降,具有一定的可比性。“92・8”洪水比“96・7”洪水的峰前起始潼关高程低 0.15~0.2 m,而峰后的回落位置相差不大。由于“96・7”洪水的洪峰流量和水量都较“92・8”洪水小,其冲刷强度和造床能力显然低于“92・8”洪水,但“96・7”洪水潼关河床峰前、峰后的冲刷下降幅度大于“92・8”洪水。这是由于洪峰前在潼关以下河段进行清淤疏浚所造成的结果,加大了潼关高程的冲刷下降幅度,出现了小洪水产生强烈冲刷的情况。

1997 年 7 月 30 日渭河出现第 1 次高含沙小洪水,华县最大流量 712 m^3/s,相应含沙量 733 kg/m^3。潼关河床自渭河洪水汇入后,主流向北移动,河床发生冲刷,7 月 30 日 17 时~31 日 23 时潼关(七)断面河底平均高程下降 1.30 m,但是同流量水位还没有发生明显下降。8 月 1~2 日,渭河相继出现第 2~3 次洪峰,华县最大流量 1 100 m^3/s,同期黄河龙门洪峰流量 5 550 m^3/s,黄河、渭河洪水相遇,组成潼关 1997 年最大流量 4 700 m^3/s

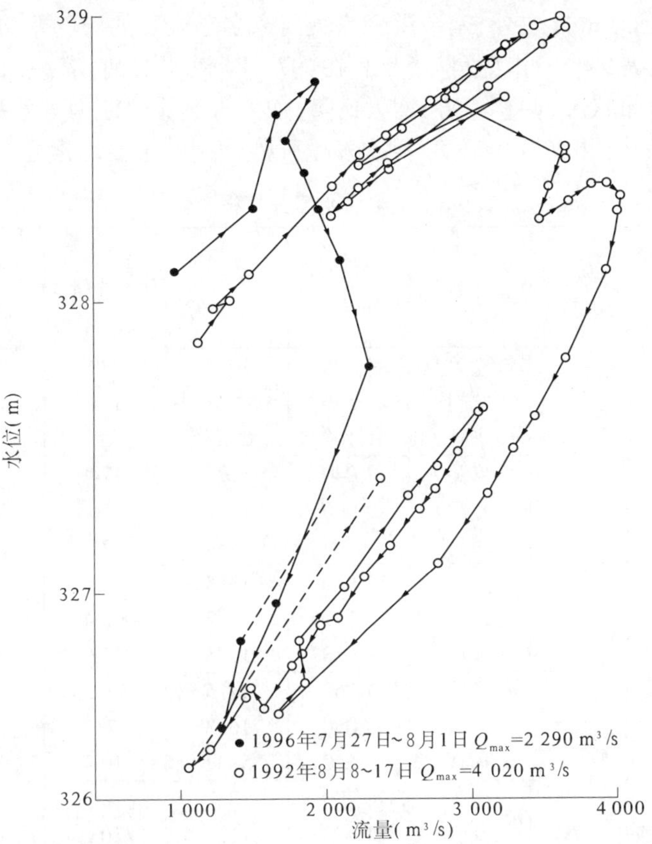

图 9-11 "92·8"洪水和"96·7"洪水潼关水位—流量关系曲线

表 9-7 洪峰特征值

站名		项目	1977 年 7 月	1992 年 8 月	1996 年 7 月
水沙条件	华县	最大流量(m^3/s)	4 470	3 950	3 450
		最大含沙量(kg/m^3)	795	528	565
		3 日洪量(亿 m^3)	5.82	6.29	3.84
		3 日沙量(亿 t)	3.14	2.35	1.69
	潼关	最大流量(m^3/s)	7 900	4 040	2 290
		最大含沙量(kg/m^3)	590	297	495
		3 日洪量(亿 m^3)	11.9	9.27	4.42
		3 日沙量(亿 t)	5.13	1.62	1.24
1 000 m^3/s 潼关洪峰前后水位升降 ΔH(m)			-2.61	-1.45	-1.72

洪水(简称"97·8"洪水),河床冲刷加剧,河底平均高程再次急剧下降,经洪水落峰过程回淤后,8 月 4 日潼关高程降至 326.60 m,比峰前下降 1.80 m。与历年洪峰流量、含沙量、水量和沙量等基本水沙条件大致相同的洪峰进行比较,除"74·7"洪水和"94·7"洪

水潼关高程下降 0.60 m 左右外，其余洪峰潼关河床多是淤积的，其中 1988 年洪水潼关高程上升 0.56 m(见表 9-8)。由此可以得出，在“97·8”洪水之前，潼关河段清淤疏浚取得了改善泥沙淤积分布状况，调整河势，增大比降，加大水流输沙能力等效果，为洪水冲刷创造了良好的河床条件，并成为“97·8”洪水发生强烈冲刷的主要因素之一。

表 9-8　类似洪水潼关高程变化

序号	时段(年-月-日)	历时(d)	站名	洪峰流量(m^3/s)	水量(亿 m^3)	最大含沙量(kg/m^3)	沙量(亿 t)	潼关高程升(+)降(-)值(m)
(1)	1997-07-29 ~ 08-06	9	潼关	4 700	10.7	289	3.09	-1.80
			龙门	5 550	8.21	151	1.24	
			华县	1 100	2.35	634	1.49	
(2)	1974-07-26 ~ 08-03	9	潼关	7 040	12.1	174	2.10	-0.63
			龙门	9 000	11.3	220	2.48	
			华县	600	1.54	435	0.67	
(3)	1974-08-06 ~ 14	9	潼关	3 620	13.5	78.5	1.06	0.18
			龙门	3 720	11.2	88.4	0.99	
			华县	1 080	1.58	158	0.25	
(4)	1982-07-30 ~ 08-08	10	潼关	4 760	24.5	53.5	1.31	-0.17
			龙门	5 050	16.3	77.3	1.26	
			华县	1 620	5.34	103	0.55	
(5)	1988-07-19 ~ 27	9	潼关	4 330	18.2	130	2.37	0.56
			龙门	4 000	11.2	108	1.21	
			华县	1 560	4.76	263	1.25	
(6)	1994-07-09 ~ 13	5	潼关	4 890	9.62	188	1.81	-0.45
			龙门	4 780	5.04	97.2	0.49	
			华县	2 000	3.26	374	1.22	
(7)	1995-08-06 ~ 12	7	潼关	4 000	10.0	125	1.25	0.18
			龙门	4 480	9.23	111	1.02	
			华县	1 450	2.00	400	0.80	

总之，1996 年、1997 年在潼关河段实施清淤，这两年潼关高程在洪水期均产生大幅度下降，这给汇流区特别是渭河洪水演进创造了有利的条件，减少了黄河洪水对渭河的顶托倒灌，尽管非汛期潼关高程有所提高，但潼关高程对汇流区的影响是主要的，表明清淤的良好作用。

第六节　结　论

(1)1985 年以来，三门峡水库入库水沙条件发生了很大的变化，无论是全年来水来沙或汛期来水来沙都明显偏小，汛期水量比多年汛期平均值减少 90.8 亿 m^3，而且汛期的洪峰水量只有 51.5 亿 m^3，占 1974 ~ 1985 年洪峰水量的 1/3；在不利的水沙条件下，仅靠降低水库运用水位，库区年内很难达到冲淤平衡，致使潼关高程具有升高的趋势。因此，必须要在潼关河段开展人工疏浚措施，以保持潼关高程的稳定或下降。

(2)近两年在潼关以下宽浅河段清淤，提供了有利于洪水冲刷的边界条件，提高了水流的输沙能力，加大了洪水冲刷强度。从两年汛期潼关高程下降幅度分析，清淤是有作用的，汛期潼关高程下降对渭河、北洛河洪水下泄有利。

(3)两年来的清淤实践证明，清淤疏浚是改善潼关高程的有效而经济的措施之一。清淤效果表明，经过实测资料分析确定的清淤河段和清淤原则是合适的。正确选择清淤河段、有效的清淤措施，具有理顺河势、集中水流、冲刷主槽、增大局部比降及改善淤积分布的明显效果。由于清淤规模小，作业河段短，影响了洪水冲刷的范围和泥沙输送的距离，建议加大清淤规模，改善清淤作业条件，长期进行清淤疏浚工作。

(4)在潼关河段进行挖沙疏浚，通过数学模型进行分析计算可以得出：其挖沙减淤比为1.52∶1；根据潼关高程变化与潼关以下河段冲淤量关系分析认为，在目前水沙条件下，在潼关河段每年挖沙0.06亿m^3，可以达到稳定潼关高程的目的。

第十章　射流水力冲淤模型设计

第一节　引　言

三门峡水库修建后,潼关高程成为水库运用中最敏感的问题之一。潼关高程变化受到多种因素的影响。特别是近十年,由于降水偏枯以及上游水库的投入运用,三门峡水库入库水量明显减少,其中汛期水量减少更甚,因此影响了汛期潼关高程的冲刷下降幅度,使潼关高程居高不下,潼关以上河段河道与整治工程状况恶化,影响库区防洪和生产的安全,也影响到三门峡水库综合效益的充分发挥。为降低潼关高程,拟采用射流冲淤的措施进行人工清淤。

射流技术在生产实践中有着广泛的应用。利用射流冲刷淤积物,作为惯常的机械清淤的替代措施,也有所研究和应用。例如美国海军土木工程实验室(NCEL)为解决军港淤积问题,采用射流冲刷喷嘴系列清淤,从 20 世纪 70 年代中期开始,进行了一系列室内和野外试验研究,得出了一系列的成果。但由于这些研究的局限性和成果的某些不确定性,难于在不同条件下实际使用,特别是在像黄河这样的大河河道中清淤,有待于更进一步的试验研究。

为此,提出射流水力冲淤的野外试验和室内模型试验研究项目。

第二节　模型试验的目的和任务

模型试验的目的是研究不同条件下射流冲淤的效果,以便为河道清淤设计和运行提供基本依据。

河道射流冲淤是一个相当复杂的过程,受诸多因素的影响。其中包括射流喷嘴要素,如直径、流速、距河底高度、与床面夹角等;河流要素,如水深、流速、含沙量等;射流与河流的相对方向,如同向、横向、逆向、喷嘴旋转等;以及河床要素,如颗粒级配、沉积密实度等。河道射流冲淤的效果主要有两个方面:一是射流冲刷的效率,二是河流对冲起泥沙的输送能力。由此可见,模型试验将涉及河道水流和喷射水流对泥沙冲刷和输移的各种水力学问题。本书该模型试验将只对其中比较重要的因素和有限的条件进行试验研究。

模型试验研究的具体任务包括:

(1)分析研究适当的模型律,设计、制作适用于进行模型试验的模型和设备;

(2)静水中不同条件下射流冲刷效果的试验研究;

(3)清水水流中同向射流对河床泥沙的冲刷、输移效果的试验研究。

第三节　河道天然状况

潼关位于黄河、渭河、北洛河汇流区下端，河谷宽约 1 km，为天然卡口。潼关以下河段，河道逐渐展宽至 2 ~ 4 km。潼关断面距三门峡水利枢纽大坝 113.5 km。按目前三门峡水库运用情况，汛期库水位平均低到 305 m 高程，潼关以下河段冲刷；非汛期库水位较高，泥沙主要淤积在回水末端以下的淤积三角洲河段，其具体位置视库水位高低一般距坝 50 ~ 100 km，不超过潼关。其上段是汛期降低水位溯源冲刷所不及的河段，因此一旦汛期水量枯少，沿程冲刷作用不强，则此段河床高程即居高不下。所以，开展水力冲淤的河段主要在潼关以下 30 ~ 50 km。

据 1986 ~ 1995 年统计，潼关年均总水量为 286 亿 m^3，平均流量 907 m^3/s，汛期水量 132 亿 m^3，平均流量只有 1 240 m^3/s。以潼关断面为例，其流量与断面平均水深及流速的关系如表 10-1 所示。

表 10-1　潼关断面流量与断面平均水深及流速的关系

流量(m^3/s)	500	1 000	1 500	2 000	2 500	3 000
水深(m)	0.7 ~ 1.7	1.0 ~ 2.0	1.0 ~ 2.0	1.0 ~ 2.5	1.0 ~ 2.5	1.5 ~ 2.5
流速(m/s)	0.8 ~ 1.8	1.0 ~ 2.0	1.5 ~ 2.5	1.5 ~ 2.5	1.5 ~ 2.5	1.5 ~ 2.5

平均水深一般为 1.0 ~ 2.5 m，流速为 1.0 ~ 2.5 m/s，随流量增大均有增大趋势，但变化范围均不太大。

潼关河段的河床组成，据 1984 ~ 1990 年三门峡水库实测床沙淤积物级配资料，分别统计了黄淤 41—黄淤 36 和黄淤 36—黄淤 31 两个河段的床沙 D_{50}，图 9-4 为两个河段床沙 D_{50} 的变化范围，平均约为 0.05 mm，级配曲线如图 10-1 所示。

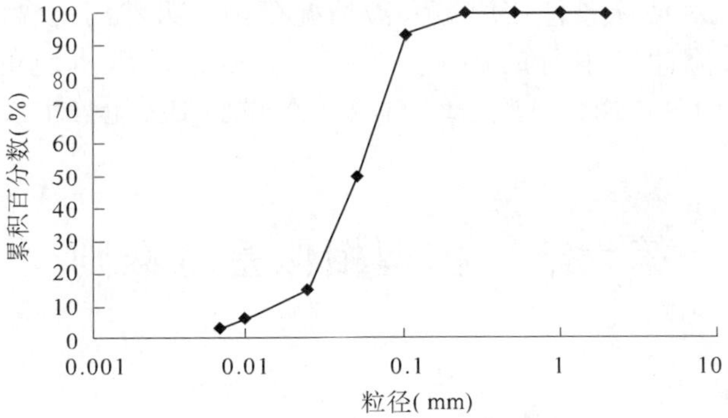

图 10-1　潼关河段床沙级配曲线

根据三门峡库区水文实验总站黄河潼关以下淤积物初期干容重与床沙中值粒径 D_{b50} 关系式

$$\gamma_0 = 0.577 \lg D_{b50} + 2.17 \tag{10-1}$$

计算出潼关淤积物初期干容重为 $\gamma_0 = 1.42$ t/m^3，相应的孔隙率 $\varepsilon = 0.46$($\gamma_s = 2.65$ t/m^3)。

沙玉清分析水库内淤沙的孔隙率，得出最大孔隙率、最小孔隙率的外包线公式

$$\varepsilon_{max}=\frac{0.165}{D_b^{1/5}}+0.25 \tag{10-2}$$

$$\varepsilon_{min}=\frac{0.078}{D_b^{1/8}}+0.25 \tag{10-3}$$

由此，当 D_b 取 $D_{b50}=0.05$ mm 计算时，$\varepsilon_{max}=0.55$，$\varepsilon_{min}=0.36$，平均 $\varepsilon=0.46$，相应的淤积物干容重分别为 1.19 t/m³、1.70 t/m³、1.43 t/m³。淤积稳定的孔隙率一般取 $\varepsilon=0.40$，对应的 $\gamma_0=1.59$ t/m³。

由上述各式综合考虑，初步估计潼关河段原型淤积干容重 $\gamma_0=1.50$ t/m³，孔隙率 $\varepsilon=0.43$。

第四节　野外射流冲淤试验设备概况

目前，潼关河段野外射流冲淤试验采用的泵为 4PN1 型泥浆泵，扬程 49～51 m，流量 41.5～111 m³/h，电机功率 55 kW。每条船装 4 台水泵供水（2 用 2 备），串接 6 支喷嘴射流，喷嘴出口直径 1.9 cm。喷嘴最大流速 30 m/s 左右。

第五节　模型试验的总体考虑

本模型试验的主要任务是确定射流冲刷的基本特性，因此不模拟天然河道的整体形态和射流冲刷喷嘴系列的组合布设，而只在水槽中进行单支喷嘴的基本试验。

静水中的射流冲刷特性是单纯射流对河床的作用结果，是了解射流各要素对冲刷影响所必须的和最基本的，因此虽不是本河段野外试验的对应条件，仍将作为本模型试验的重要组成部分。

动水试验时水流和河床条件按原型一般情况模拟。天然河道含沙量多数情况下小于 20 kg/m³，其对射流冲刷本身的影响不会很大，尽管动水水流的含沙量大小将影响冲起泥沙的输移，但为了简化试验条件，本次模型试验中无论静水水流和动水水流均用清水。

第六节　模型相似基本准则

一、几何相似

长度比尺为

$$\lambda_L=\lambda_H=\lambda_D \tag{10-4}$$

式中：D 为射流喷嘴直径。

二、水流运动相似

按重力相似律，有 $\lambda_{Fr}=\lambda_v^2/\lambda_L=1$，则流速比尺为

$$\lambda_v = \lambda_{v_j} = \lambda_L^{0.5} \tag{10-5}$$

式中：v_j 为射流流速。

时间比尺为

$$\lambda_t = \lambda_L/\lambda_v = \lambda_L^{0.5} \tag{10-6}$$

根据水流连续性，则单宽流量比尺为

$$\lambda_q = \lambda_v \cdot \lambda_H = \lambda_L^{1.5} \tag{10-7}$$

流量比尺为

$$\lambda_Q = \lambda_v \lambda_H \lambda_L = \lambda_L^{2.5} \tag{10-8}$$

三、泥沙运动相似

（一）泥沙起动相似

在以往的一般河渠水流中，表达泥沙起动相似的通常有两种方法：一种是起动推移力（或临界推移力）相似；一种是起动流速相似。

1. 起动推移力相似

水流作用推移力为

$$\tau_0 = \gamma h J \tag{10-9}$$

泥沙起动推移力为

$$\tau_c = K(\gamma_s - \gamma) D_b \tag{10-10}$$

式中：D_b 为床沙粒径。

则起动临界条件下有

$$\gamma h J = K(\gamma_s - \gamma) D_b \tag{10-11}$$

$$D_b = \gamma h J / [K(\gamma_s - \gamma)] \tag{10-12}$$

因此，起动相似条件应为床沙粒径比尺

$$\lambda_{D_b} = \lambda_\gamma \lambda_H \lambda_J / \lambda_k \lambda_{\gamma_s - \gamma} \tag{10-13}$$

由于 K 值本身与 D_b、床沙沉积状态等有关，且其间关系难于表达，这就限制了它的实际应用。

2. 起动流速相似

起动流速比尺为

$$\lambda_{v_c} = \lambda_v = \lambda_L^{0.5} \tag{10-14}$$

目前国内常采用的起动流速公式有武汉水利水电学院公式、沙玉清公式、窦国仁公式等，这些公式都不同程度地考虑了泥沙起动时的机械阻力和分子阻力，表明影响泥沙起动的因素不仅有泥沙比重、粒径、水深等宏观因素，而且有黏结力等微观因素。一般在模型试验选沙时可通过调整这些因素，达到 $\lambda_{v_c} = \lambda_v$。

（二）射流冲刷相似

根据水平放置在床面上的圆形管嘴射流冲刷的试验，NCEL 得出了射流冲刷切应力与冲刷效果（以最大冲刷距离表示）之间的关系

$$\left(\frac{R_m}{d}\right)^{2.4} = \frac{120\rho v_j^2}{\left(\frac{v_j d}{\nu}\right)^{0.4}\tau_0} \tag{10-15}$$

式中：R_m 为最大冲刷距离；d 为喷嘴直径；v_j 为射流流速；ρ 为流体密度；ν 为流体运动黏滞系数；τ_0为剪切应力。

与河渠水流一样，泥沙的起动、冲刷主要受切应力的作用。然而对于射流，此切应力作为作用力则有很大的不确定性。首先，这种切应力的大小目前无法进行足够的实际测量；其次，即使能得到测量，在射流水舌各处的量值也不一样，如果把此切应力视为河床泥沙的抗冲切应力，也许更容易理解，但式(10-15)中它并不一定与一般意义的起动切应力一致，因此只能认为它是射流冲刷条件下土壤抗冲切力的一种指标。得出该式的试验也能说明这一点，在这些试验中实际上是假定被冲物具有某一量级的起动切应力的。

不同的室内和野外试验证实式(10-15)关系的存在，只要对不同的泥沙选择适当的 τ_0 值即可。然而遗憾的是这方面的研究太少，τ_0 值与河床泥沙特性的关系尚不知。

如果认为式(10-15)基本正确，则不难将其改写为

$$R_m = 7.35\rho^{2.5/6}\nu^{1/6}v_j^{2/3}d^{5/6}/\tau_0^{2.5/6} \tag{10-16}$$

在重力相似模型中则有

$$\lambda_L = \lambda_\rho^{2.5/6}\lambda_\nu^{1/6}\lambda_L^{1/3}\lambda_L^{5/6}/\lambda_{\tau_0}^{2.5/6} = \lambda_\rho^{2.5/6}\lambda_\nu^{1/6}\lambda_L^{7/6}/\lambda_{\tau_0}^{2.5/6} \tag{10-17}$$

如模型流体与原型相同，则有切应力比尺

$$\lambda_{\tau_0} = \lambda_L^{0.4} \tag{10-18}$$

由于 τ_0 与河床组成之间的关系未知，因此只能通过验证试验来确定。

(三)泥沙悬移相似

沉速比尺为

$$\lambda_\omega = \lambda_v = \lambda_L^{0.5} \tag{10-19}$$

尽管在本试验中悬移的泥沙为床沙，但根据原型床沙颗粒级配曲线，小于 0.1 mm 的颗粒占 90% 以上，因此斯托克斯公式仍可采用，由此粒径比尺为

$$\lambda_{D_b} = (\lambda_\omega\lambda_v/\lambda_{\frac{\gamma_s-\gamma}{\gamma}})^{0.5} \tag{10-20}$$

(四)泥沙输送相似

均匀水流输沙相似，则有含沙量比尺

$$\lambda_s = \lambda_{s*} = \lambda_{\gamma_s}/\lambda_{\gamma_s-\gamma} \tag{10-21}$$

由于描述原型和模型挟沙能力的公式并不一定一致，因此此项比尺一般需通过预备试验或验证试验来确定。对于射流本身，泥沙输移与均匀水流也不尽相同，对此有待于进一步研究和试验验证。

(五)河床冲淤变形过程相似

冲淤时间比尺为

$$\lambda_{t_1} = \lambda_{\gamma_0}\lambda_t/\lambda_s \tag{10-22}$$

第七节　模型比尺计算与选择

一、几何相似比尺

根据本模型试验任务，选择三种几何比尺(10,15,20)进行计算比较，有

$$\lambda_L = \lambda_H$$

二、水流运动相似比尺

$$\lambda_v = \lambda_H^{0.5}$$

$$\lambda_t = \lambda_H^{0.5}$$

$$\lambda_q = \lambda_H^{1.5}$$

$$\lambda_Q = \lambda_H^{2.5}$$

三、模型沙选择

(一)选用天然沙

由 $\lambda_{\gamma_s}=1,\lambda_{\gamma_s-\gamma}=1$，按沉速相似条件选择其粒位级配，则有

$$\lambda_\omega = \lambda_v$$

$$\lambda_{D_b} = (\lambda_\omega\lambda_\nu/\lambda_{\frac{\gamma_s-\gamma}{\gamma}})^{0.5}$$

原型沙 $D_{b50p}=0.05$ mm，相应三种几何相似比尺(10,15,20)的模型沙分别为

$$D_{b50m} = 0.028\ 1\ \text{mm}, D_{b50m} = 0.025\ 4\ \text{mm}, D_{b50m} = 0.023\ 6\ \text{mm}$$

按沙玉清起动流速公式

$$v_c = \left[0.653\frac{(\gamma_s-\gamma)(0.7-\varepsilon)^4}{\gamma d}+0.261\frac{\gamma_s-\gamma}{\gamma}d^{3/4}\right]^{0.5}h^{0.2} \tag{10-23}$$

选择适当 ε，使原型与模型达到起动流速相似(见表10-2)。

表10-2　原型与模型起动流速

原型 $D=0.05$ mm $\varepsilon=0.43$		模型 $\lambda_L=10$ $D=0.028\ 1$ mm $\varepsilon=0.57$			模型 $\lambda_L=15$ $D=0.025\ 4$ mm $\varepsilon=0.60$			模型 $\lambda_L=20$ $D=0.023\ 6$ mm $\varepsilon=0.64$		
h_p (m)	V_{cp} (m/s)	h_m (m)	V_{cm} (m/s)	λ_{v_c}	h_m (m)	V_{cm} (m/s)	λ_{v_c}	h_m (m)	V_{cm} (m/s)	λ_{v_c}
1.0	0.400	0.10	0.127	3.15	0.067	0.104	3.85	0.05	0.089	4.49
1.5	0.434	0.15	0.138	3.14	0.10	0.112	3.88	0.075	0.097	4.47
2.0	0.460	0.20	0.146	3.15	0.133	0.119	3.87	0.10	0.103	4.47
2.5	0.481	0.25	0.153	3.14	0.167	0.124	3.88	0.125	0.107	4.50

含沙量比尺 $\lambda_s=\lambda_{s*}=\lambda_{\gamma_s}/\lambda_{\gamma_s-\gamma}=1$，则冲淤时间比尺相应三种几何相似比尺(10,15,20)为

$$\lambda_{t_1} = 4.17, \lambda_{t_1} = 5.50, \lambda_{t_1} = 7.06$$

（二）选用煤灰

由 $\gamma_{s_m}=2.15\ t/m^3$，$\gamma_{s_p}=2.65\ t/m^3$，$\lambda_{\gamma_s}=1.23$，$\lambda_{\gamma_s-\gamma}=1.43$，仍按沙玉清起动流速公式(10-23)计算，满足起动流速相似时，有

$$\lambda_s = \lambda_{s*} = 0.86$$

通过上述计算得出的模型比尺如表 10-3 所示。

表 10-3 模型比尺

名称		符号	比尺		
几何比尺		$\lambda_L,\lambda_H,\lambda_D$	10	15	20
流速比尺		λ_v	3.16	3.87	4.47
单宽流量比尺		λ_q	31.6	3.87	4.47
流量比尺		λ_Q	316	871	1 789
时间比尺		λ_t	3.16	3.87	4.47
天然沙	泥沙容重比尺	λ_{γ_s}	1.0	1.0	1.0
	泥沙浮容重比尺	$\lambda_{\gamma_s-\gamma}$	1.0	1.0	1.0
	沉速比尺	λ_ω	3.16	3.87	4.47
	粒径比尺	λ_{D_b}	1.87	1.97	2.11
	起动流速比尺	λ_{v_c}	3.16	3.87	4.47
	河床干容重比尺	$\lambda_{\gamma 0}$	1.32	1.42	1.58
	含沙量比尺	λ_s	1.0	1.0	1.0
	冲淤时间比尺	λ_{t_1}	4.17	5.50	7.06
煤灰	泥沙容重比尺	λ_{γ_s}	1.23	1.23	1.23
	泥沙浮容重比尺	$\lambda_{\gamma_s-\gamma}$	1.43	1.43	1.43
	沉速比尺	λ_ω	3.16	3.87	4.47
	粒径比尺	λ_{D_b}	1.49	1.65	1.77
	起动流速比尺	λ_{v_c}	3.16	3.87	4.47
	河床干容重比尺	$\lambda_{\gamma 0}$	1.50	1.59	1.65
	含沙量比尺	λ_s	0.86	0.86	0.86
	冲淤时间比尺	λ_{t_1}	5.51	7.16	8.58

第八节 原型量与模型量计算

一、喷射水流

喷射水流的几何比尺和水流比尺如表 10-4 所示。

表 10-4 喷射水流的几何比尺和水位比尺

项目	原型	模型		
		$\lambda_L=10$	$\lambda_L=15$	$\lambda_L=20$
喷嘴直径(cm)	2～7.5	0.2～0.75	0.13～0.5	0.1～0.375
喷嘴流速(m/s)	10～30	3.16～9.49	2.58～7.75	2.24～6.71
射流流量(L/s)	3.14～133	0.01～0.421	0.004～0.153	0.002～0.074

二、冲刷坑尺寸估计

按公式(10-16),冲刷距离 R_m

$$R_m = 7.35\rho^{2.5/6}\nu^{1/6}v_j^{2/3}d^{5/6}/\tau_0^{2.5/6}$$

最大冲刷宽度 B_m 及最大冲刷深度均按 $B_m = \frac{1}{3}R_m, H_m = \frac{1}{3}R_m$ 估算,原型 $\rho = 1\ g/cm^3, \nu = 0.01\ cm^2/s$(模型同),设原型 $\tau_0 = 10\ dyn/cm^2$($1\ dyn = 10^{-5}N$),则可能的最大冲刷尺度(原型 $v_j = 30\ m/s, d = 7.5\ cm$ 时)如表10-5所示。

表10-5 冲刷坑尺寸的几何比尺和水流比尺

项目	原型	模型		
		$\lambda_L = 10$	$\lambda_L = 15$	$\lambda_L = 20$
最大冲刷距离 R_m(m)	14.6~10.9	1.46	0.97	0.73
最大冲刷宽度 B_m(m)	4.87~3.63	0.49	0.32	0.24
最大冲刷深度 H_m(m)	4.87~3.63	0.49	0.32	0.24

三、河道水流

河道水流的几何比尺和水流比尺如表10-6所示。

表10-6 河道水流的几何比尺和水流比尺

项目	原型	模型		
		$\lambda_L = 10$	$\lambda_L = 15$	$\lambda_L = 20$
水深(m)	1~2.5	0.1~0.25	0.067~0.167	0.050~0.125
流速(m/s)	1~2.5	0.316~0.791	0.258~0.646	0.224~0.559
单宽流量(m^2/s)	1~6.25	0.032~0.198	0.017~0.108	0.011~0.070

四、泥沙悬移距离预估

根据三门峡水库及河北南排河清淤资料分析,粗估泥沙扬起高度 $h_1 = 0.4\ h$,在动水中重新悬浮泥沙的落淤距离 $L_1 = h_1 v/\omega_{d_{50}}$。据此,原型落淤距离为

$$L_{1p} = \frac{0.4 \times (1 \sim 2.5)}{0.001\ 67} \times (1 \sim 2.5) = 240 \sim 1\ 500(\text{m})$$

模型落淤距离为:

当 $\lambda_L = 10$ 时,$L_{1m} = 24 \sim 150$ m;

当 $\lambda_L = 15$ 时,$L_{1m} = 16 \sim 100$ m;

当 $\lambda_L = 20$ 时,$L_{1m} = 12 \sim 75$ m。

由此可见,冲起泥沙的落淤距离随水深和流速的增大而增长。然而在落淤范围内泥沙的落淤量是不同的。三门峡水库清淤试验资料表明,扬起的泥沙完全衰减沉降历时20 min,而80%~90%的泥沙在300~500 s内衰减沉降,即绝大部分泥沙在最大落淤距离的1/3内已衰减沉降。其次,原型大于1 m/s以上的流速已超过泥沙的起动流速,为了减少试验的复杂程度,希望控制试验流速小于床沙的起动流速,流速减小,落淤距离自然也小,动水中的试

验主要是为了了解冲起泥沙输移及水流对射流冲刷的影响，就后者而言，水流流速相对于射流流速而言总是很小的，因此对冲刷影响很小。这样，如果其他条件不变，水流流速限制在1 m/s 以下，则原型最大落淤距离约为600 m，模型不同比尺时分别为60 m、40 m、30 m。

第九节 试验设备规模

按中等几何比尺 $\lambda_L=15$ 的模型最大值确定试验设备规模。

一、水槽深度

$$\begin{aligned}\text{水槽深度}&=\text{最大冲刷深度}+\text{最大水流深度}+\text{余量}\\&=0.32+0.17+0.11=0.60(\mathrm{m})\end{aligned}$$

二、水槽宽度

水槽宽度按2倍最大冲刷宽度考虑，则

$$\text{水槽宽度}=2\times0.32=0.64(\mathrm{m})$$

三、水槽长度

$$\begin{aligned}\text{水槽长度}&=\text{进口段}+\text{最大冲刷距离}+\text{最大落淤距离}+\text{出口段}\\&=10B+R_m+L_{1m}+5h\\&=6.4+1.0+40+0.85\approx48(\mathrm{m})\end{aligned}$$

四、供水流量

$$Q=q\times B=0.108\times0.64=0.069\ 12(\mathrm{m^3/s})$$

五、循环水量

$$\begin{aligned}\text{循环水量}&=\text{水槽水量}+\text{退水渠水量}+\text{贮水池余量}\\&=BLh+1/2BLh+5\\&=32.6\ (\mathrm{m^3})\end{aligned}$$

第十节 射流水力冲淤模型试验初步试验结果

为了检验模型设计和试验方法的可行性，在不具备正式试验的条件下，根据模型设计成果，我们在简单、近似的条件下进行了几组静水射流冲刷试验。

一、试验条件和方法

(1)试验水槽长3.0 m，宽0.6 m，深0.6 m。水槽前段1.2 m铺沙，后段1.8 m垫高20.5 cm，做成定床。

(2)射流管用紫铜管及不锈钢管自制。喷嘴直径分别为0.162 cm、0.285 cm、0.499

cm 三种。按几何比尺 $\lambda_L = 15$ 换算到原型喷嘴直径为 2.43 cm、4.28 cm、7.49 cm。管径用充水称重法精确标定。

(3)用变高度溢流水箱产生不同水头,用体积—时间法率定了各管不同水头和射流流速关系。受场地空间限制,模型最大水头为 2.3 m,最大射流流速达 3.8 ~ 4.3 m/s(见图 10-2),相当于原型最大射流流速 14.7 ~ 17.4 m/s。

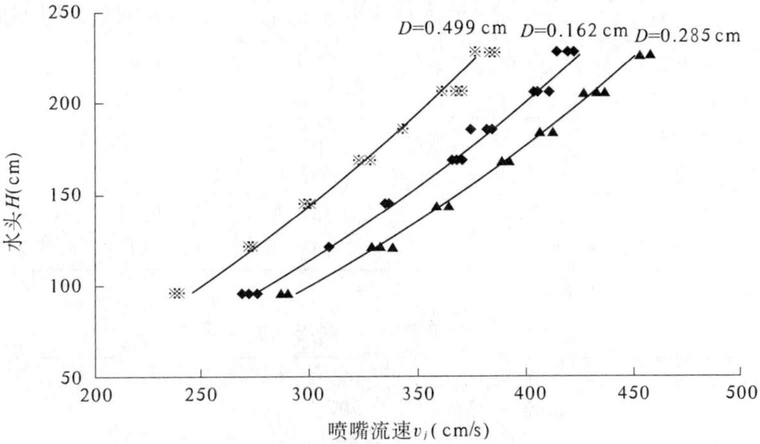

图 10-2 各管水头与流速的关系

(4)选用煤灰作模型沙,其中值粒径为 0.03 mm,其级配未进行细微选配,与设计级配略有差别(见图 10-3)。模型沙铺床时逐层夯实,以重量—体积法控制铺沙密实度或孔隙率,按模型设计,其干容重为 0.946 g/cm^3,孔隙率为 0.56。

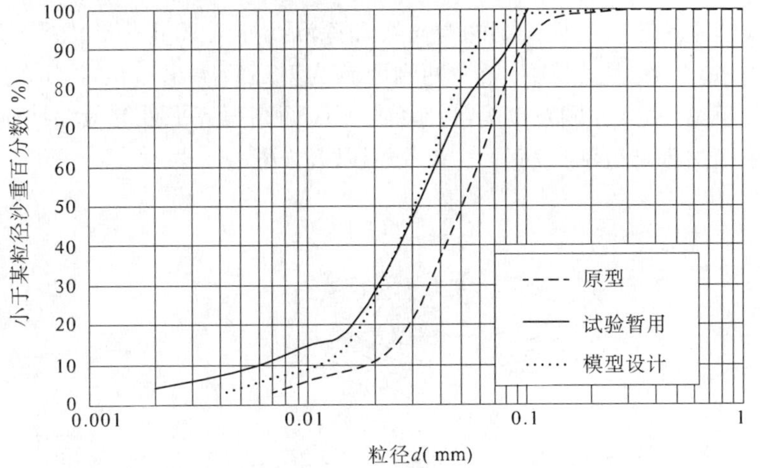

图 10-3 原型和模型颗粒级配曲线

(5)床面以上静水水深 0.133 m,折合原型 2.0 m。

(6)喷嘴放置在床面上,射流方向为水平方向。

(7)射流冲刷历时均为 2 h,折合原型 14.3 h。

(8)床面冲坑各点高程用测针测量。

二、试验组次与试验结果

为考察管径和流速的不同影响，分别进行了不同管径、相同流速和相同管径、不同流速的几组试验，如表 10-7、表 10-8 所示。

表 10-7　不同管径、相同流速的试验

组次	管径(cm)	流速(m/s)	最大冲刷距离(m)	最大冲刷宽度(m)	最大冲刷深度(m)
1	0.162 (2.43)	3.61 (14.0)	0.25 (3.75)	0.083 (11.25)	0.023 (0.35)
2	0.285 (4.28)	3.59 (13.9)	0.395 (5.93)	0.15 (2.25)	0.038 1 (0.57)
3	0.499 (7.49)	3.64 (14.1)	0.53 (7.95)	0.23 (3.45)	0.073 6 (1.10)

注：表中括号内的数字为换算的原型数据。

表 10-8　相同管径、不同流速的试验

组次	管径(cm)	流速(m/s)	最大冲刷距离(m)	最大冲刷宽度(m)	最大冲刷深度(m)
4	0.285 (4.28)	2.98 (11.5)	0.307 (4.61)	0.113 (1.70)	0.032 5 (0.53)
2		3.59 (13.9)	0.395 (5.93)	0.15 (2.25)	0.038 1 (0.57)
5		4.20 (16.3)	0.380 (5.70)	0.16 (2.40)	0.044 (0.66)

注：表中括号内的数字为换算的原型数据。

各组试验冲刷坑测验结果绘制的等高线和深泓线如图 10-4 ~ 图 10-8。各冲刷坑特征值列于表 10-7、表 10-8 中。其中，最大冲刷距离为射流管嘴出口至冲刷坑与原床面高程齐平处的最大距离；最大冲刷宽度为冲刷坑与原床面高程齐平处的最大冲刷宽度；最大冲刷深度为原床面高程与最深点高程之差，分别以 R_m、B_m、H_m 表示。

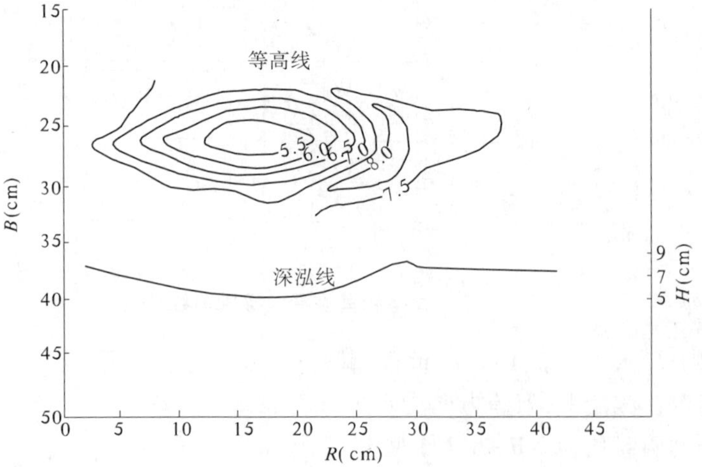

图 10-4　冲刷坑等高线和深泓线图($D=0.162$ cm，$v=361$ cm/s)

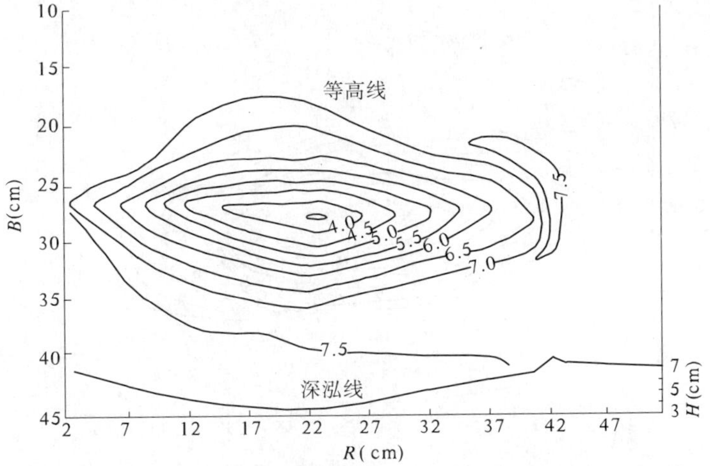

图 10-5　冲刷坑等高线和深泓线图($D=0.285$ cm, $v=359$ cm/s)

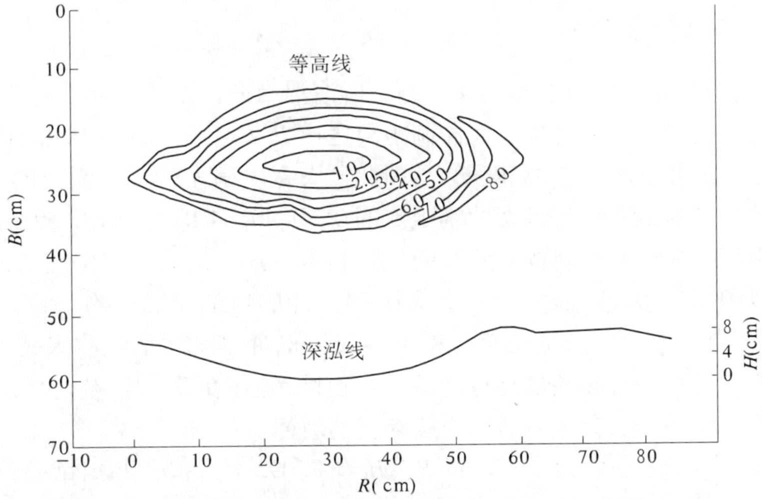

图 10-6　冲刷坑等高线和深泓线图($D=0.499$ cm, $v=364$ cm/s)

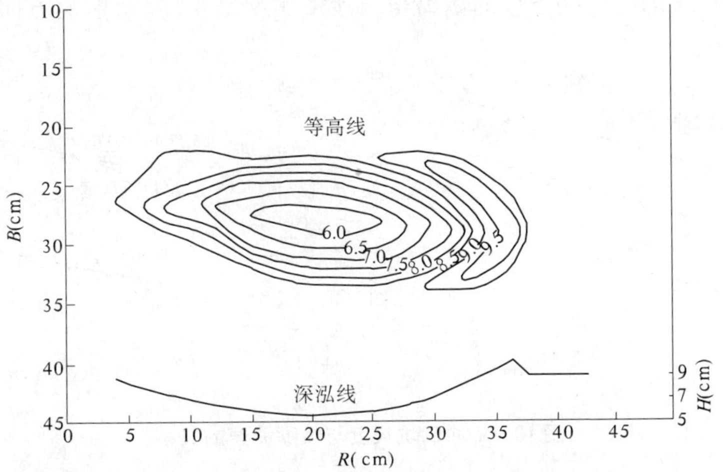

图 10-7　冲刷坑等高线和深泓线图($D=0.285$ cm, $v=298$ cm/s)

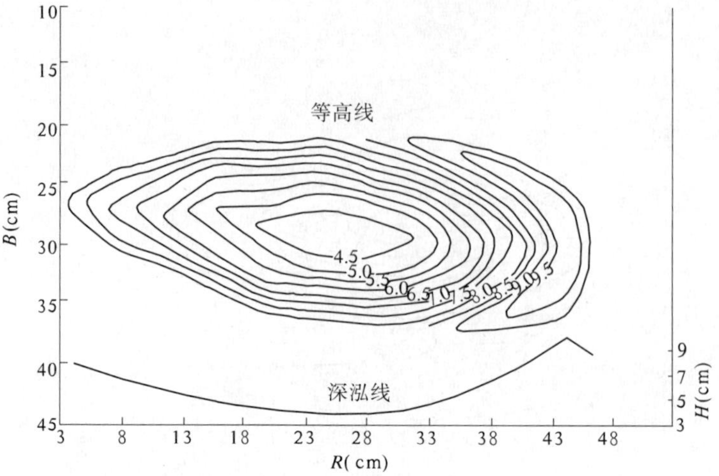

图 10-8　冲刷坑等高线和深泓线图($D=0.285$ cm, $v=420$ cm/s)

三、试验结果初步分析

试验结果表明,冲刷坑的平面总体形态呈所谓泪滴形。以最大冲刷宽度为界,前段较尖而后段较圆。最大冲刷宽度与最大冲刷距离之比 B_m/R_m 为 0.33 ~0.43,因为有的组次冲刷坑有明显的边坡滑塌现象,宽度增大,因此最大宽度稍大于最大距离的 1/3。最大宽度断面距喷嘴出口的距离约为最大冲刷距离的 0.50 ~0.64 即大于 1/2 而小于2/3。

最大冲刷深度和最大冲刷宽度的纵向位置基本一致。最大冲刷深度与最大冲刷距离之比 H_m/R_m 为 0.09 ~0.11,最大的一组达 0.14。冲刷坑的尾部均有一高出原床面的沙垄,其模型高度为 0.7 ~1.7 cm,折合原型 10 ~25 cm,冲刷坑尾部距沙垄最高点模型距离约 3 cm,原型不足 0.5 m,沙垄最高点之后坡度更陡、范围更窄。沙垄之后的床面略有淤高,与沙垄有明显界限,二者并不形成连续渐变的坡面。

按照 $R_m \propto D^{5/6}$, $R_m \propto v^{2/3}$, $B_m = 0.36\ R_m$, $H_m = 0.095\ R_m$,拟合各组试验值,如图 10-9。由图可见,其基本趋势是有规律的。与以往的试验结果及按照潼关河段的实际情况所预计的结果是相符合的。有些点据的偏离与床沙密实度是否均匀,射流方向是否严格水平等多种因素有关。

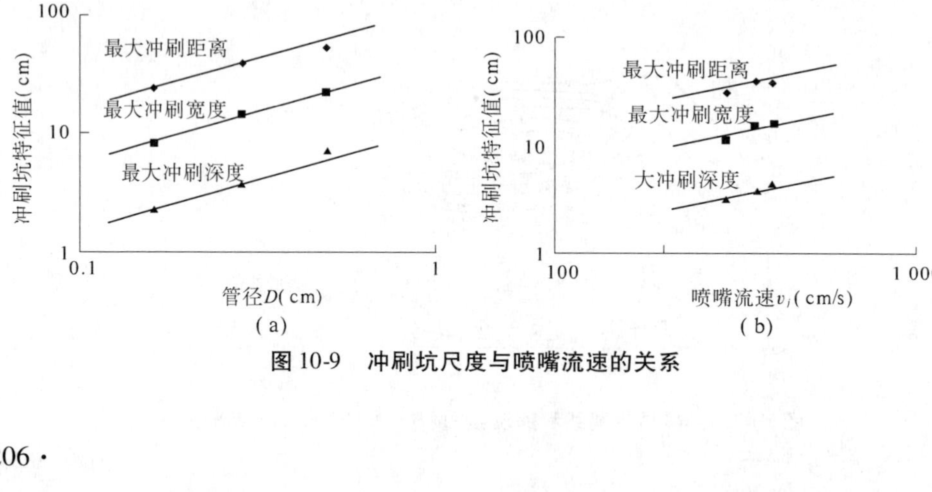

图 10-9　冲刷坑尺度与喷嘴流速的关系

从以上初步分析可知，本模型设计基本合理、试验方法可行，作为前期初步试验已基本达到了预期的目的，但其试验内容仅涉及部分主要变量（管径和流速），试验组次也少，其结果只能是示范性的，以上分析也难成定论，有待于开展正式试验。

四、初步试验中存在的问题

（1）由于水槽长度太短，冲起的泥沙不能沿程全部沉积，致使泥沙淤积的真实情况得不到准确反映。

（2）由于没有选沙条件，模型沙只按中值粒径相似选择，未进行级配的细致选配，模型沙中粗颗粒和细颗粒部分均比模型设计的偏多（见图 10-1）。

（3）受条件限制，高位水箱高度不能再高，加之喷管阻力损失较大，因此所产生的射流流速变幅太小，模型最大值仅 4 m/s 左右（相当于原型 15.5 m/s 左右）。

（4）测验手段原始，手工操作费事费时，需要引入测试仪器，改进测验方法。

第十一节　结　论

河道射流水力冲淤是一个相当复杂的系统，具有河道水流和喷射水流两种不同特性的水流的作用，因此其相似模拟存在一定的困难，目前对其研究甚少。本章只能根据挟沙水流的一般原理确定相似准则和比尺，力求达到主要方面的相似。有些因子的影响（如孔隙率对起动流速的影响）和量值（如河床抗切应力）至今研究不够或知之甚少，因此无论比尺数或原型和模量的选择与预估都会与实际有所出入，甚至会有较大的差别，有赖于预备试验和验证试验修改和证明。因此，需要野外现场试验资料对模型进行验证。

如前所述，我们认为经过初步试验证明模型设计和试验方法可行，试验结果也较理想，而存在的问题并不是实质性的，正式试验中可以加以改进，因此正式试验可以开始。今后的工作有：

（1）按照模型设计建造正式试验设备。

（2）严格按模型设计选配模型沙。

（3）改进测试手段和设备。

（4）正式试验内容包括：①静水中射流冲刷的效果。第一，流速相同、管径不同时，确定管径的影响；第二，管径相同、流速不同时，确定流速的影响；第三，冲刷坑历时变化时，确定冲刷速率的历时变化和优化的冲刷时间；第四，喷嘴离开床面高度的影响；第五，喷嘴倾角的影响。②动水试验。主要了解河道水流对冲刷效果的影响（包括射流与河道水流同向和逆向），以及在动水中冲起泥沙的悬移距离和落淤的沿程分布情况。

第十一章　潼关河段清淤效果的初步研究

自20世纪90年代以来，三门峡水库入库水量小，洪峰低，出现的次数又少，库区淤积加重，潼关高程居高不下，为减轻库区淤积，改善潼关高程，1992年以后，三门峡水库的运用水位降低，非汛期最高运用水位已降到322 m左右，较以往降低了3 m多，汛期洪水时的水位控制在300 m左右，严格控制库水位不超过300 m，从而使北村流量1 000 m^3/s时的水位较以往低1 m多。这样，库区冲淤量虽然年内基本上达到冲淤平衡，但潼关高程仍居高不下。1996年汛期，在水利部、黄委会各级领导的关怀和支持下，在潼关以下的宽浅河段进行疏浚清淤，清淤工作的基本原则是：因势利导，规顺河势，集中水流，调整局部比降，从而改善河床边界条件、提高水流输沙能力、促进洪水冲刷、降低潼关高程。清淤方法采用射流冲淤的方法，冲扰结合，以冲为主，疏浚浅滩，封堵汊道，理顺河势，集中水流，调整比降。实践表明，通过机械清淤疏浚，有利于潼关河床的洪水冲刷，对改善潼关以上黄河、渭河、北洛河的泄洪排沙条件具有显著的效果，本章拟就潼关河段洪水冲刷机理进行分析，从而探讨清淤对潼关河床冲刷的作用。

第一节　1996年洪水基本概况

在机械清淤过程中，渭河和黄河先后发生两次一般洪水，渭河洪水（以下简称“96·7”洪水）主要来自泾河，7月27日景村站最大流量4 100 m^3/s，7月28日最大流量5 300 m^3/s，两场洪峰传递到华县站合并为一个洪峰，7月29日19时最大流量为3 450 m^3/s，各站洪峰情况见表11-1。洪水水量约4.7亿 m^3，沙量约1.86亿t，平均含沙量约396 kg/ m^3，潼关站1 000 m^3/s水位下降1.72 m。8月10日龙门站出现11 200 m^3/s洪峰，经小北干流削峰作用，至潼关站洪峰流量削减到7 500 m^3/s，在本次洪峰期间，华县站平均流量约296 m^3/s，潼关站1 000 m^3/s，潼关站水位上升1.33 m。

表11-1　泾渭河“96·7”洪水特征值

项目	泾河			渭河	
	景村站	张家山站	桃园站	临潼站	华县站
洪峰出现日期(日T时:分)	27T21:00	28T03:00	28T06:30	28T11:00	29T07:00
Q_{max}(m^3/s)	4 100	3 900	3 700	3 100	2 100
H_{max}(m)				356.40	340.50
洪峰出现日期(日T时:分)	28T 10:30	28T 17:30	28T 21:30	29T01:00	29T16:00
Q_{max}(m^3/s)	5 300	4 800	4 400	3 900	2 800
H_{max}(m)				357.2	342.08

“96·7”洪水期间，龙门站、华县站和潼关站的水量、沙量特征值见表11-2。

表 11-2 "96·7"洪水期间各主要站水量、沙量特征值

时段 (年-月-日)	站名	水量 (亿 m^3)	沙量 (亿 t)	$\overline{Q}$ (m^3/s)	$\overline{S}$ (kg/m^3)	潼关 1 000 m^3/s 水位(m)		$\Delta H_{1\,000}$ (m)	$\overline{S}/\overline{Q}$ ($kg \cdot s/m^6$)
						开始	结束		
1996-07-27 ~ 08-01	龙门	4.157	0.321 6	801	77				
	华县	4.720	1.862 6	910	395				
	潼关	8.225	2.219 9	1 587	270	328.32	326.60	-1.72	0.170
1996-08-02 ~ 09-13	龙门	49.37	3.402	1 329	68.9				
	华县	8.82	1.279	237	145				
	潼关	70.25	5.111	1 890	72.8	326.60	327.93	1.33	0.038 5

注:引自月报资料。

第二节 用实测资料分析潼关河段清淤对洪水冲刷的作用

一、分析方法

潼关河床的冲淤变化极其复杂,至于其中冲淤变化的原因,一般认为,在三门峡水库修建以前,主要受来水来沙条件和潼关上、下游河道冲淤的影响,三门峡水库运用后,又增加了水库运用的影响。在过去研究潼关河床冲淤变化是以潼关流量 1 000 m^3/s 时的水位升降表示,并将此水位命名为潼关高程,此定义表明,这样分析研究的潼关高程变化是一定条件下的综合结果,难于分析瞬时(或较短时段)条件下的潼关河床冲淤变化。为此,我们在以往研究成果的基础上,根据现有实测水文资料的条件,采用潼关水文站的同流量水位差、实测平均河床高程差和实测最深点河床高程差的变化过程来分析研究潼关河床瞬时的变化过程。应该指出,这三种方法均有不足之处,但是同流量水位差法和实测平均河床高程的变化过程还比较一致,并具有互补性。本章采用这两种方法来分析潼关河床在洪水过程中的冲淤变化。

同流量水位差是用《水文年鉴》中的洪水要素资料,点绘瞬时水位—流量关系,如图 11-1所示,在洪水上涨阶段,水位—流量关系是一条曲线,无法判断潼关河床的冲淤变化是本方法的主要缺陷,在洪水回落或变化过程中,同流量水位的升降,可以反映河床冲淤的变化,从而从水位—流量关系曲线上查出瞬时的相应流量的水位差,表示洪水过程中潼关河床的冲淤变化。当然,水位差不一定就是河床高程的冲淤变化,因为水位差还包括了水流能量(包括非恒定流和两河相汇等)的变化,但是水位差的变化在防洪上是直接的,也便于分析河床冲淤的原因。实测平均河床高程差法是水文年鉴中实测流量成果中的水位减去平均水深,计算得到各测次的平均河床高程,于是将洪峰过程中各测次的平均河床高程减去洪峰前的平均河床高程,得到洪水过程中平均河床高程的冲淤变化过程,这样计算也存在不少问题,但是将这两种方法计算得到的潼关河床在洪水过程的冲淤变化过程,点绘在一起,如图 11-2 ~ 图 11-5 所示,可以看出除在洪水上涨阶段不同外,发生强烈冲刷和回淤过程大致是一致的。如上所述,由于同流量水位差法在洪水上涨阶段无法

计算河床冲淤变化,故用虚线表示。

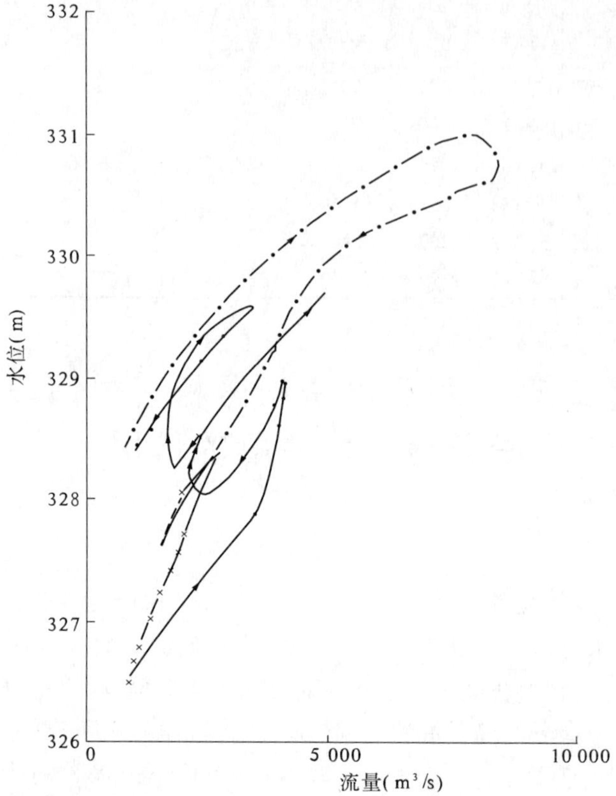

图 11-1　潼关 1970 年 8 月 3 ~ 14 日水位—流量关系

为分析在洪水过程中潼关河床冲淤变化的有关因素,在上述图中点绘了相应的有关因素:如龙门和华县的流量和含沙量过程,表示来水来沙条件;上源头—潼关河段、华阴(或吊桥)—潼关河段和潼关—坫垮河段的水位差过程,以表示不同来水来沙情况下潼关上、下游的势能变化,以及潼关站实测最大水深与平均水深差的变化过程,以反映潼关河床在冲淤过程中河床形态的变化,为了解各次洪水过程后潼关河床冲淤与有关因素的关系,将上述过程线的综合成果列于表 11-3,表中潼关河床升降值和最大水深与平均水深之差基本上是采用洪水过程中的最大值,在最大流量和最大含沙量栏中又增加了吴堡水文站的资料,据过去有关研究成果,河口镇至吴堡区间来的洪水峰高、含沙量高、泥沙粒径粗,对龙门—潼关河段的冲淤变化有一定的影响,表中还增加了龙门—潼关河段和华县—潼关河段沿程有关水位差在相应洪水过程中的同流量(为枯水流量)水位差,以便比较各河段的冲淤变化与潼关河床冲淤变化的关系,必须指出:由于水库运用及潼关以下河床冲淤调整对潼关河床冲淤影响极其复杂,过去在长时段方面做了许多工作,短时段或瞬时变化则研究较少,由于时间关系未能作详细的分析,只是选用资料时,适当考虑了这方面的因素。

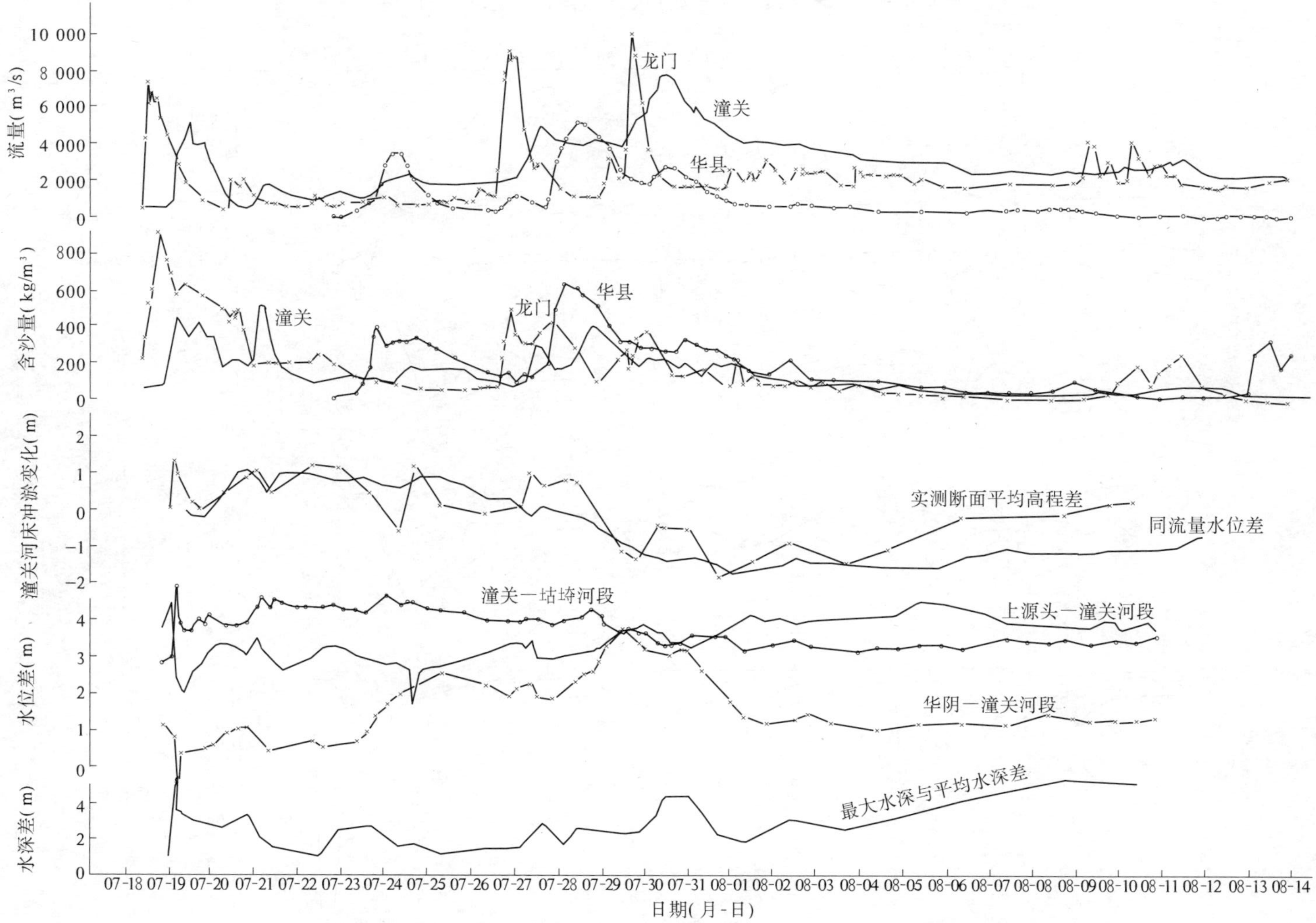

图 11-2 1966 年 7 月 18 日 ~8 月 14 日潼关上、下游有关水文要素过程线

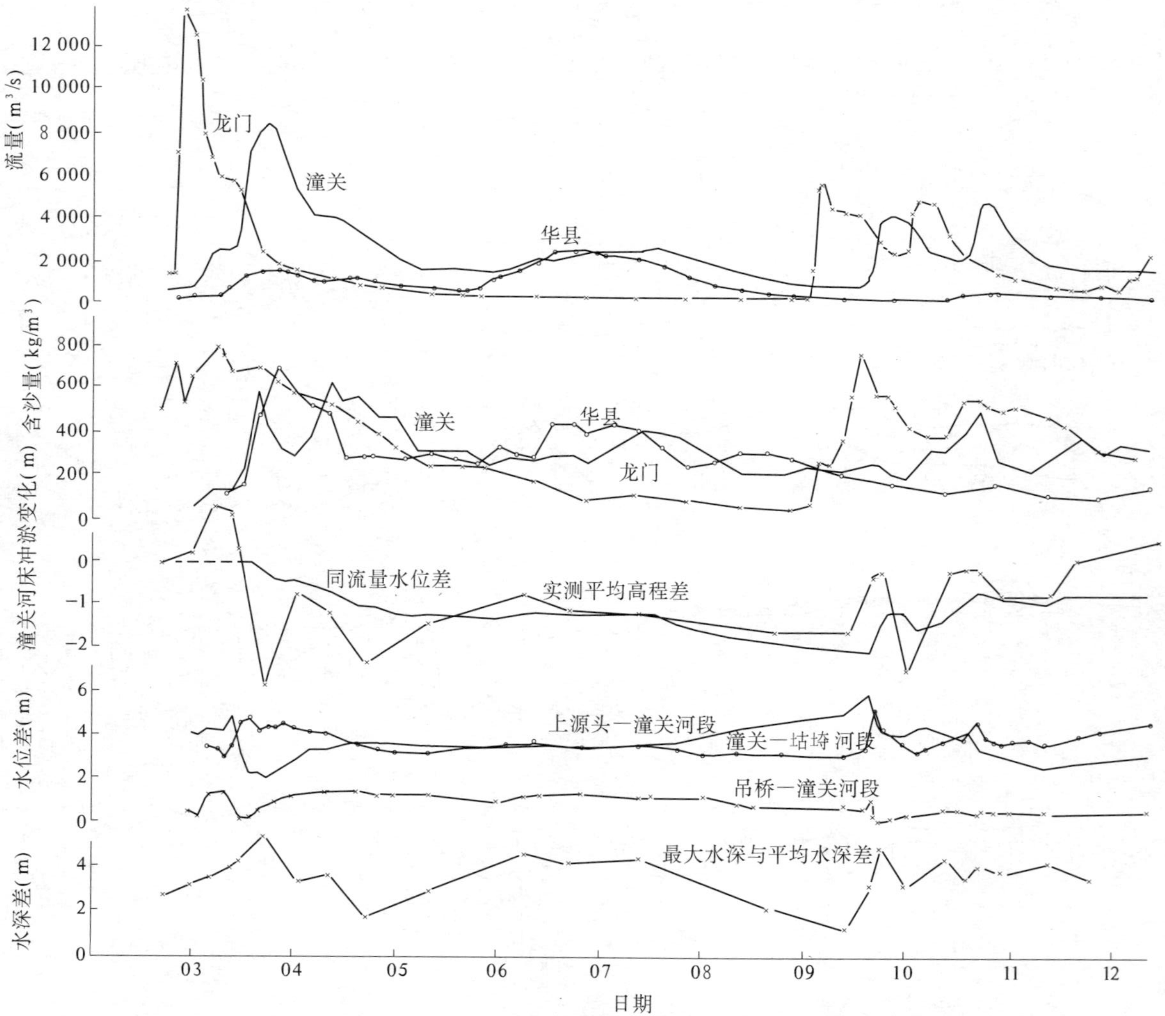

图 11-3　1970 年 8 月 3～12 日潼关上、下游有关水文要素过程线

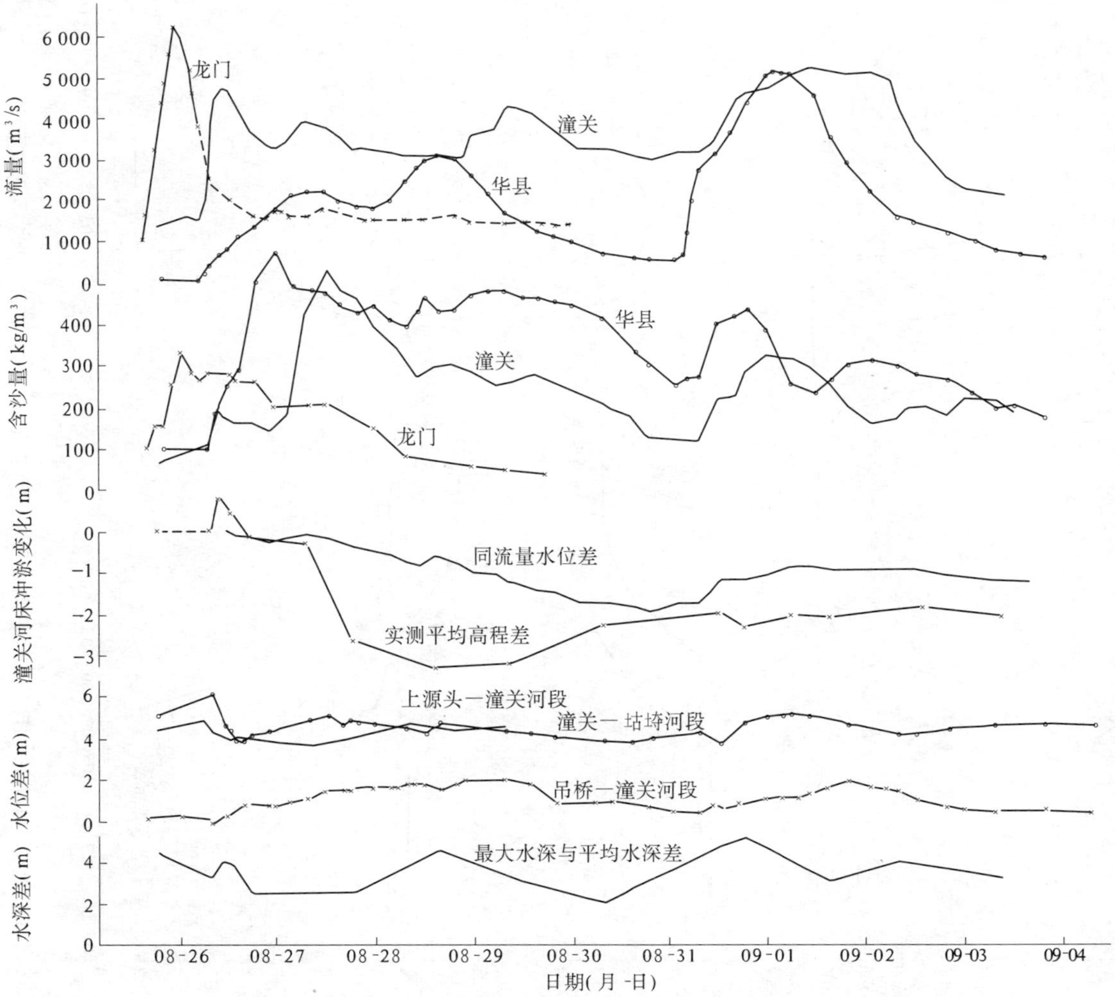

图 11-4　1973 年 8 月 26 日 ~9 月 4 日潼关上、下游有关水文要素过程线

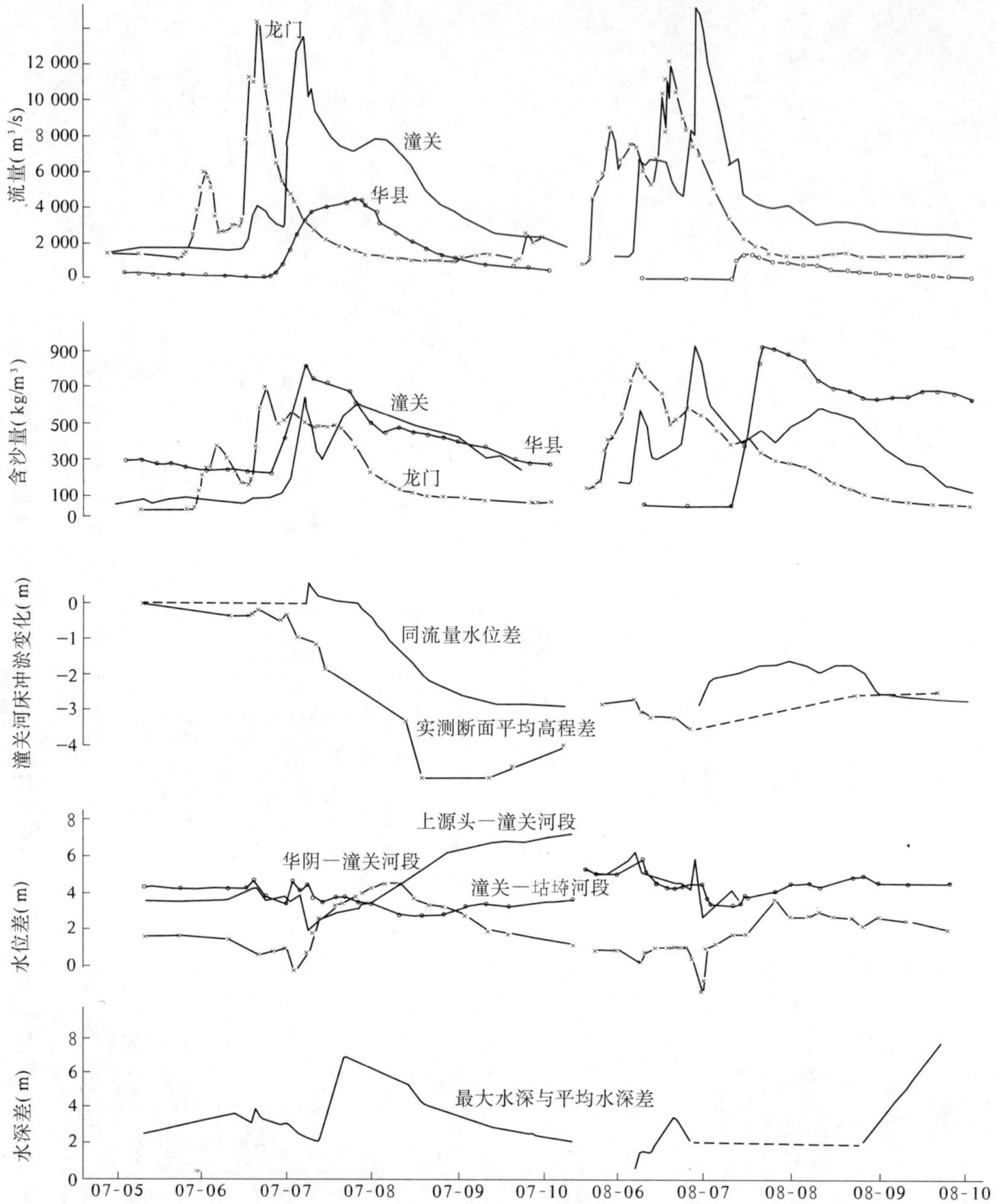

图 11-5　1977 年 7 月 5 ~ 10 日和 8 月 6 ~ 10 日潼关上、下游有关水文要素过程线

二、分析成果

本章的分析资料主要根据三门峡水库运用经验总结项目组提出的“三门峡水库水文泥沙资料数据库”中的洪水冲淤资料，该资料数据中列有从 1960 ~ 1992 年洪水冲淤资料共 159 次，根据上述分析的想法选择了 1966 年、1970 年、1973 年和 1977 年潼关发生强烈冲刷和淤积的洪水冲淤资料各一次，即潼关发生强烈冲刷共 4 次，强烈淤积也 4 次，就实际情况来说，在此时段内,除这 4 年外,其余年份中潼关河床也未产生强烈冲淤。从来水来沙条件说,1964 年潼关可能发生强烈冲刷,但由于该年水量特大,三门峡水库未改建,泄流能力小,回水直接影响到潼关,虽然在洪水期潼关河床发生冲刷,但很快也就回淤了,故未选用,对选用的历年各次洪水资料,按上述方法统一进行计算分析,可以看出以下几种情况。

(一)潼关河床在洪水过程中发生的强烈冲淤变化与一般冲淤变化不同,是局部性的冲淤变化

首先,从表 11-3 中潼关河床升降值与龙门、华县、河津、洑头至潼关河段的对比可以看出:在潼关河床 4 次洪水强烈冲刷中,龙门、华县、河津、洑头至潼关河段均淤积,并且淤

表 11-3　潼关河床强烈冲淤变化与一些特征值的关系

内容		1966 年		1970 年		1973 年		1977 年	
		7 月 18 ~ 20 日	7 月 27 日 ~ 8 月 6 日	8 月 2 ~ 8 日	8 月 9 ~ 14 日	8 月 26 ~ 30 日	8 月 31 日 ~ 9 月 3 日	7 月 5 ~ 10 日	8 月 6 ~ 11 日
洪峰历时(d)		3	11	7	6	5	4	6	6
潼关河床升降值(m)	同流量水位差	+1.08	-1.71	-1.88	+1.80	-2.04	+1.00	-2.92	+1.21
	平均河底高差	+1.34	-1.80	-2.82	+2.17	-3.31	+0.41	-4.86	+0.43
最大流量(m^3/s)	吴堡	3 700	11 100	17 000	5 210	2 350	-64*	4 770	4 770
	龙门	7 460	10 100	8 300	7 550	6 210	1 260*	14 500	12 700
	华县	236	5 180	1 590	628	3 090	5 010	4 470	1 450
	潼关	5 130	7 830	8 420	4 930	4 700	5 080	13 600	15 400
最大含沙量(kg/m^3)	吴堡	544.0	566.0	888.0	633.0	189.0	35.1*	348.0	189.0
	龙门	933	504.0	826.0	777.0	334.0	60.8*	690.0	821.0
	华县	17.3	636.0	702.0	219.0	572.0	428.0	795.0	905.0
	潼关	456.0	407.0	631.0	513.0	527.0	320.0	616.0	911.0
洪峰水量(m^3/s)	龙门	5.56	25.38	9.35	8.50	8.17	4.13	13.21	14.01
	华县	0.47	14.09	6.71	1.60	6.51	7.24	6.63	1.69
	河津	0.60	3.69	0.13	0.57	0.59	1.26	1.31	2.83
	洑头	0.20	2.46	0.39	0.21	0.82	0.47	1.62	0.64
	潼关	4.75	39.37	14.38	10.15	14.44	12.21	21.02	19.57
洪峰沙量(亿 t)	龙门	3.358	4.886	5.167	3.356	1.408	0.158	3.756	5.522
	华县	0.006	4.925	2.407	0.225	2.860	2.337	3.321	1.064
	河津	0.002	0.230	0.001	0.031	0.010	0.033	0.089	0.097
	洑头	0	1.180	0.173	0.095	0.478	0.165	0.975	0.479
	潼关	1.550	6.540	4.949	2.671	3.810	2.635	7.205	7.625
龙门、华县、河津、洑头至潼关河段冲淤量(亿 t)		-1.816	+4.681	+2.799	+1.036	+0.946	+0.060	+0.934	-0.463
汇流区冲淤变化(以同流量水位差计,m)	龙门	-6.65	+0.53	-6.46	+0.18	-0.13	+0.10	-4.62	-2.72
	北赵	+0.24	+0.11	-1.17	+0.58	+0.01	-0.11	-1.27	-0.53
	夹马口	+0.14	0	—	—	+0.22	+0.01	-0.66	-0.27
	上源头	+0.16	+0.30	-0.14	-0.24	+0.08	-0.23	+0.67	—
	华县	+0.08	-0.19	-0.50	-0.32	-0.05	-0.48	-1.72	+0.24
	陈村	+0.32	-1.44	-0.81	-0.328	+0.40	-1.45	-2.30	+1.46
	华阴	+1.00	-1.82	—	—	—	—	-5.75	+1.08
	吊桥	+1.29	-1.20	-0.98	+1.38	-1.23	-0.27	-5.37	-0.02
最大水深与平均水深差(m)		5.35	4.37	5.50	4.49	6.79	3.99	6.90	3.54

注:表中数字旁边带“*”者为日平均值。

积量相当大，占来沙量的比例相当高，不是测验误差问题；而在4次洪水淤积中，龙门、华县、河津、洑头至潼关河段的淤积量相对来说较潼关河床冲刷时小，并且在1977年8月6~11日还发生冲刷，冲淤性质相反。

其次，从潼关河床升降值与汇流区的冲淤变化对比分析，在表中8次洪水过程中，北干流发生揭底冲刷4次（即1966年7月18~20日，1970年8月2~8日，1977年7月5~10日和1977年8月6~11日），与过去有关揭底冲刷的分析报告是一致的。在这4次揭底冲刷中，1970年8月2~8日和1977年7月5~10日的两次与潼关发生强烈冲刷在定性上是一致的，其余两次则在潼关发生强烈淤积，冲淤性质完全相反，在上述冲刷一致的两次洪水（1970年8月2~8日和1977年7月5~10日）中，1970年8月2~8日的一次揭底冲刷中，上源头冲刷0.14 m，定性上说，与潼关河床冲刷是一致的，但潼关河床冲刷达1.88 m，冲刷幅度相差达10倍以上，而另一次（1997年7月5~10日）北干流揭底冲刷没有达到上源头，上源头淤积升高0.67 m。这就表明：在潼关河床发生的4次强烈冲刷中，与上源头冲淤情况一致的只有1次，并且在冲刷幅度上还相差很大，在潼关河床4次强烈淤积中，北干流发生两次揭底冲刷，在这两次北干流的揭底冲刷过程中，可惜1977年8月6~11日上源头水位停测，无法计算冲淤变化，而另一次揭底冲刷范围很短，上源头是淤积的，在定性上与潼关河床淤积是一致的，但淤积幅度相差达8倍多，其余两次虽然从沙量平衡计算是淤积的，北干流沿程各水位站的同流量水位差大部分也是淤积升高的，而上源头反而冲刷下降。从这8次潼关河床升降值与渭河下游河道冲淤变化对比分析，渭河下游也发生4次揭底冲刷（即1966年7月27日~8月6日，1970年8月2~8日，1973年8月31日~9月3日和1977年7月5~10日），在渭河下游4次揭底冲刷中，有3次与潼关河床冲刷是一致的，而1973年8月31日~9月3日这一次不一致，在潼关河床4次强烈冲刷中，渭河河口段（以华阴或吊桥同流量水位差表示）也发生冲刷，在定性上是完全一致的，而在潼关河床4次淤积中，渭河河口段有两次发生淤积（1996年7月18~20日和1970年8月9~14日），有两次发生冲刷（1973年8月31日~9月3日和1977年8月6日~11月），冲淤性质就不完全一致。

（二）潼关河床发生强烈冲刷的成因分析

从图11-2~图11-5中潼关河床发生强烈冲刷和淤积时的有关因素分析可以看出，当潼关河床发生强烈冲刷时，龙门和华县均来高含沙洪水，龙门洪水出现的时间在前，华县洪水出现的时间在后，在两处的洪水到潼关后，对潼关河床的冲淤变化为：潼关洪水起涨时，实测平均河床高程差一般为先淤积升高，而后发生冲刷，但冲刷强度不大；当华县洪水来汇合时，华阴至潼关河段的水位差增加，从1966年和1977年的实测资料表明，上源头—潼关河段、华阴—潼关河段和坫埼—潼关河段的水位差比较接近，这可能与这三站至潼关距离比较接近有关（上源头—潼关河段的间距为14.3 km，华阴—潼关河段的间距为15.9 km，潼关—坫埼河段的间距为15.4 km），1970年和1973年，华阴站停测，于是用吊桥站的观测资料分析，潼关发生强烈冲刷过程中，吊桥—潼关河段的水位差也增加，而吊桥—潼关河段的间距为7.8 km，约为华阴—潼关间距的1/2，因此将吊桥—潼关的水位差增加一倍，似乎还略小一些。如以1966年和1977年的实测资料为依据，这就表明黄河和渭河来的洪水在潼关上游14~15 km提供的势能基本相同，两河洪水相汇，使潼关河床发生强烈冲刷，这从潼关实测平均河床高程差和同流量水位差过程线反映出来。当然，两河洪水相汇对潼关河床的冲刷作用还与两河洪水交汇时的角度有关，这方面的工作有待今后注意观测研究，不过从潼关断面实测最大水深与平均水深差过程线可以看出，在潼关强烈冲刷中河床是不平整的，最大水深增加，从而使差值也增加，这与高含沙洪水冲槽（甚至发生揭底冲刷）是一致的，潼关河床冲刷过程中出现深槽，深槽又引起水流集中，使水流冲刷强烈增加，引起水位急剧下降。这种情况类似于清淤对潼关河床的冲刷作用，即理顺河势、集中水流、增加局部比降，同时在清淤过程中，使理顺河势的一股河槽松动，有利于洪水来时发生冲刷，在冲刷过程又使水流集中，增强水流冲刷能力。至于潼关河床冲刷过程中，华阴—潼关河段水位差增加的原因，从实测资料来看，主要是渭河下游河道断面较窄，洪水上涨时，其水位上涨率较黄河大，从而使水位差增加，这样流量大、水位差大、冲刷能力也就强。另外，从潼关河床 4 次淤积的洪水分析，一般来说大多数为一条河来洪水，过去常说渭河来高含沙洪水有利于潼关河床的冲刷，在这次分析的资料中，研究了 1973 年 8 月 31 日 ~9 月 4 日的洪峰（见图 11-4），在这次洪峰过程中，华县 9 月 1 日 2 时涨洪峰洪量 5 010 m^3/s，洪峰中的最大含沙量为 428 kg/m^3，造成潼关洪峰流量为 5 080 m^3/s（9 月 1 日 10 时 30 分），最大含沙量为 320 kg/m^3，龙门没有出现洪水，在洪峰期间龙门最大日平均流量1 260 m^3/s，最大日平均含沙量 60.8 kg/m^3，在这次洪水过程中，渭河下游发生揭底冲刷，而潼关河床淤积升高了 1.0 m。

必须指出：由于这次分析中没有详细研究水库运用和潼关以下河道冲淤的影响，表 11-3中 1970 年和 1973 年强烈冲淤可能受到三门峡水库第二次扩建、坝前水位降低造成溯源冲刷的影响，特别是 1973 年冲刷时的流量不大，但冲刷量仅次于 1977 年大流量的冲刷量，并且回淤量小，还只占冲刷量的 1/2。

第三节　用水沙数学模型计算潼关河段清淤对洪水冲刷的作用

两年来，利用实测水文泥沙资料以及清淤期间的观测资料对潼关河段的清淤效果进行了分析，得到了一些认识，但是由于影响潼关高程冲淤变化因素众多，观测资料有限或者无法测得，使得资料分析工作受到了一定的限制，因此我们利用已有的泥沙数学模型进一步探讨潼关河段清淤对洪水冲刷的作用，拟从以下两个方面进行分析研究。

一、清淤前后断面形态变化对不同流量输沙能力的影响

（一）计算条件

潼关河段经过洪水前的清淤，使河道断面形态变为窄深和平面形态趋向规顺，形成如同迎接洪水造床的“引河”，这条“引河”在洪水造床过程中对潼关河床冲淤作用的机理如上所述，是黄河、渭河洪水过程中互相作用的极其复杂的非恒定流问题，目前还没有很好的计算方法。根据目前观测资料分析经验的认识，潼关河段经过清淤后，断面形状变化引起流速增快，但对输沙能力的变化就缺少观测资料，为此首先计算潼关河段清淤后断面形态变化对不同流量输沙能力的影响，即选择 1997 年清淤前后黄淤 39 +4 断面实测大断面

资料(见图 11-6),5 月 29 日为开始清淤时的大断面,7 月 28 日为经过清淤后在洪水来之前的大断面。据实测资料分析水面比降为 2.0‰,糙率取 0.018。

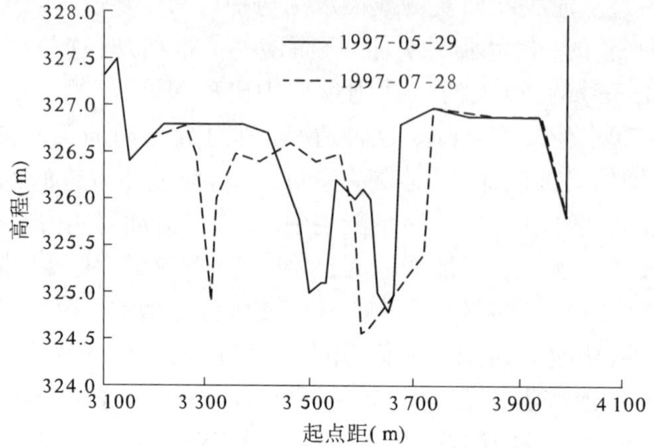

图 11-6　清淤断面(黄淤 39 +4 断面)套绘图

(二)计算方法

首先给定一个流量,利用谢才公式和清淤前后黄淤 39 +4 实测大断面资料进行试算,分别计算出清淤前后黄淤 39 +4 断面的流速、水深和宽度。对于每一个流量都可以分别试算出清淤前后黄淤 39 +4 断面的流速、水深和宽度。经过试算得出流量小于 400 m^3/s 断面的流速变化范围与潼关(七)断面在 5 ~7 月的实测断面平均流速比较,在定性上是一致的,如图 11-7 所示。

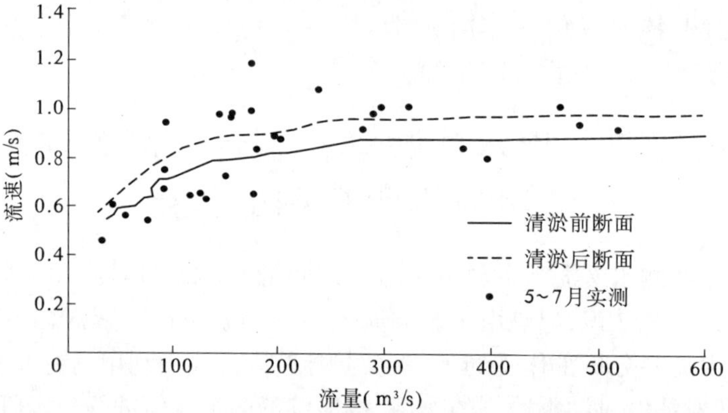

图 11-7　黄淤 39 +4 断面计算流速与潼关(七)实测流速的比较

而后,计算不同流量对输沙能力的影响,挟沙能力公式采用两种方法:一是清华大学水电工程系泥沙研究室主任王士强根据爱因斯坦理论提出的挟沙能力公式,该公式是从床沙、推移质及悬移质互相交换、衔接的物理图形出发,在力学、随机及紊动扩散分析基础上,提出了颗粒跃移及推移质、悬移质和全沙统一的新的非均匀沙挟沙力公式;二是作者在国家“八五”科技攻关子专题《黄河中游一维分级泥沙冲淤数学模型》研究项目中提出的黄河三门峡水库挟沙能力公式,该公式是根据武汉水利电力大学张瑞瑾公式,将悬移质划分为冲泻质和床沙质,考虑高含沙水流对泥沙颗粒沉速的影响,利用三门峡水库实测挟沙力资料进行回归求得系数和指数。

本次利用上述两种方法计算黄淤 39 +4 断面清淤前后的挟沙力时采用悬移质级配是根据 1996 年潼关 5 ~7 月实测月级配平均得到的,床沙级配是根据 1985 ~ 1990 年汛期潼关河段实测淤积物级配平均得到的,见表 11-4。

表 11-4　悬移质和床沙质各级泥沙累计百分数(%)

粒径(mm)	0.005	0.010	0.025	0.05	0.100	0.250	0.500	1.000	2.000
悬移质	23.1	30.9	44.9	77.1	97.7	99.6	100	100	100
床沙质	1.5	2.5	10.3	41.2	67.4	99.8	100	100	100

(三)计算结果分析

在相同流量下,清淤后挟沙力与清淤前挟沙力的比值简称为挟沙力比值。图 11-8 为挟沙力比值与流量的关系,可以看出,不管是采用王士强还是采用作者的挟沙力公式,清淤后断面挟沙力比清淤前要大,随着流量不断增加,挟沙力比值逐渐增大,当流量达到某一值后,挟沙力比值趋于一个常数。产生这一现象的主要原因是在计算不同流量挟沙力时,清淤前后的断面形态是固定不变造成的。因为清淤和未清淤两者断面形态之间差别主要是主槽形态的差别,随着流量不断增加,主槽挟沙力在全断面挟沙力中所占比例逐渐减少,因此挟沙力比值就会随着流量增加趋于一个常数。

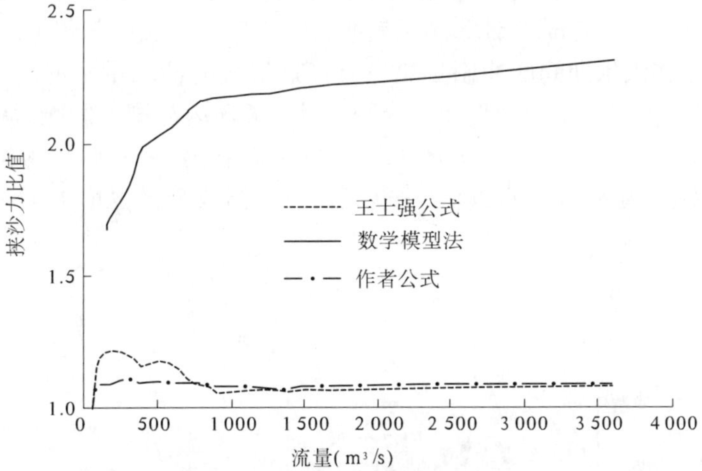

图 11-8　清淤前后断面(黄淤 39 +4 断面)挟沙力比值与流量关系

二、清淤对在洪水过程中挟沙力和潼关河床冲淤的影响

从上述计算可以看出,潼关河段经过清淤后,"引河"挟沙能力增加,在洪水过程中,随着流量增加,"引河"扩大,挟沙能力也可能增大,为此进一步计算了 1997 年清淤河段黄淤 41—黄淤 37 河段的冲淤变化,探讨了对洪水过程中挟沙能力和潼关河段冲淤的影响。黄淤 41—黄淤 37 河段平均每隔 500 m 左右布置一个断面,并且在清淤前和洪水到来之前进行了大断面资料测量,这为利用数学模型研究清淤对洪水冲刷作用创造了比较好的条件。根据 1997 年清淤期间实测资料,利用一维恒定水动力学数学模型进行清淤和不清淤两种不同情况下的泥沙冲淤计算,分析比较清淤对洪水冲刷和潼关河床冲淤的作用,以及对挟沙力的影响。

（一）计算条件

计算河段为黄淤41—黄淤37河段，河段长为500 m左右（见图11-9），计算时段为1997年5月23日~8月19日，入口水沙条件为潼关站日平均流量和含水量（未整编），下游控制水位为黄淤37断面的实测水位，每天悬移质级配和初始床沙级配由表11-4给出。

（二）计算方法

数学模型采用作者在“八五”科技攻关项目中开发的黄河中游一维恒定、不平衡输沙的水动力学泥沙冲淤数学模型。计算步骤主要为：①将实测大断面资料概化成为几个子断面；②利用水流连续方程和能量方程计算各个断面的水位、流速和宽度；③计算各个断面的挟沙力；④河床变形计算及床沙级配调整。

计算分为两种情况：一是清淤前断面的泥沙冲淤计算；二是清淤后断面的泥沙冲淤计算。清淤前的初始断面采用1997年5月23日实测大断面资料，计算时段从1997年5月23日~8月19日；清淤后的初始断面采用1997年7月28日实测大断面资料，计算时段从1997年7月28日~8月19日。

（三）计算结果分析

利用数学模型对上述两种情况进行了泥沙冲淤计算，潼关—黄淤37河段从1997年7月28日~8月19日的冲刷量为：在没有清淤条件下，冲刷量为0.046 6亿m^3；在清淤条件下，冲刷量为0.054 8亿m^3。计算结果表明，在1997年洪水到来之前，经过清淤以后潼关—黄淤37河段在洪水期间的冲刷量比没有经过清淤的冲刷量多冲刷17.6%，由此可见潼关河段清淤加大了洪水冲刷强度。清淤后对潼关河床冲刷的影响，从潼关（七）在洪水期间计算出的水位—流量关系（见图11-10）中可以看出，清淤后的水位—流量关系点群比未清淤的水位—流量关系点群低，也就是说潼关河段清淤也增加了潼关高程在洪水期间的下降幅度。

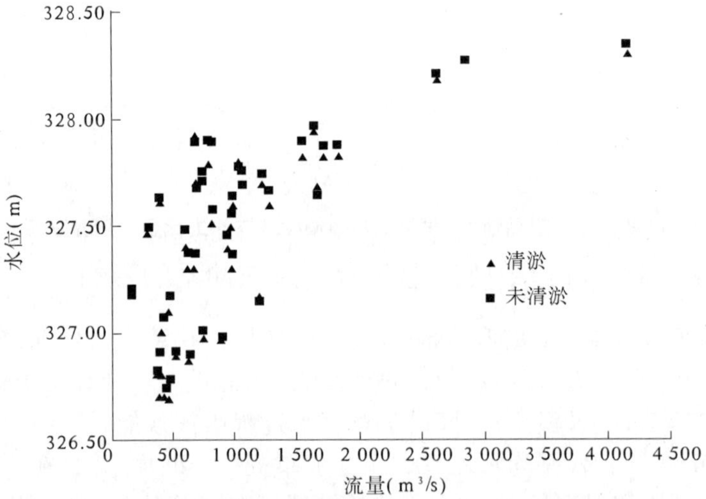

图11-10　清淤前后潼关（七）水位—流量关系

在洪水冲刷期间，利用数学模型分别计算出清淤后挟沙力与未清淤挟沙力的比值随流量的变化趋势，点绘在图11-8中，由图中明显看出，清淤后的河段经洪水冲淤后的挟沙

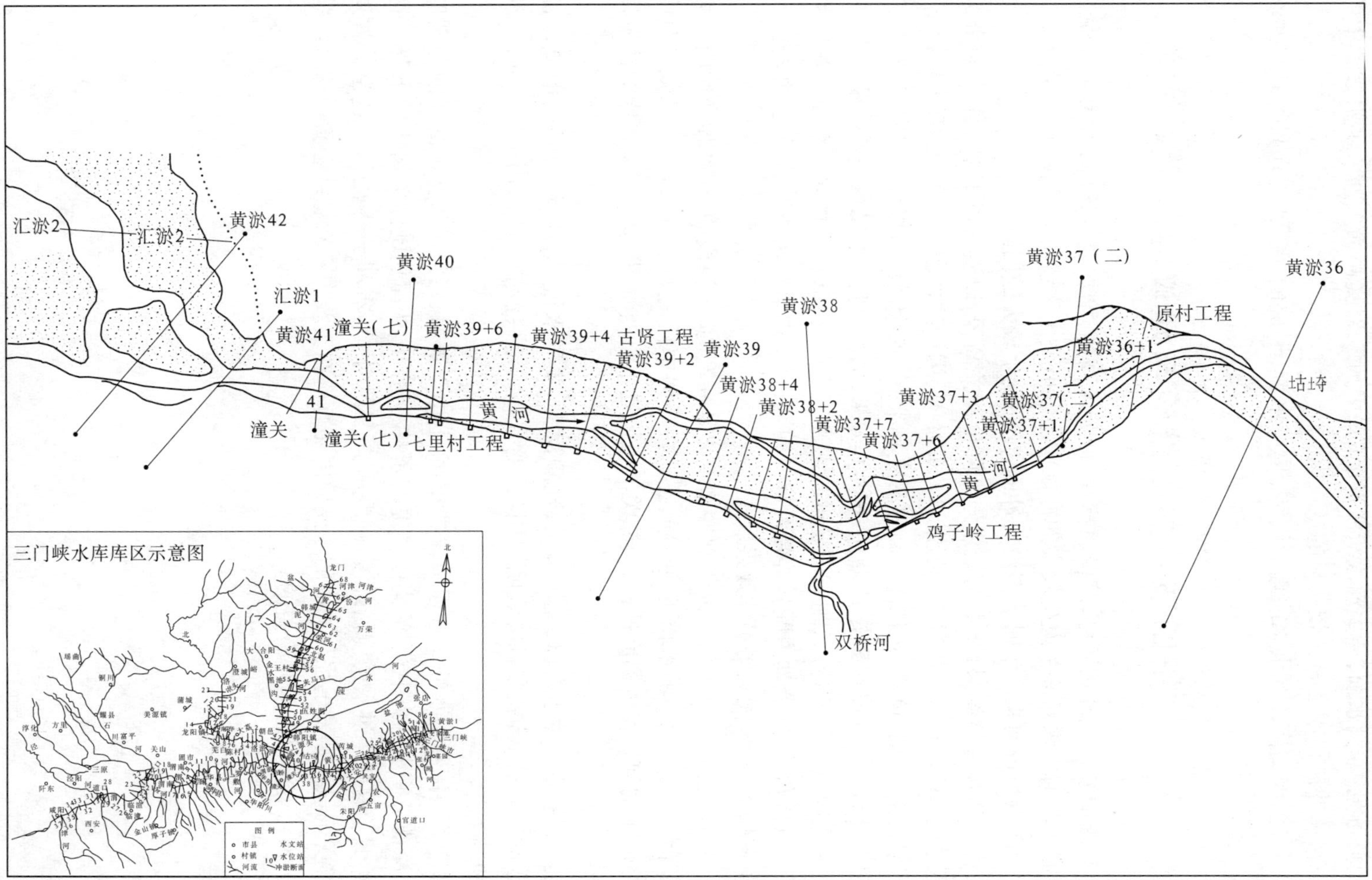

图 11-9　1997 年清淤河段位置及断面布设图

力比值比不考虑断面冲淤变化的挟沙力比值要大，并且随着流量增加，挟沙力比值也逐渐增大。由此可见，在洪水前，潼关河段清淤形成的“引河”，对提高潼关河段洪水过程中的挟沙力及河床冲淤作用还是比较明显的。

综上所述，潼关河段在洪水前理顺河势，集中水流，形成的“引河”，有利于河床冲刷下降。

第四节　主要结论与建议

(1)利用清淤措施理顺河势、缩窄河槽、降低河床高程，增加河床比降，加大河流输沙能力，从而使渭河来水对潼关发生较大的冲刷作用。但是由于清淤河段较短，清淤河段以下冲刷弱，所以当黄河来洪水时非但没有冲刷，反而发生较大的回淤。

(2)根据初步分析结果，采取清淤措施来降低潼关高程，以潼关以下河段形态暂分为两个河段进行，即黄淤40—黄淤37、黄淤33—黄淤31，因为这两段河道宽浅，河床高程高，在宽浅河段以上河床比降小，迫使潼关高程不易下降。这两个河段可以分别进行试验，建议明年将现有试验河段延伸到黄淤31断面，观测其效果，也可检验试验结论是否可靠。

(3)为适应该河段的特点，现有清淤设施需进一步研究和改进，如射流清淤设施中的射流孔径、射流角度、射流动力配备等最关键性问题，在室内进行水槽试验研究，并与野外清淤试验密切配合，方能取得最佳效果。

(4)在洪水过程中潼关河床的强烈冲刷变化是局部的、短河段的，这种强烈冲刷一般发生在黄河、渭河高含沙洪水相遇的时候，在这两条河中任何一条河来高含沙洪水，即使来高含沙洪水的河道发生揭底冲刷，但潼关河床仍发生强烈淤积，这是潼关河床的冲淤特点之一。

(5)潼关河段在洪水之前，疏浚清淤、理顺河势、集中水流、增加局部比降，形成迎接洪水造床的“引河”，经初步计算表明，“引河”对提高水流挟沙能力的作用是显著的，有利于河床冲刷下降。

(6)潼关河床在洪水冲刷过程中，在横断面上由于黄河、渭河洪水交汇的强烈冲刷形成深槽，深槽又使水流集中，水流集中又提高了挟沙能力，从而加剧潼关河床的下降。这种现象类似于这两年洪水前清淤疏浚、理顺河势、集中水流，有利于洪水冲刷，这是否就是这两年潼关河段连续发生强烈冲刷的主要原因还有待在实践中不断总结经验。这个经验对推广黄河河道清淤疏浚是有益的。

参考文献

[1] 梁国亭,王育杰,杨燕.三门峡水库运用对库区冲淤影响的研究[J].泥沙研究,2001(2):58-61.

[2] 梁国亭,程秀文,曲少军,等.三门峡水库潼关高程近期居高不下的原因及其改善措施的探讨[C]//三门峡水利枢纽运用40周年论文集.郑州:黄河水利出版社,2001.

[3] 梁国亭,张仁.黄河小北干流一维分组泥沙冲淤数学模型[J].人民黄河,1996(9):37-39.

[4] 梁国亭,钱意颖.黄河泥沙数学模型的研究及应用[J].人民黄河,2000,22(9):7-9.

[5] 梁国亭,姜乃迁,兰华林,等.黄河小北干流连伯滩淤区数学模型改进与验证[J].人民黄河,2005(7):51-52.

[6] 彭梅香,赵莹莉.近十年气候变化对黄河中上游水沙影响分析[J].人民黄河,1997,19(7):28-31.

[7] 赵文林,侯素珍,等.龙羊峡、刘家峡水库调节和灌溉引水对头道拐水沙变化的影响[R].郑州:黄河水利科学研究院,1998.

[8] 潘贤娣,懂雪娜,李勇,等.黄河水沙特性变化综合分析[M]//汪岗,范昭.黄河水沙变化研究(第二卷).郑州:黄河水利出版社,1998.

[9] 程龙渊,刘拴明,肖俊法,等.三门峡库区水文泥沙试验研究[M].郑州:黄河水利出版社,1999.

[10] 中国水利学会泥沙专业委员会.泥沙手册[M].北京:中国环境科学出版社,1992.

[11] 杨庆安,龙毓骞,缪凤举.黄河三门峡水利枢纽运用与研究[M].郑州:河南人民出版社,1995.

[12] 潘贤娣,赵业安,李勇,等.黄河三门峡水利枢纽运用研究文集[C].郑州:河南人民出版社,1994.

[13] 武汉水利电力学院.河流泥沙工程学[M].北京:水利电力出版社,1982.

[14] 李勇,等.三门峡水库汛初小洪水排沙对库区及下游河道冲淤的影响[R].郑州:黄河水利科学研究院,1998.

[15] 焦恩泽,侯素珍,林秀芝,等.潼关高程演变规律及其成因分析[J].泥沙研究,2001(2):8-11.

[16] 叶青超.黄河流域环境演变与水沙运行规律研究[M].济南:山东科学技术出版社,1994.

[17] J A Bailard. A Design Procedure For a Scour Jet Array[R]. Port Hueneme: Naval Civil Engineering Labaratory,1980.

[18] Frank Dellaripa, J A Bailard. Studies of Scour Patterns Produced by Rotating Jets in a Flow Field[R]. Port Hueneme: Naval Civil Engineering Laboratory, 1986.

[19] J A Bailard,J M Camperman. A Design For a Test Bed Scour Jet Array For Mare Island Naval Shipyard[R]. Port Hueneme: Naval Civil Engineering Laboratory,1983.

[20] 沙玉清.泥沙运动学引论[M].北京:中国工业出版社,1965.

[21] Lyn D A, Goodwin P. Stabilitg of a Eneral Preissmann Scheme[J]. Journal of Hydraulic Engineering,1987,113(1):16-28.
[22] 钱宁,麦乔威. 三门峡水库低水头运用后黄河下游河床演变预测[C]//麦乔威论文集 . 郑州:黄河水利出版社,1995.
[23] 麦乔威,赵业安,潘贤娣. 多沙河流拦洪水库下游河床演变计算方法[C]//麦乔威论文集. 郑州:黄河水利出版社,1995.
[24] 麦乔威,李保如. 龙门以下干流河道冲淤计算方法[C]//麦乔威论文集 . 郑州:黄河水利出版社,1995.
[25] 钱意颖,曲少军,曹文洪,等. 黄河泥沙冲淤数学模型[M]. 郑州:黄河水利出版社,1998.
[26] 张红武,江恩惠,刘月兰. 黄河河道数学模型的研究[C]//第二届全国泥沙基本理论研究学术讨论会论文集. 北京:中国建材工业出版社,1995.
[27] 张红武,张清. 黄河水流挟沙力的计算公式[J]. 人民黄河,1992(11):7-9.
[28] 韩其为. 水库淤积[M]. 北京:科学出版社,2003.
[29] Liang Guoting. Study of Sediment Clearance Experimental Techniques in Tongguan Reach[C]. HongGong:Proceedings of the Seventh International Symposium on River Sedimentation,1998.
[30] 梁国亭,姜乃迁,赖瑞勋,等. 基于 GIS 的黄河下游二维水沙数学模型可视化构件设计[J]. 人民黄河,2005(3):47.
[31] 龙毓骞,张启舜. 三门峡工程的改建和运用[J]. 人民黄河,1979(3):1-8.
[32] 张启舜,龙毓骞. 三门峡水库泥沙问题的研究[C]//黄河三门峡工程泥沙问题研究讨论会论文集. 北京:国际泥沙研究培训中心,1980.
[33] Long Yuqian, Zhang Qishun. Sediment Regulation Problems in the Sanmenxia Reservoir[J]. Water Supply and Management, 1981(5).
[34] Ding Liuyi, Long Yuqian. Multi-purpose Development of Sanmenxia Reservoir and Regulation of Water and Sediment[C]//2nd International Workshop on Alluvial River Problems. India:Roorkee University, 1985.
[35] Long Yuqian, Qian Yiying. Effects of Reservoir Operation on Sedimentation in Reservoirs and Downstream River Reaches[C]//2nd International Workshop on Alluvial River Problems. India:Roorkee University,1985.
[36] Long Yuqian, Qian Ning. Erosion, Sediment Transport and Deposition in the Yellow River Basin[J]. International Journal of Sediment Research. Beijing:International Research and Training Center on Erosion and Sedimentation (IRTCES),1986(1).
[37] 龙毓骞. 黄河流域水沙变化对三门峡水库及下游河道的影响[M]. 第一卷上册. 黄河水沙变化研究. 郑州:黄河水利出版社,2002.
[38] 丁六逸,龙毓骞,钱意颖. 三门峡水库的调度运用[C]//三门峡水利枢纽运用研究文集. 郑州:河南人民出版社,1993.
[39] 龙毓骞,程龙渊,杜殿勋,等. 三门峡水库泥沙问题[C]//黄河泥沙. 郑州:黄河水利

出版社,1996.
[40] Long Yuqian, Liang Guoting, Zhang Yuanfeng. Impact of Management of Water and Sediment in Reservoir on the Sedimentation in Lower Yellow River[C]//第9届国际河流泥沙会议论文集.宜昌:第9届国际河流泥沙会议,2004.